U1001043

高等学校教材·材料科学与工程

有色金属及其热处理

主　编　张宝昌
副主编　张宝昌　王世洪
　　　　孟　亮　梁佑明

西北工業大學出版社

【内容简介】　本书对有色金属中用量最大，使用最广的铝、镁、钛、铜合金作了系统简明的讲解，讨论了它们的合金化原理、相变及热处理；阐明了这些合金的组织、性能与其成分及热处理之间的关系及有关理论。此外，还对近20年来迅速发展，并日益显示其重要性的形状记忆合金作了简明介绍。

本书可作为高等院校金属材料及热处理专业的教科书，亦可作为从事有色金属研究、生产及使用等部门的科技人员和工人的参考书。

图书在版编目（CIP）数据

有色金属及其热处理/张宝昌主编．—西安：西北工业大学出版社，1993.10（2022.2 重印）
ISBN 978-7-5612-0452-8

Ⅰ.①有…　Ⅱ.①张…　Ⅲ.①有色金属-热处理　Ⅳ.①TG166

中国版本图书馆 CIP 数据核字（2010）第 263764 号

出版发行：西北工业大学出版社
通信地址：西安市友谊西路 127 号　邮编：710072
电　　话：（029）88493844　88491757
网　　址：www.nwpup.com
印 刷 者：兴平市博闻印务有限公司
印　　张：10.625
字　　数：253 千字
开　　本：787 mm×1 092mm　1/16
版　　次：1993 年 10 月第 1 版　　2022 年 2 月第 6 次印刷
定　　价：33.00 元

序　　言

我们于20世纪70年代末编写了《有色金属及其热处理》一书，1981年由国防工业出版社出版发行，至今已过去了10余年。在这期间，有色金属及其热处理领域出现了许多新进展。为了补充新内容，也为了更加适合教材特点，我们重新编写了本书。与原书相比，本书除吸收了原书最重要的内容外，还增添了一些新内容，包括增加了“形状记忆合金”一章，并大幅度压缩了篇幅，使之更加符合教材内容要少而精的特点。

本书由张宝昌教授主编，并执笔编写了第一、五、六章；第二章（除变形铝合金部分外）及第三章由王世洪教授执笔；第二章的变形铝合金部分由梁佑明副教授执笔；第四章由孟亮副教授执笔。

由于受篇幅及编者水平的限制，本书还有一些不尽如意之处，敬请广大读者批评指正。

本书承蒙谈育煦副教授认真审阅，在此谨致衷心的谢意。

编　者

目　录

第一章 绪 论

§1-1 引 言

金属是现代工业的基础。机械、化工、电气、原子能等工业，特别是宇航工业的发展，迫切要求发展金属材料科学；发展高强度、高韧性、轻、耐高温、耐腐蚀的材料及具有各种特殊物理性能的材料和新的加工工艺。

通常金属可分为两大类，即黑色金属及有色金属。钢铁、铬、锰属黑色金属，除此之外，均属有色金属，亦称非铁金属。有色金属中比重小于3.5的(铝、镁、铍等)称为轻有色金属；比重大于3.5的(铜、铅、锌、镍等)称为重有色金属。钛、钨、钼、钒、锆等称稀有金属；金、银、铂等称贵金属；天然放射性的镭、铀、钍等称放射性金属。

有色金属在金属材料中占有很重要的地位。它不仅是制造各种优质合金钢及耐热钢所必须的合金元素，而且由于许多有色金属合金具有比重小、比强度高、耐热、耐腐蚀和良好的导电性、导热性、弹性及一些特殊的物理性能，因此，已成为现代工业，特别是国防工业中不可缺少的结构材料。

表1-1及表1-2表示飞机及发动机上所用材料的变化情况。由表可以看出，飞机、发动机上有色金属的用量已大大超过黑色金属。

表1-1 美国两种军用飞机的选材情况

型 号	出厂年代	最大 M 数	选用材料(%)			推重比
			铝合金	钛合金	钢	
F4E	1960	2	54	6	17	0.8
F-15A	1973	2.3	35.8	26.9	4.4	1.2

有色金属元素在地壳中的含量如表1-3所示。航空上用量最多的有色金属，如铝、镁、钛在地壳中都有较丰富的含量，其中铝的含量甚至比铁的含量还多。只是由于这些金属的化学活泼性高、冶炼困难、生产成本高、产量低(例如1976年美国有色金属总产量仅为钢产量的6.2%；前苏联为3.8%；日本为2.6%)，因此，有色金属的使用要十分注意节约。

我国地大物博，矿产资源丰富，在目前已探明的储量中，钨、锡、钼、锑、汞、铅、锌铁都居于世界前列。铜、铝、锰储量在世界上也居重要地位。钛及稀土金属的储量非常丰富。仅在四川攀枝花地区发现的特大型钒钛磁铁矿中伴生的钛的储量就达4.2亿吨，接近国外已探明的钛储量的总和。已经证明，我国稀土金属工业储量为国外已探明的总储量的3.8倍。我国一向比较贫乏的铬矿也已在国内找到了重要产地。

表 1-2 美国通用电气公司燃气涡轮发动机材料应用发展情况

发动机型号	设计年份	飞 机	使 用 材 料 (%)				
			复合材料	铝、镁	钛	钢	高温合金
J47	1945	F-86,B-47	0	22	0	70	8
J79	1955	F-104,B-58,F-4	0	3	2	85	10
J98	1960	XB-70	0	1	7	24	68
GE4	1965	超音速运输机	0	1	12	15	72
TF39	1965	C5A	2	1	32	18	47
CF6	1968	DC-10	4	2	27	21	46
F101	1970	B1	3	4	20	15	58
XXX	1975	—	10	3	17	15	55
XXX	1980	—	15	0	15	15	55

表 1-3 某些重要元素在地壳中的含量%(重量)

元 素	(%)	元 素	(%)	元 素	(%)	元 素	(%)
硅	27.6	锆	0.02	钴	0.003	钽	2×10^{-4}
铝	8.8	钒	0.015	铅	0.001 6	钨	1×10^{-4}
铁	5.1	铜	0.01	铌	0.001	锑	4×10^{-5}
镁	2.1	镍	0.008	钍	8×10^{-4}	银	1×10^{-5}
钛	0.6	锌	0.005	锗	7×10^{-4}	汞	7×10^{-6}
锰	0.09	铈	0.004 5	钼	3×10^{-4}	金	5×10^{-7}
铬	0.02	锡	0.004	铀	3×10^{-4}	铂	1×10^{-7}

我国使用有色金属的历史很长。远在 3 700 多年以前就已经使用青铜(Cu-Sn 合金)。到秦朝已经掌握了 Cu-Sn 合金的成分与性能之间的关系。例如先秦"考工记"一书即有下列记载:"金有六齐。六分其金而锡居一,谓之钟鼎之齐,五分其金而锡居一,谓之斧斤之齐;四分其金而锡居一,谓之戈戟之齐;三分其金而锡居一,谓之大刃之齐;五分其金而锡居二,谓之削杀矢之齐;金锡半,谓之凿燧之齐"。但是由于封建主义长期统治以及帝国主义官僚资本主义的压迫剥削,我国有色金属工业,没有得到应用的发展。拿航空工业必需的铝、镁合金来说,到 1949 年新中国成立之前,全国就没有正规的生产工厂。

新中国成立后,在党和政府的关怀下,我国的有色金属工业获得了飞速发展。目前,我国已有了各种有色金属材料的生产基地,有色金属材料的生产已成系列,形成了有色金属材料体系,而且一些稀有金属早已开始出口。随着国家八·五计划、十年规划的实施,我国有色金属工业又将获得更加迅速的发展。

§1-2 现代工业技术对金属材料的要求

现代生产技术的发展，使许多工业产品(或构件)的工作环境，正朝着承受高温、高压和强烈化学介质作用的方向发展。飞机的速度已经达到音速的两倍多，而且还在向更高速度方向发展。现代航空不但要求飞机速度高，还要求机动性能好，寿命长、安全可靠，这就给航空材料提出了更高、更严格的要求。

首先，要求材料具有更高的强度，更高的韧性和更小的比重。材料的强度提高，零件的截面或体积就可以减小，因而也就可以减轻重量。材料的强度水平提高，飞机的寿命就可能延长，但材料强度和韧性往往是矛盾的。强度提高，一般要引起材料韧性下降，如图1-1所示。韧性低的材料会发生低应力脆性断裂，造成事故。因此，研究提高材料强度的同时，要提高其韧性。这是金属学工作者的一项重要任务。目前已取得了一些进展，如提高材料纯度，进行适当的微合金化及热处理等，这些将在以后各章中结合具体材料进行介绍。

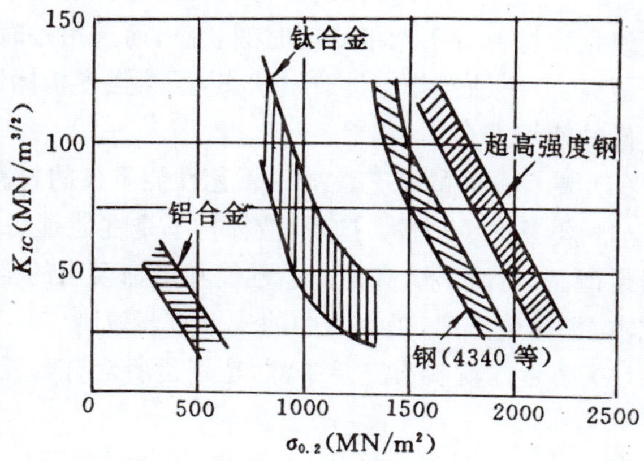

图1-1 几种合金的屈服强度$\sigma_{0.2}$与断裂韧性K_{IC}的关系

提高合金的耐热性能是为发展航空、航天及其它许多工业技术而提出的又一迫切要求。目前，高性能飞机，其发动机涡轮进口温度已达1 300℃。超音速飞机($M\approx2.5$)，由于气流冲刷，蒙皮的温度达到150℃。飞机巡航速度越高，发动机性能越好，对材料耐热性能的要求也越高。提高合金的耐热性仍然是金属学工作者的重要任务。

研究提高合金的耐蚀性能，也是一个很重要的问题。由于燃汽轮机的温度很高，燃油中不可避免地含有硫、钠等微量杂质元素，故燃气对发动机，特别是对涡轮及压气机部分的腐蚀作用很大。另外，大气中也含有腐蚀性物质和气氛，特别是在海上飞行和近海执勤的飞机，受到严重的大气腐蚀。这不仅严重影响飞机和发动机的寿命，还容易造成事故。

现代工业技术还要求我们提供具有各种特殊物理性能的材料，如具有高导电性、高导热性、高电阻、高弹性、高热电性以及各种磁性、膨胀性能和形状记忆性能的材料，其中许多属于有色金属。

合金的冷、热加工性能关系到合金由原材料制成零件的可能性，也关系到它们的生产率、质量和成本。工艺性能好的材料，生产工艺简单，产品质量容易保证，生产费用低，生产率高。因此，研究金属材料必须研究它们的工艺性能。

本书的主要目的是使读者能熟悉各种常见的有色金属结构材料；具有根据设计要求正确选用有色金属材料的初步能力；了解有色金属合金的性能与成分、组织和热处理之间的关系；掌握有色金属材料的一些基本理论和基本规律；在实践中能解决有色金属热处理的一些生产实际问题，并具有改进提高现有材料性能和热处理工艺及研制新材料的初步能力。

对所设计的机器零件进行选材时，要注意下列原则：

(1) 材料首先要满足零件服役条件所要求的主要性能指标，同时还应具有良好的综合力学性能。对重要的航空产品来说，还应考虑断裂韧性、低周疲劳强度、高周疲劳强度和比强度。经验表明，一些部件的材料断裂韧性和疲劳强度是影响飞机、发动机寿命和安全可靠性的重要因素。

(2) 要有良好的耐蚀性能。以前飞机和发动机设计中，考虑强度指标多，考虑材料的耐蚀性能少。但是材料的腐蚀性能，特别是应力腐蚀性能严重影响其有效强度。往往由于耐蚀性能不好，使一些原来强度很高的零件，提前断裂，造成事故。因此，近年来在飞机的选材中，对一些时效硬化型材料有不选用峰值时效状态，而选用过时效状态的趋势。因为峰值时效状态，尽管强度最高，但耐蚀性差。过时效状态，虽然强度指标低一些，但耐蚀性能好，最终结果还是延长了零件的使用寿命。

(3) 要有良好的工艺性能。工艺性能不良的材料是很难推广应用的。

(4) 要考虑经济性。选用材料时，不是性能越高越好。因为性能好的材料，往往价格也高。在满足产品设计要求，满足产品性能和寿命要求的前题下，要尽量选用价格低的材料。努力降低成本，提高生产率，是生产中的一个重要原则。

(5) 要考虑材料有充足来源，特别是所含合金元素是否结合我国资源实际，这是战备的需要。

在评价一个材料的好坏，以及在研制新材料时，上述原则也完全适用。

§1-3　铸造合金与变形合金在成分、组织、性能上的差别

各种合金一般都分为铸造合金及变形合金两个大类。

变形合金熔炼成锭子后，要轧制成各种板材、带材、棒材、管材、线材、型材等半成品，故需要具有良好的塑性变形能力。为此，合金的组织应主要为固溶体。但为了提高强度，合金中可包含一定数量的第二相。因此，第二组元的含量可以超过其极限溶解度。但若第二相是硬脆相，则只能少许超过。否则，第二相太多，合金塑性降低，且难于轧制成材。一般情况下，变形合金在相图上的成分范围如图1-2所示(第二相塑性良好时不受此限制)。

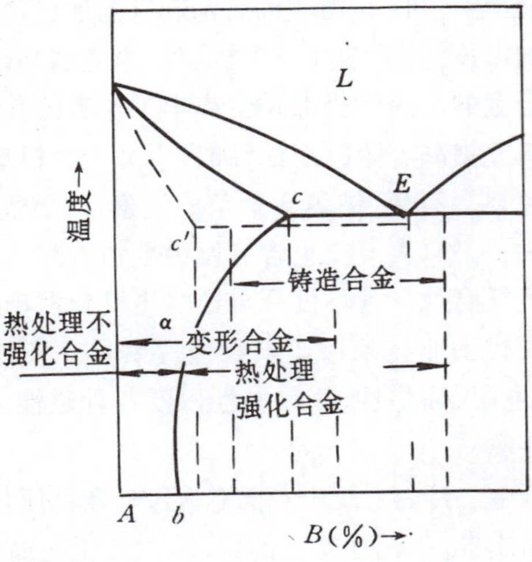

图1-2　变形合金、铸造合金及热处理可强化合金在相图上的成分范围(在生产条件下由于不平衡结晶，c点移至c'点)

铸造合金要直接铸成各种形状复杂的，甚至是薄壁的成型件。浇注后，只需进行少许切削加工(或不加工)即可成为零件或成品。故要求合金具有良好的铸造性能，特别是流动性。为此，铸造合金的组织中最好是包含一定数量的共晶体。共晶体含量越多，合金的铸造性能越好。但如果共晶体中的第二相为硬脆的金属间化合物，则其含量也不能过多，否则合

金塑性很低，不能作结构件使用。一般情况下，铸造合金在相图上的成分范围亦示于图1-2之中。图中c'为不平衡条件(生产条件)下，合金元素B在基体金属中的极限溶解度。成分位于c'和c之间的合金在铸造状态含有不平衡共晶体，使合金的流动性增大。

在生产实际中，有些固溶体型合金或具有非共晶型相图的合金(如现用的铸钛合金)也被用作铸造合金。这类合金的组织中，均不存在平衡或不平衡共晶体。因此，合金的结晶温度间隔应比较小，否则铸造性能差。

图1-2所示的相图中，合金元素在基体金属中的溶解度随温度降低而减小。故合金能进行淬火时效强化。位于极限溶解度c点附近的合金，时效强化效果最高。成分向左或向右偏离c点，强化效果都将降低。合金成分向左偏离时，由于α固溶体的过饱和度降低，故淬火时效强化效果减小。合金成分位于b点以左时，热处理不能强化。合金成分向右偏离c点，淬火时效强化效果亦将降低(因为时效过程是在α固溶体中进行的。根据杠杆定律，合金成分向右偏离c点越远，其所含α固溶体的体积分量越少，故时效强化效果越低)。但如果第二相不太脆，合金总的强度也可能增加。因为第二相的硬度往往高于α固溶体，其体积分数增多，势必增大合金的强度。

铸造状态的合金，同变形状态相比，组织粗大，分布不均匀，往往有缩松、气孔(又称针孔)、偏析、夹杂等缺陷，故其强度及塑性一般都比变形态低。但是，铸造状态的耐热性比变形状态高。这是因为，铸造状态合金的稳定组织具有较大的不均匀性；铸态合金中的第二相沿晶界形成薄膜或网状骨架，阻碍扩散过程及位错运动；而且铸态合金在加热时一般不进行再结晶，因而晶粒长大倾向小；此外，铸态组织中螺型位错较多，而螺型位错与刃型位错不同，不能攀移，故蠕变抗力高。

铸造合金可直接浇铸成各种形状复杂的零件，不需进行压力加工及大量切削，故零件或制品的生产率高，可节约能源及原材料，生产成本低。由于铸造合金及铸造工艺的发展，许多优质铸件经过热处理后，其机械性能也能满足生产要求，能够代替锻件使用。以铸代锻是目前机械制造中的一个发展方向。

复习思考题

1. 略述有色金属的重要性。
2. 学习本课程的目的是什么？
3. 对所设计的零件进行选材时要考虑那些原则？
4. 铸造合金与变形合金在成分、组织、性能上有何差别。为什么会有这些差别？

本章主要参考文献

[1] 有色金属及其热处理编写组:《有色金属及其热处理》第一章，国防工业出版社，1981。

第二章 铝及铝合金

§2-1 纯铝及其合金化

一、纯铝的特性

铝的原子序数为13，原子量为26.981 5，属面心立方结构，晶格常数为0.404 9 nm，原子直径为0.286 nm，25℃时的密度为2.698×10^3 kg/m^3。表2-1列出了高纯铝的主要物理性能参数。由表可知，和钢铁相比，铝的溶点较低，但导热性远优于铁，而且导电性很高，相当于铜导电能力的60%～65%，因比纯铝可代替铜作为导电及导热材料。

表2-1 高纯铝的主要物理性能

名 称	量 值
原子序数	13
熔点，℃	660.24
沸点，℃	2 467
导热率(0～100℃) W/(m·K)	227
电阻率(20℃) $10^{-8}\Omega\cdot m$	2.67
膨胀系数(20～100℃) k^{-1}	23.8×10^{-6}

铝的化学活性极高，标准电极电位很低(-1.67V)，在大气中极易和氧作用生成一层牢固致密的氧化膜，厚度约5～10 nm，可防止铝的继续氧化，因此，铝在大气环境中是抗腐蚀的。在浸蚀性介质中，铝的抗蚀性取决于氧化膜的稳定性。Al_2O_3具有酸、碱两性氧化物性质，因此在酸、碱介质中均易溶解，使铝受到腐蚀。铝在中性盐类溶液中被腐蚀的程度主要与溶液中的阴、阳离子的特性有关。当溶液中含有活性离子，尤其是氯离子时，由于它们破坏氧化膜而产生点状腐蚀，因此在海水中铝的耐蚀性很差。当溶液中含有一些电动序位于铝后面的金属离子时，如Cu^{++}、Ag^{++}、Ni^{++}等，由于二次析出的结果，也能加速铝的腐蚀。但在含氧或氧化性溶液中，由于促进氧化膜的形成和修补，可提高铝的抗蚀性。铝在氧化性酸中的抗蚀性和酸的浓度有关。当硝酸浓度超过30%时，随浓度增加，稳定性提高，浓度达80%时，铝的抗蚀性甚至高于铬镍不锈钢。

纯铝的机械强度不高，不宜做承力结构材料使用。轧制和退火状态铝板的典型性能见表2-2。纯铝还具有良好的低温性能，温度降低，强度和塑性均增加。纯铝耐热性很差，200℃时，强度约下降1/3。

表2-2 工业纯铝板材的室温机械性能

状态	E	G	μ	$\sigma_{0.2}$	σ_b	δ	ψ	σ_r	HB	$\sigma_{-1}(N=5\times10^8)$
	(GPa)			(MPa)		(%)		(MPa)	(MPa)	(MPa)
冷轧	71	27	0.31	100	150	6	60	—	320	42～63
退火	71	27	5	50	80	35	80	55	250	35

二、铝中杂质

铝中主要杂质元素是铁和硅，其次尚有铜、锌、镁、锰、镍、钛等。杂质元素的性质和含量对铝的机械性能、工艺性能和耐蚀性均有明显影响。

根据 Al－Fe 和 Al－Si 二元相图(见图 2－1 及 2－2)，铁、硅在共晶温度下的极限溶解度分别为 0.052%和 1.65%，并随温度下降而急剧减小。因此铝中铁、硅如单独存在则以 $FeAl_3$ 和 Si 形式出现。$FeAl_3$ 一般呈针状，而 Si 呈条状或块状，性质硬脆，使铝的塑性降低，粗针状 $FeAl_3$ 的影响更甚。例如高纯铝 LO3 中铁含量从 0.001 7%增加到 1.0%时，伸长率由 36%降至 14.3%。

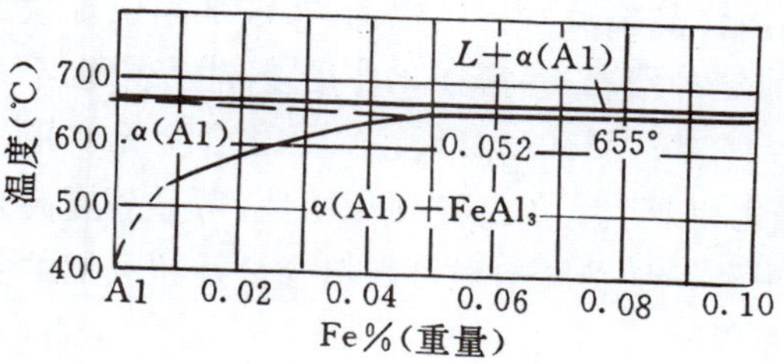

图 2－1 铝-铁相图

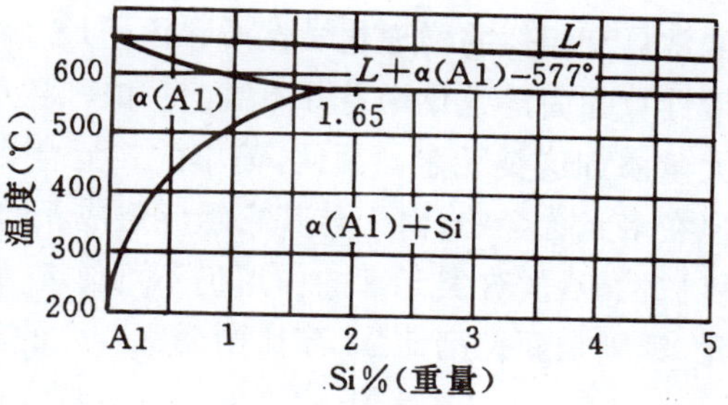

图 2－2 铝-硅相图

当铁、硅同时存在时，除 $FeAl_3$ 和 Si 相外，还可能出现 $\alpha(Fe_3SiAl_{12})$ 及 $\beta(Fe_2Si_2Al_9)$ 等三元化合物，见图 2－3。共晶中的 $\alpha(Fe_3SiAl_{12})$ 相呈骨骼状，初生的 $\alpha(Fe_3Si_2Al_{12})$、相呈枝条状，$\beta(Fe_2Si_2Al_9)$、相呈针状，这些杂质相对铝的塑性均有不利影响，后者更甚。

$FeAl_3$，$\alpha(Fe_3SiAl_{12})$ 及 $\beta(Fe_2Si_2Al_9)$ 等相的电位比纯铝高，而且它们也破坏了纯铝表面氧化膜的连续性，因此降低铝的抗蚀性。硅的电位略高于铝，故影响较小。铝中其它杂质元素如铜、锌，对抗蚀性也有不利影响。所有杂质皆降低铝的导电率，尤以锰、钛、钒最为显著。

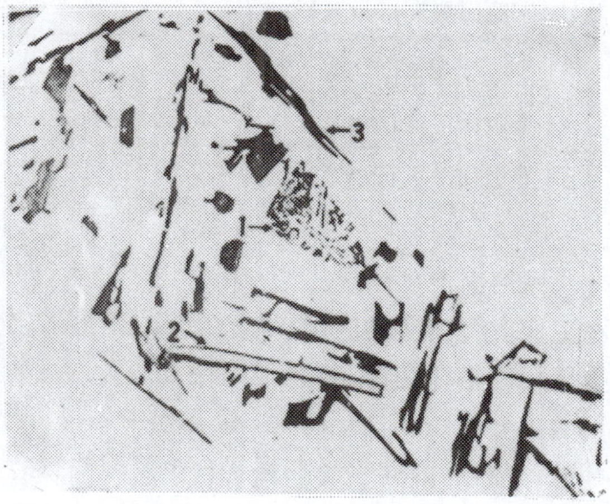

图 2－3 铝中杂质相 ×210

1. $\alpha(Fe_3SiAl_{12})$ 2. $\beta(Fe_2Si_2Al_9)$ 3. Si

三、纯铝的牌号及用途

纯铝牌号以汉语拼音字母 L 为字头，其后数字为顺序号。LO5～LO1 为高纯铝，LO 及 LOO 为工业高纯铝，用于科学研究、化工工业以及一些其它特殊用途；L1～L7 为工业纯铝，用于熔制铝合金、制作电线、电缆和日用器皿等。

纯铝不能热处理强化，冷变形是提高其强度的唯一手段，因此某些工业纯铝可以按冷作硬化或半冷作硬化状态使用。

纯铝的热处理形式为退火。纯铝再结晶温度约 200℃，杂质元素大多能提高其再结晶温度，其中铬、锰、铁较明显。纯铝的退火温度一般为350～500℃，保温时间随工件厚度而定。

四、铝的合金化

铝合金主要依靠固溶强化和沉淀硬化提高其机械性能；晶粒细化、加工硬化及过剩相强化也能发挥一定的作用。为此，在确定合金成分时，应考虑下面因素：

1. 固溶强化能力　合金组元的固溶强化能力与其本身的性质及固溶度有关。表2-3列出了铝中固溶度大于0.2%的元素在铝中的极限固溶度和室温固溶度数据。其中锌、银、镁的极限固溶度较高，超过10%；其次是铜、锂、锰、硅等，固溶度大于1%；余下的元素在铝中的固溶度均很小，不超过千分之几。合金元素在基体中的固溶度高，可获得较高的固溶强化效果，但在实际应用中，也并非固溶度愈大愈好。因为在二元合金中，无限互溶或广泛互溶的合金系，组元间常常具有相似的物理化学性质和原子尺寸，固溶体晶格畸变程序较低，按添加单位重量合金元素计算的固溶强化增益并不高。例如锌、银就属这种情况，固溶强化作用差，生产中也不大可能大量添加这类元素。因此，简单的二元合金，Al-Zn、Al-Ag以及Al-Li合金无实用价值。但在多元合金中，由于与其它组元形成新的强化相或改变了沉淀硬化特性，可显著提高合金的机械性能，故这类元素的作用仍不可忽视，特别是锌是发展中强可焊铝合金及超硬铝的主要组元，锂则是新型高比强、高比刚度铝合金的重要元素。

表2-3　可用于铝合金化的某些元素的固溶度

元素名称	锌	银	镁	铜	锂	锰	硅	铬
极限固溶液，(wt%)	82.2	55.6	17.4	5.65	4.2	1.82	1.65	0.77
室温固溶度，(wt%)	<4	<0.7	<1.9	<0.1	<0.85	<0.3	<0.17	<0.015
元素名称	钙	镉	钒	钛	锆	钽	钼	铁
极限固溶度，(wt%)	0.1	0.47	0.6	1.15	0.28	0.25	0.25	0.05
室温固溶度，(wt%)	<0.03	0.000 2						

采用固溶度超过1%的其它几个元素，即Al-Mg、Al-Cu、Al-Mn及Al-Si二元合金，在工业上都有实际应用。Al-Mg的固溶强化效果较好，低镁铝合金在加工和热处理后容易保持单相固溶体组织，相应地韧性及疲劳强度较高，还具有良好的抗蚀性，是目前生产中广泛应用的主要防锈铝合金系列。铜在铝中不仅可强烈提高合金的常温强度，而且Al-Cu合金有较好的耐热性，因此铜是高强铝合金及耐热铝合金的主要合金元素。锰及硅在铝中固溶度较低，固溶强化作用有限。但Al-Mn系中的第二相$MnAl_6$与铝的电化学性质接近，故抗蚀性好，也是防锈铝合金的基本合金系之一。Al-Si系合金共晶点浓度较低，容易得到铸造性能好的铸造合金，多年来一直是发展铸造铝合金的基础；在变形铝合金中，硅也是重要组元之一。

其它低固溶度元素，如铬、钛、锆、钙、镍等在铝合金中一般起辅助作用，可改进合金的晶粒结构、沉淀过程或形成新相，提高合金的使用性能和工艺性能。

2. 沉淀硬化能力　单纯的固溶强化效果总是有限的，对于铝合金要想获得高强度，必须配合有效的沉淀硬化处理。为此，合金组元不仅要求有较高的极限固溶度和明显的温度关系，而且在沉淀过程中能形成均匀、弥散的共格或半共格过渡相。这种相在基体中能造成较强烈的应变场，提高对位错运动的阻力。上面介绍的从锌到硅等主要元素，除铜以外，就二元合金而言均不能充分满足上述硬化条件。虽然它们在铝中均有较高的极限固溶度，且随温度下降而急剧减小，但沉淀相的强化作用不够明显。其原因是多方面的，有的是由于共格界面错配度低，相应的应变场很弱，如 Al－Mg 系，Al－Ag 系；或者是预沉淀阶段极短，很快丧失共格关系，形成非共格的平衡相，如 Al－Si，Al－Mn 系。因此沉淀硬化型铝合金多选用复杂合金系，以形成新的强化相，如 Al－Zn 中加镁，即 Al－Zn－Mg 三元系中出现 $MgZn_2$ 和 $Al_2Mg_3Zn_3$；Al－Mg 系中加硅形成 Mg_2Si 相，都有很好的沉淀硬化效果。即使对于沉淀硬化能力较高的 Al－Cu 合金，如发展成 Al－Cu－Mg 三元系，除原有强化相 $CuAl_2$ 外，尚可形成新的 Al_2CuMg 强化相。使硬化能力提到更高水平。当前可热处理强化的铝合金大多分属 Al－Cu－Mg、Al－Mg－Si 和 Al－Zn－Mg 系。

3. 耐热性　对于需要在高温下工作的铝合金，在确定合金成分时，必须考虑它们与耐热性的关系。许多试验表明，过渡族元素一般能提高合金的高温性能，许多过渡族元素与铝形成包晶系，因此有较高的熔点，如 Al－Ti 包晶温度为 665℃，Al－Cr 为 661℃，Al－Zr 为 660.5℃；即使是共晶系，共晶温度也较高，如 Al－Mn 系共晶温度为 658.5℃，Al－Fe 为 655℃，Al－Ni 为 640℃。相比之下，非过渡族元素大多与铝组成共晶温度较低的共晶系，如常用的 Al－Mg 系为 450℃，Al－Zn 系为 382℃。显然，合金熔点愈低，耐热性愈差。再结晶温度也是反映耐热性的一项指标，过渡族元素如锰、铬、锆、钛等都有强烈阻碍再结晶过程的作用，使再结晶温度明显提高。

铝合金的耐热性除和基体的抗软化能力有关外，组织中的第二相在高温下的稳定性也十分重要。稳定而弥散分布的第二相，将减少高温晶界流变及基体内的位错运动，从而保证较好的热强性。试验表明，含过渡族元素的金属间化合物，如 T($Al_{12}MnCu$)、Al_9FeNi、$MnAl_6$，$CrAl_7$、$NiAl_3$ 等相具有较好的热强性，加热时不易发生聚集长大。它们在铝基体中一般固溶度较低而且不随温度变化而变化，虽然沉淀硬化作用小，但却减少了高温下因溶解-析出过程而造成的原子扩散，故热稳定性高。反之，室温强化作用显著的沉淀相，如 $MgZn_2$，Mg_2Si 及 T($Al_2Mg_3Zn_3$)相等，高温软化趋势比较突出。由此可见，高温及常温工作的合金对强化相的要求不同，为了获得较好的综合性能，需要把这两方面的特点结合起来。Al－Cu－Mg 系在这方面是比较成功的，S 相(Al_2CuMg)可同时保持较高的常温及高温强化效果，故低 Cu/Mg 比的硬铝，如 LY2 合金，S 相数是较多，可在 150～200℃使用，而一般的 Al－Zn－Mg 和 Al－Mg－Si 系合金工作温度低于 120℃。如果要求更高的耐热性，可在此基础上增添少量过渡族元素，如 Al－Cu－Mg－Fe－Ni(LD7)和 Al－Cu－Mn 系(Ly16)等。但过渡族元素含量不宜过高，否则因脆性难溶相增加而降低合金的塑性及韧性。

4. 组织强化　通过细化晶粒(包括细化亚结构及增加位错密度)和使合金保持未再结晶组织，可使材料的强度提高 10%～30%，与此同时，纵向的断裂韧性和应力腐蚀抗力也可获得改善。

为了使制品在热处理后仍保持未再结晶的纤维状组织，通常是加入少量过渡族元素锰、铬、锆、钛。这类元素溶入基体能强烈提高其再结晶温度，当弥散第二相质点析出时，可有效地阻止再结晶过程及晶粒长大。另外，在生产过程中，提高变形温度或采取接近多向压缩应力状态的变形方式，由于减少了物理变形程度，也有助于保留未再结晶组织。例如挤压产品就比轧制产品容易得到细晶纤维状结构，相应的强度也较高，所以这种组织强化有时也称为挤压效应。

§2-2 铝合金的热处理原理

铝合金的基本热处理形式是退火及淬火时效。前者属软化处理，目的是获得稳定的组织和优良的工艺塑性；后者为强化处理，借助时效硬化以提高合金的强度性能。本节着重阐明铝合金时效理论中的基本规律和特点，以及讨论确定相应热处理工艺参数的主要原则。

自从1905年德国A·维尔姆(A·Wilm)首先在Al-3.5%Cu-0.5%Mg合金中发现时效硬化现象以来，各国科学工作者对铝合金的时效理论进行了广泛深入的研究，获得了丰硕成果。其中对Al-Cu系，特别是对Al-4%Cu合金的研究比较系统，认识也较透彻。因此，我们将首先讨论该合金在时效过程中的组织性能变化，随后再涉及其它类型的铝合金系。

一、Al-4Cu合金组织、性能的一般变化

图2-4为Al-Cu二元相图的一部分，在548℃进行共晶转变：$L \rightarrow \alpha+\theta(CuAl_2)$。铜在α相中的极限固溶度为5.65%(548℃时)，随着温度下降，固溶度急剧减小，室温下降至0.05%。θ相的名义组成为$CuAl_2$，属正方晶格(a=0.606 6 nm，c=0.487 4 nm)。按$CuAl_2$化学式计算，θ相中含铜量应为54.08%，但实际上只含52.5%～53.9%Cu，即只有在部分铜原子为铝原子置换的条件下，θ相才能稳定存在。Al-4Cu合金缓慢冷却时的组织为(α+θ)两相，其铸造状态的抗拉强度约为150MPa。

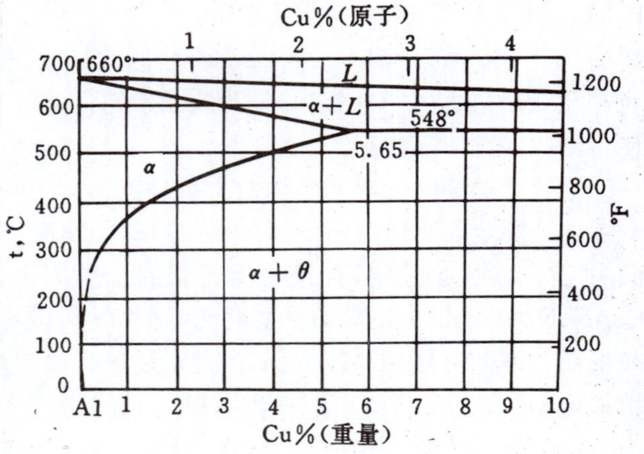

图2-4 Al-Cu二元相图的富Al部分

如将该合金加热到固溶度线以上，在保持一段时间后迅速淬入干冰(-78℃)中，形成过饱和固溶体(含4%Cu)，其抗拉强度可增至200 MPa。若长期在干冰中保存，机械性能没有明显变化。但若从干冰中取出，于室温下放置，则2h后开始出现硬化现象，硬度和强度增高，并随时间的增长而加剧，8天后达最大值，以后趋于稳定，如图2-5所示。如将同一合金置于稍高的温度环境内，例如50℃，经2天后硬度即达最高值，但其变化规律仍与室温的相同。这种将淬火得到的过饱和固溶体置于室温或低于100℃的温度环境下，由于停留时间的增加而导致硬度及强度增高的现象称为自然时效。

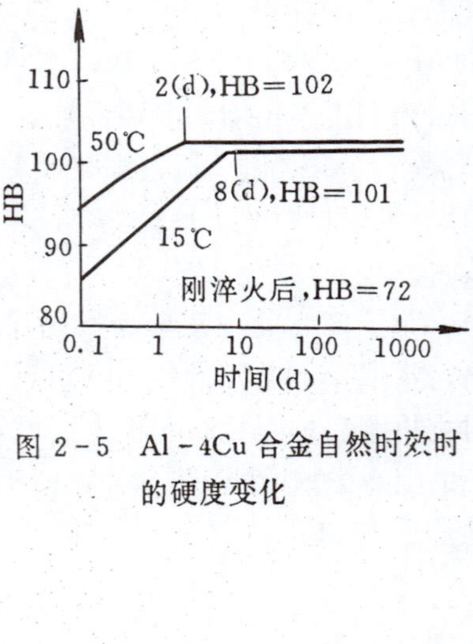

图2-5 Al-4Cu合金自然时效时的硬度变化

如将该合金置于100℃以上时效，硬度变化要复杂一些，即在曲线上出现峰值，如图2-6所示。时效温度愈高，

达到峰值所需时间越短。这种在100℃以上所造成的时效硬化现象称为人工时效。时效温度高于150℃时，最大硬度降低。超过硬度峰值的时效称做过时效。时效温度愈高，过时效现象出现愈早。

上述Al-4Cu合金的时效硬化现象是合金内部组织变化的反映。因此，为了认识产生这种变化的原因，必须了解过饱和固溶体的沉淀过程及影响因素，这也就是下面我们要讨论的内容。

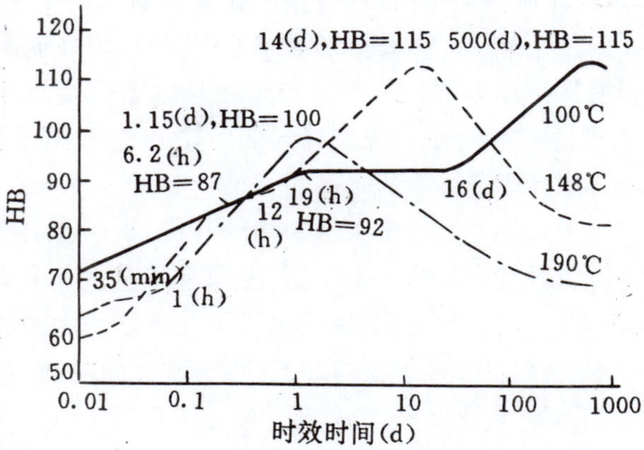

图2-6　Al-4Cu合金人工时效时的硬度变化

二、过饱和固溶体的性质

合金时效处理之前，先要通过固溶处理以获得过饱和固溶体。这种固溶体不仅对溶质原子是过饱和的，而且实践表明，对空位这种晶体缺陷也是过饱和的，即处于双重过饱和状态。沉淀过程是一种原子扩散过程，而空位的存在是原子扩散所必须具备的条件，故固溶体中的空位浓度及其与溶质原子间的交互作用性质，必然对沉淀动力学发生重大影响。

空位的形成与原子的热运动直接相关。金属温度愈高，原子因热振动加强而脱离其平衡位置的几率也愈大，故空位浓度亦增加，见表2-4。由表可知，当纯铝接近熔点温度时，其空位浓度已达10^{-3}数量级，即每1 000个原子中有1个空位，空位平均距离约10个原子间距。

表2-4　纯铝不同温度下的空位浓度

温　度(K)	空　位　浓　度
933	10^{-3}～2×10^{-3}
900	10^{-4}～10^{-3}
800	10^{-5}～10^{-4}
700	10^{-6}～10^{-5}
600	10^{-9}～10^{-8}
300	10^{-12}～10^{-11}

纯铝和铝合金淬火得到的过饱和空位极不稳定，容易向晶界或其它缺陷地带迁移，或者空位之间产生聚集，形成新的晶格缺陷，如位错环或位错螺旋线。但对于Al-Cu合金，Cu原子与空位间存在一定的结合能，即Cu原子与空位结合在一起，使空位能够比较稳定地处于固溶体中，不容易向缺陷地带迁移和消失。这种携带空位的Cu原子在形成新相时的扩散过程，要比没有空位时容易得多，淬火后将以很高的速度聚集，这种现象叫做丛聚或偏聚。温度愈高，丛聚的速度也愈快。如果将合金在干冰中淬火，因温度很低，丛聚进行缓慢，可以较长时期地保持过饱和状

态。

携带空位的 Cu 原子的丛聚，并不能立即形成稳定的相，而是经过几个中间阶段逐步过渡到最终平衡组织。

三、时效过程中的组织变化

时效过程是第二相从过饱和固溶体中沉淀的过程，和其它固态相变一样，新相以形核和长大方式完成转变。对于 Al－Cu 合金，大量试验和研究工作证明，为降低新相形成时所伴随的应变能和表面能，过饱和固溶体沉淀时往往先形成与母相晶体结构相同并保持完全共格的富铜区，即 G.P. 区，随后再逐步过渡到成分及结构与 $CuAl_2$ 相近的 θ'' 相和 θ' 相，同时共格关系逐渐破坏，最后形成非共格的具有正方结构的平衡相，θ 相。

1.G.P. 区　G.P. 区在室温即可生成。淬火后 15 分钟，在 Al－Cu 合金单晶体的摆动法 X 射线照片上，就会出现二维衍射效应，即在{100}面上出现窄带状的衍射星芒，但必须时效一天，星芒才能变得清楚。这种带状星芒的出现，说明铜原子在晶格的六面体{100}上聚集，形成了圆片状的脱溶区，或称 G.P. 区（见图 2－7）。G.P. 区没有独立的晶体结构，完全保持母相的晶格，并与母相共格，只是由于 Cu 原子半径比 Al 原子小，G.P. 区产生一定的弹性收缩（见图 2－8）。

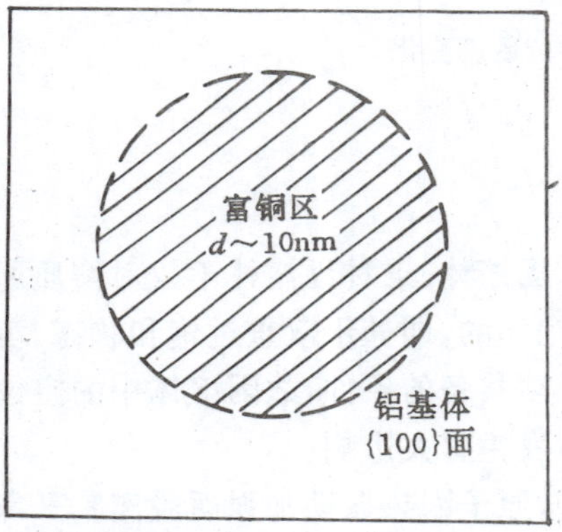

图 2－7　G.P. 区示意图

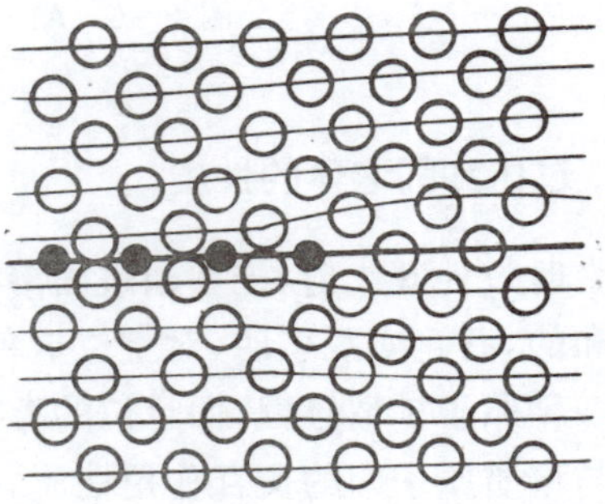

图 2－8　Al－Cu 合金中 G.P. 区的共格应变图

G.P. 区的厚度只有几个原子，直径随时效温度的高低而不同，一般不超过 10 nm。Al－Cu 合金室温时效形成的 G.P. 区很小，直径约 5 nm，密度为 10^{14}～10^{15}原子/mm^3，G.P. 区之间的距离为 2～4 nm。130℃时效 15h，G.P. 区直径长大到 9 nm，厚约 0.4～0.6 nm。温度再高，G.P. 区数目开始减少，200℃即不再生成 G.P. 区。图 2－9 为 Al－4Cu 合金 130℃时效 16h 的透射电镜组织，由于 G.P. 区无独立结构，照片中的 G.P. 区是因共格界面的弹性应变场引起的衬度效应造成的。

G.P. 区的界面能很低，形核功很小，在母相各处均可生核，这与部分共格的过渡相不同。

2.θ''相　如将 Al－4Cu 合金在较高的温度下进行时效，G.P. 区的直径迅速长大，而且 Cu 原子和 Al 原子逐渐形成有序排列，即形成正方有序化结构（见图 2－10）。这种结构的 x，y 两轴的晶格常数相等（$a=b=0.404$ nm），z 轴上的晶格常数为 0.768 nm，一般称 θ'' 相（或 G.P. Ⅱ区）。θ'' 过渡相在基体的{100}面上形成圆盘状组织，厚度为 0.8～2 nm，直径为 15～40 nm，如图 2-11 所示。θ″过渡相与基体完全共格，但在 z 轴方向的晶格常数比基体晶格常数的两倍小一些（$2c_{Al}=0.808$ nm），产生约 4%的错配度。因此，在 θ″过渡相附近造成一个弹性共格应变场，或晶格畸变区。这种由 θ″过渡相造成的应变场，也可从电镜照相的衍衬效应上显示出来。如时效时间继续增加，θ″过渡相密度不断提高，使基体内产生大量畸变区，从而对位错运动的阻碍作用也不断加大，使合金的硬度、强度，尤其是屈服强度显著增加。

3. θ′相　继续提高时效温度或延长时效时间，例如将 Al-4Cu 合金时效温度提高到 200℃，时效 12h 后，θ″相即转变为 θ′过渡相。θ′过渡相属于正方点阵，其中 $a=b=0.404$ nm，$c=0.580$ nm，名义成分为 $CuAl_2$。θ′过渡相的晶体取向关系为：

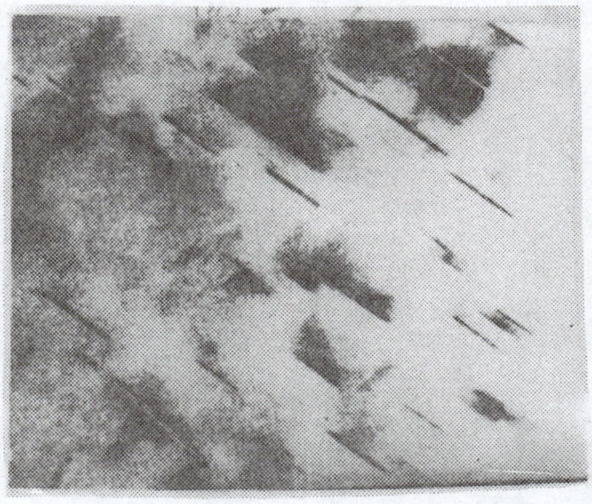

图 2-9　Al-4Cu 合金的 G. P. 区组织（540℃淬火，130℃时效 16 h）　×500 000

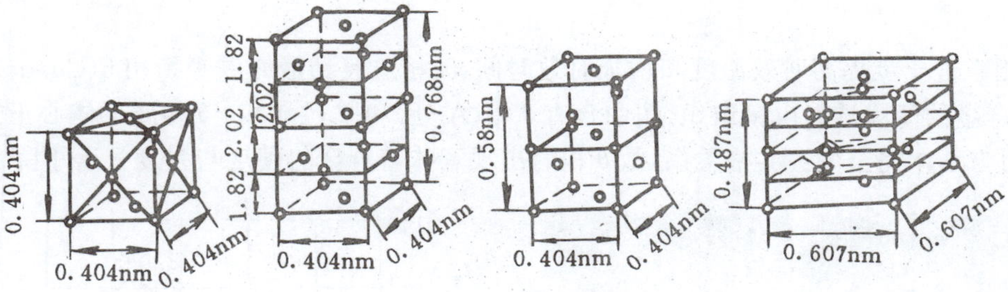

图 2-10　Al-Cu 合金中平衡相(θ)和过渡相(θ′,θ″)的晶体结构与基体 α 之间的配合比较

$$(001)_{\theta'} // (001)_{Al}, [110]_{\theta'} // [110]_{Al}$$

θ′的大小决定于时效时间和温度，其直径约为 10～600 nm，厚度为 10～15 nm，密度为 10^8 个原子/mm^3。由于在 z 轴方向的错配度过大（约 30%），在(010)和(100)面上的共格关系遭到部分破坏，在 θ′过渡相与基体间的界面上存在位错环，从而形成了半共格界面。图 2-12(a)为 Al-4Cu 合金淬火并在 200℃时效 12h 后的透射电镜组织，图中箭头 A 所指的可能是围绕着 θ′过渡相的位错环。图 2-12(b)为围绕 θ′过渡相的位错环的示意图。既然 θ′过渡相与基体局部失去共格，那么界面处的应力场势必减小。图 2-12(a)中没有看到明显的反差效应

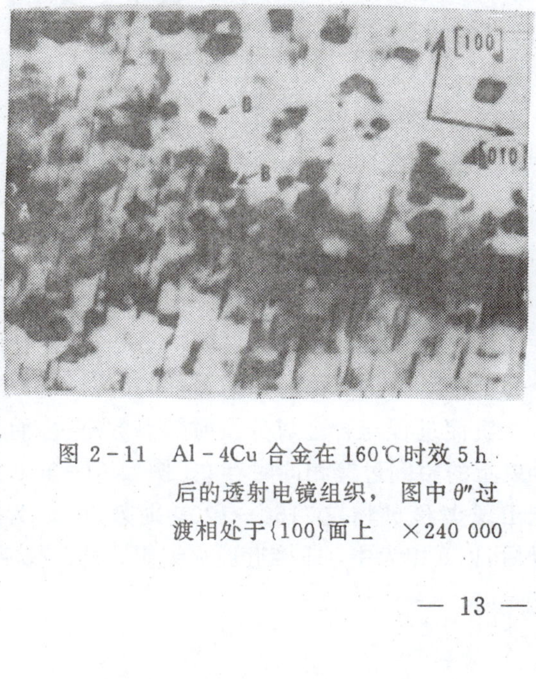

图 2-11　Al-4Cu 合金在 160℃时效 5 h 后的透射电镜组织，图中 θ″过渡相处于{100}面上　×240 000

就是 θ′ 过渡相与基体应变能减小的证明。应变能的减小，意味着晶格畸变程度下降、合金的硬度和强度也降低，开始进入过时效阶段。

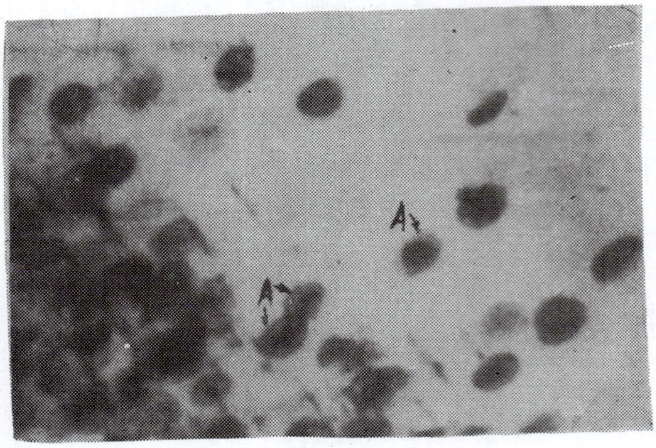

(*a*)

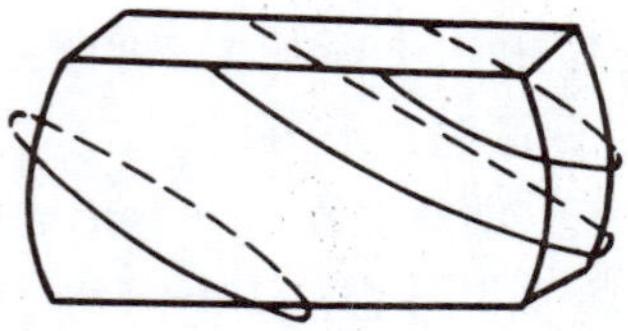

(*b*)

图 2-12

(*a*) Al-4Cu 合金在淬火并 200℃时效 12 h后的透射电镜组织 ×26 000；

(*b*) 围绕 θ′ 过渡相的位错环示意图。

4. θ 相　进一步提高时效温度和增加时效时间，θ′ 相过渡到最终的平衡相 θ($CuAl_2$)相，为 Al-4Cu 合金的薄膜透射电镜组织，图中含有 θ 相(A 处)和 θ′ 过渡相。θ 相属于体心正方有序化结构，因与基体完全失去共格关系，故 θ 相的出现意味着合金的硬度与强度显著下降。

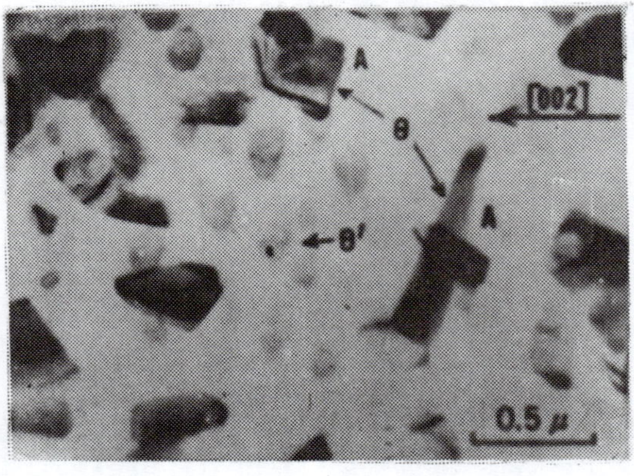

图 2-13　含有 θ 相和 θ′ 过渡相的 Al-4Cu 合金透射电镜组织　×30 000

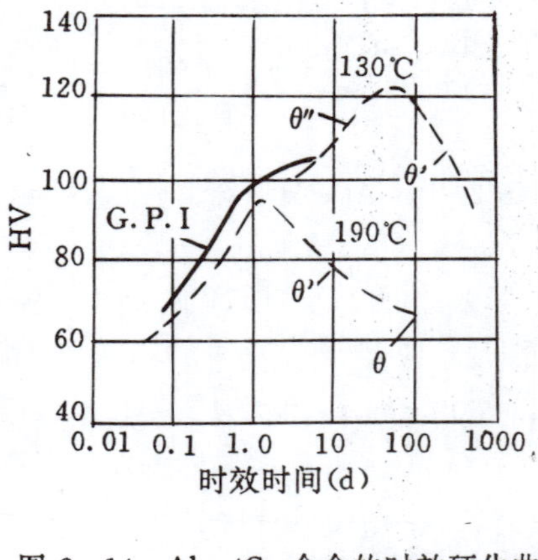

图 2-14　Al-4Cu 合金的时效硬化曲线

图 2-13Al-4Cu 合金时效过程中，过饱和 α 固溶体中发生的沉淀过程，可概括为，$\alpha_{过饱和}$ →G. P. 区→θ″ 过渡相→θ′ 过渡相→θ($CuAl_2$)平衡相。

沉淀过程与合金成分及时效参数有关，而且不同沉淀阶段相互重叠，交叉进行，往往有一种以上的中间过渡相同时存在。例如 Al-4Cu 合金在 130℃以下时效，以 G. P. 区为主，但也可能出现 θ″ 和 θ′ 相，在 150～170℃时效，以 θ″ 为主；在 225～250℃时效以 θ′ 相为主；高于 250℃以后，以 θ 相为主，即接近退火组织。表 2-5 列出了 Al-Cu 合金在不同温度时效时的主要沉淀相。图 2-14 则表示 Al-4Cu 合金在 130℃和 190℃时效过程中硬度的变化。由图可以看出，G.P. 区所造成的硬度增长到一定程度即达到饱和状态。随着 θ'' 相的出现造成硬度的重新上升并达到峰值。当组织中出相 θ' 相时，合金将逐渐进入过时效阶段。若形成了稳定相 θ，则合金完全软化。

表 2-5　Al-Cu 合金沉淀产物与时效温度的关系

温度(℃)	2%铜	3%铜	4%铜	4.5%铜
110	G.P.	G.P.	G.P.	G.P.
130	G.P.+θ''	G.P.	G.P.	G.P.
165	—	θ'+少量 θ''	G.P.+θ''	—
190	θ''	θ'+极少量 θ''	θ'+少量 θ''	θ''+G.P.
220	θ'	—	θ'	θ'
240	—	—	θ'	—

四、其他铝合金系的时效过程

时效过程与合金系的性质有密切关系，下面就常用铝合金系的时效特点作简要补充说明。

在 Al-Mg 合金中，淬火后几秒钟内即在高能区域(晶界、位错处)形成 G.P. 区，其直径为 1.0～1.5 nm，绝大多数过饱和空位以气团形式存在于区的周围，故应变强度低，甚至没有应变，从而也无明显的时效硬化现象。在室温下时效几年，G.P. 区才长大到 10 nm。生成 G.P. 区的临界温度为 47～67℃，高于此温度，则直接形成 β' 相。Al-Mg 合金中的平衡相为 β 相(Mg_5Al_8)。

在 Al-Si 合金中，时效初期，G.P. 区在过饱和的空位处丛聚形核，其直径约为 1.5～2.0 nm。随后被一个位于基体(111)或(100)面上的片层状沉淀物所代替。新相很快与母相失去共格，因而强化效应是极其有限的。

在 Al-Zn 合金中，G.P. 区呈球形，其直径为 1～6 nm，密度为 10^{12}～10^{16}K 原子/mm^3，并在淬火空位凝聚的位错环上形成。G.P. 区的大小主要取决于时效时间和时效温度，合金中的含锌量仅影响到 G.P. 区的数量。当 G.P. 区的大小超过约 3 nm 时，即在[111]方向伸长，形成椭圆形，其长轴约为 10～15 nm，短轴约为 3～5 nm，此时强化效果最大，随后即由 α' 相所代替。高温下进行时效，并不形成 G.P. 区，而直接形成过渡相。

在 Al-Mg-Si 合金中，开始形成球状 G.P. 区，并迅速长，沿基体的[100]方向拉长，变成针状或棒状，称为 β'' 相，其 $a=b=0.616$ nm，$c=0.71$ nm，$\alpha=\beta=90°$，$\gamma=82°$，位向关系为：

$$(111)_{\beta''} // (110)_{Al}, [110]_{\beta''} // [001]_{Al}$$

并有大量空位。β'' 的长度估计为 16～200 nm，直径为 1.5～6 nm，密度为 2×10^{12}个原子/mm^3～3×10^{15}个原子/mm^3，对基体产生压应力，使合金强度提高。如继续升高温度或延长时间，即形成局部共格的 β' 过渡相。β' 为立方晶体结构 ($a=0.642$nm)，或者呈六方晶体结构($a=0.705$ nm，$c=0.45$ nm)，与基体的位向关系为：

$$(00\bar{1})_{\beta'} // (100)_{Al}, [100]_{\beta'} // [01\bar{1}]_{Al} \text{或} [011]_{Al}$$

最后在 β' 与基体的界面上，以消耗掉 β' 过渡相的方式，形成 β(Mg_2Si)稳定相，其位向关系为：

$$(100)_{\beta} // (100)_{Al}, [110]_{\beta} // [001]_{Al}$$

在 Al－Cu－Mg 系合金内，当 Cu/Mg≥2 时，由于 Cu 和 Mg 原子在(210)面上的丛聚，形成了 G.P. 区，其直径为 0.16 nm，堆垛层错为 G.P. 区的择尤形核地带。随后由无序结构变为有序结构，即 S'' 相，它沿基体[100]方向长大成为棒状，且与基体共格。再进一步，S'' 转变为 S' 过渡相，属斜方晶体结构，其晶格常数为 a＝0.405 nm，b＝0.906 nm，c＝0.720 nm。S' 过渡 相仍与基体共格，甚至在厚度超过 10 nm 时，仍能维持共格关系。S' 过渡相与基体的位向关系为：

$$(100)_{S'} /\!/ (2\bar{1}0)_{Al},[010]_{S'} /\!/ [120]_{Al}$$

如果 S' 过渡相继续长大，即与基体失去共格，形成 S 相(Al_2CuMg)。

在 Al－Zn－Mg 合金内，$MgZn_2$ 沉淀物的 G.P. 区呈球形，在室温时，直径可达 2～3 nm，温度到 177℃时，G.P. 区的直径由 3 nm 增大到 6 nm。如果在较高的温度下继续时效，球状 G.P. 区即在基体的(111)面上形成盘状，盘的厚度无明显变化，但其直径随时效时间的增加和时效温度的升高迅速变大，如在 127℃时效 800 h 可达 20 nm，如在 177℃时效 700h，则可达 50 nm。

由 G.P. 区形成 η' 过渡相的临界尺寸决定于合金成分。η' 相的晶体结构为六方晶系，也有资料认为属单斜晶系。η' 过渡相与基体的位向关系之一为：

$$(00\cdot 1)_{\eta'} /\!/ (111)_{Al},[10\cdot 0]_{\eta'} /\!/ [110]_{Al}$$

η' 相至少和基体局部共格，因为在其周围存在应变场。如果 η' 过渡相与基体之间的位向关系如上，则直接由 η' 过渡相形成的 η($MgZn_2$)相属六方拉维斯相，其晶格常数为 a＝0.516 nm，c＝0.849～0.855 nm。

至于 Al－Zn－Mg－Cu 系合金，如合金组元的含量为 5～8%Zn，2－3%Mg，并将铜的含量增加到 1.5%，则铜对合金的时效序列并无影响。当在 227°～317℃时效时，时效序列为：

$$\alpha_{过饱和} \rightarrow G.P.区 \rightarrow \eta' 过渡相 \rightarrow MgZn_2 稳定相$$

从以上各合金系的情况可知，时效过程的基本规律是相同的，都是先由淬火获得双重过饱和固溶体，时效初期由于空位的作用，使溶质原子以很高的速度进行丛聚，形成 G.P. 区；随着提高时效温度和增加时效时间，G.P. 区转变为过渡相，最后则形成稳定相。此外，在晶体内的某些缺陷地带也会直接由过饱和固溶体形成过渡相或稳定相。这种过程也称时效序列或沉淀序列，可简略概括于下：

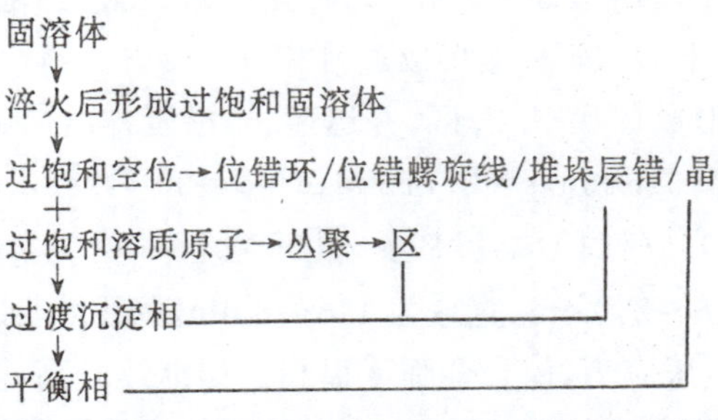

沉淀相的形状和分布与合金的成分及相界面的性质有直接关系。对于 G.P. 区，由于与基体完全共格，晶格是连续的，故表面能很低，可以忽略不计；而且 G.P. 区尺寸又很小，弹性能不高，因而 G.P. 区的形核功很低，在基体内各处均可形成，即均匀生核，另外形核速度也相当快，甚至在淬火过程中即可发生。G.P. 区的形状决定于溶质原子和铝原子的直径差异。差值小于 3%时，为了减小表面能，G.P. 区一般呈球形；差值超过 5%，弹性能起主导作用，故常呈薄

片状或针状，见表 2-6。

对于半共格或完全不共格的过渡相和平衡相属不均匀生核，因为此时沉淀相和基体之间表面能已较高，成分差异也较大，弹性能则视两相晶格错配度及比容差值而定。总之，形核比较困难，需要比较大的能量起伏和成分起伏。试验表明，过渡相一般在位错、小角度晶界(位错壁)、层错及空位聚合体处优先形成，G.P.区也可作为过渡相的晶核。平衡相则容易在大角度晶界及空位聚合体处生核。在晶体缺陷处形核，不仅可以降低表面能和弹性能，而且缺陷附近常常发生溶质元素的偏聚，因此，从成分上也是有利的。

表 2-6　不同合金系中的 G.P.区形状

G.P.区形状	合金系	原子直径差(%)
球　形	Al-Ag Al-Zn Al-Zn-Mg	+0.7 -1.9 +2.6
圆盘形	Al-Cu	-11.8
针　状	Al-Mg-Si Al-Cu-Mg	+2.5 -6.5

掌握各个合金系的时效序列及不同沉淀物的形核分布特点对控制铝合金的性能十分重要，因为影响性能的主要组织特征参数是沉淀相的结构、质点尺寸、形态与分布。针对具体要求，通过调整成分，选择恰当的生产工艺和热处理制度，取得预定的组织特征参数，这就是所谓的合金设计原则。

五、时效硬化原因

时效硬化是铝合金的主要强化手段，造成此种硬化的原因目前一般应用位错理论来解释。合金沉淀硬化产物(例如 Al-Cu 系合金中的 G.P.区，θ''相和 θ'相)，可引起两方面的影响：其一是新相质点本身的性能和结构与基体不同；其二，是质点周围产生了应力场。沿滑移面运动的位错与析出相质点相遇时，就需要克服应力场和相结构本身的阻力，因而使位错运动发生困难。另外，位错通过物理性质与基体不同的析出相区时，这本身的弹性应力场也要改变，所以位错运动也要受到影响。其它缺陷，如在析出过程中形成的空位和螺旋位错，也能阻碍位错运动。

根据位错阻力的来源，时效硬化可用以下几种强化机制来加以说明，但这些强化机制并不是截然分开的，只能说在一定的时效阶段上，根据析出相的结构特点，某种强化方式可能起主要作用。

1. 内应变强化　这是一种比较经典的理论。这种理论既可以用到沉淀强化合金中，也可以用到固溶强化的合金中。

所谓内应变强化，是指沉淀物或者溶质原子，当其与母体金属之间存在一定的错配度时，便产生应变场，或者说应力场，这些应力场阻碍滑移位错运动。

对于新淬火(固溶处理)，或经过轻微时效的合金，其溶质原子(或者是小的溶质原子集团)是高度弥散的。因此，这些原子与母相之间的错配度所引起的应力场也是高度弥散的。以小圆圈代表应力场，这种情况如图 2-15*a* 所示。在这种应力场中的位错取低的能量方式，弯弯曲曲地绕着应力场，在应力场“谷”中通过，位错的弯曲曲率半径要非常小，大约为粒子间距的数量级。假定溶质原子为 1%，那么溶质原子的间距仅有 4～5 个原子间距。使位错弯曲到这种程度所需应力很高，远远超过新淬火合金的实际强度。换句话说，原子错配度所产生的应力场大小不足以使位错弯成这样的曲率半径。因此，位错就只能取大致是直线的途径，好似一个刚体线，有时穿过应力"谷"(应力最小处)，有时穿过应力峰；有时在峰这边，有时在峰那边。作用在位错线上的应力代数和大致相消，所以此时位错运动的阻力不大，合金处于比较软的状态。

当合金进一步时效时，溶质原子开始聚集，从而使应力场的间距开始拉开，当拉开距离达到可以使位错线绕应力场呈弯曲状态时，合金开始变硬(见图 2-15*b*)。弯曲半径和应力之间有 $r=G.b/2\tau$ 的关系，其中 r 为弯曲半径，G 为切变模量，b 为位错的柏氏矢量，τ 为相应的切应力。因为这时位错弯弯曲曲地全部通过应力"谷"，故位错因应力场间距增大而变成"柔性"。这种柔性位错滑移时，每一段位错都可独立地通过反应力区，不需要其它段位错的帮助，因此位错运动阻力当然比前述的刚性位错大得多，这是合金硬化的原因之一。

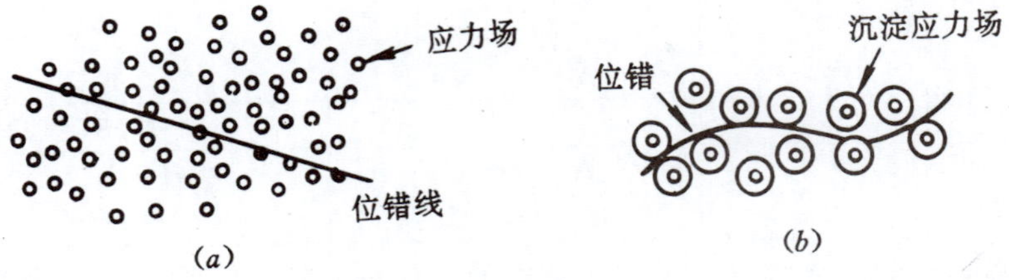

图 2-15　位错线在应力场中的分布

(*a*) 位错通过高度弥散应力场；(*b*) 应力场间距较大时位错弯曲的情况

造成上述硬化时，第二相质点或溶质原子集团不必处于位错所在滑移面上，只需其应力场能达到位错通过的滑移面即可。

如果粒子处于滑移面上，情况要复杂一些，有下面两种情况。

2. 位错切过沉淀物的硬化　运动位错遇到沉淀物时，可以切过沉淀物而强行通过，如果沉淀物不是太硬而可以和基体一起变形的话。对于铝合金，根据薄膜透射电镜观察，已证明位错可以切过 Al-Zn 系合金的 G. P. 区、Al-Cu 系的合金的 G. P. 区和 θ'' 过渡相、Al-Zn-Mg 系合金的 η' 相和 Al-Ag 系合金的 γ' 相。大致可以认为，如沉淀相与基体共格，位错可以从中通过；如沉淀相与基体部分共格，而其晶体结构又与基体相近时，位错也可能切过。因此铝合金在预沉淀阶段或时效前期，运动位错多以切过的方式通过沉淀相。

位错切过粒子时要消耗三种能量，运动阻力来自这三方面，即：

(1) 粒子与基体的错配引起的应力场。

(2) 位错切过粒子后，粒子被滑移成两部分，因而增加了表面能(见图 2-16)。

(3) 位错通过粒子时，改变了溶质-溶剂原子的近邻关系，引起了所谓化学强化。

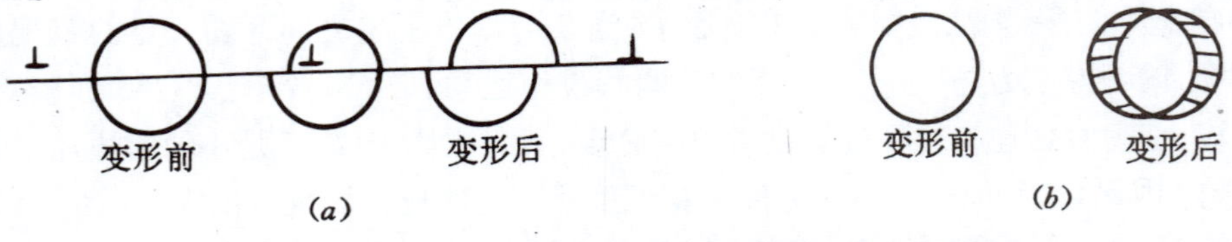

图 2-16　位错切过粒子示意图(阴影表示多出的表面)

(*a*) 侧视；(*b*) 俯视

3. 位错绕过沉淀物的硬化(弥散硬化)　当位于位错滑移面上的沉淀相很硬,或由于提高时效温度,延长时效时间后,沉淀相聚集,相间距加大时,位错可以从粒子间凸出去,即绕过粒子,因为这样要比切过粒子更容易一些(见图 2-17)。位错按此种方式通过粒子所需应力为:

$$\sigma \approx \frac{2Gb}{l}$$

其中 l 为粒子间距。位错在每次通过粒子后,在粒子四周留下一圈位错环,故位错密度不断提高,粒子的有效间距不断减小,造成硬化率增加。

对于铝合金,一般从时效硬化开始,直到硬化峰值,由于沉淀相与基体保持共格,弥散度又很高,因此时效硬化主要是由应力场的交互作用及运动位错切过粒子造成的,而弥散硬化往往对应着过时效阶段。例如 Al-Cu 合金,从 G.P. 区到 θ'' 相,由于共格所造成的晶格畸变愈来愈大,应力场作用范围也愈来愈宽,甚至相互接触,时效硬化作用达到最大值。此时,位错切过 G.P. 区和 θ'' 相,在应力-应变曲线上反映为屈服强度较高,但硬化率较低,见图 2-18。这是因为运动位错一旦切过粒子,以后的位错就比较容易通过。在含 G.P. 区的合金中看到的直的滑移线就证实了这点。反之,与 θ' 相和 θ 相对应的应力-应变曲线特点为屈服点低而硬化率高。因为时效状态粒子间距大,运动位错开始比较容易从中通过,但以后由于粒子周围位错环数量增加,提高了对位错运动的阻力,所以应力增加很快。

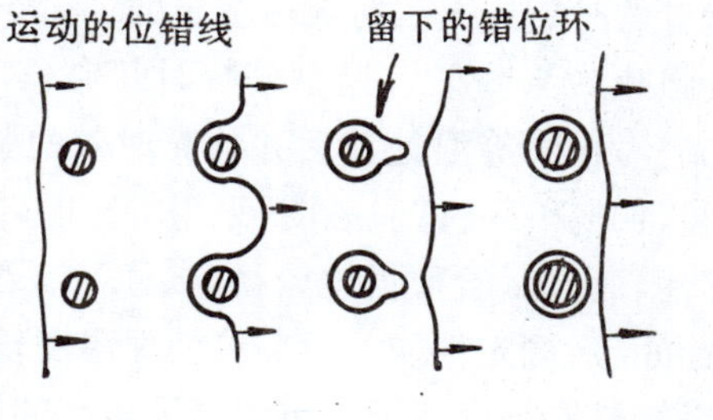

图 2-17　表示位错从粒子间通过的示意图

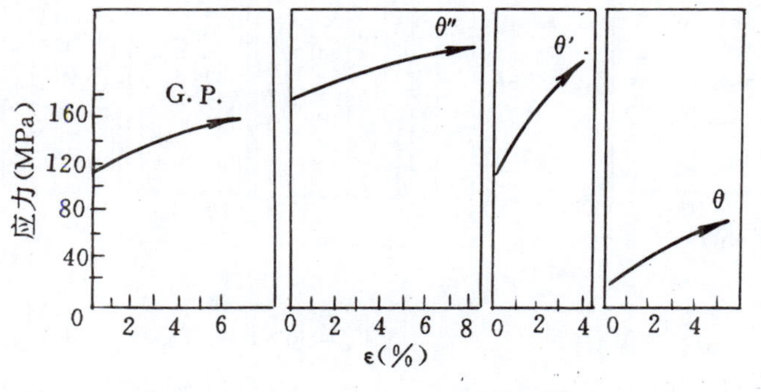

图 2-18　Al-4%Cu 单晶体应力-应变曲线

六、时效动力学

过饱和 α 固溶体的沉淀过程是一个扩散过程。与钢类似,其沉淀速度与温度的关系也具有 C-曲线的特点,即由于过冷度与原子扩散速度这两个因素的相互制约而使沉淀速度在某一温度达到最大值。图 2-19 为 Al-4Cu 合金过饱和 α 固溶体的起始转变曲线。不同沉淀阶段均有各自相应的 C-曲线。根据 C-曲线的位置可以了解合金的时效动力学特点,也可以利用 C-曲线正确地选定热处理工艺参数。

钢中测定 C-曲线常用金相法和物理性能方法(如磁性法和膨胀法),但它们对铝合金是不适合的。铝合金的沉淀产物,特别在初期,高度弥散,尺寸极小,非一般光学显微镜所能分辨,透射电镜虽可观察,但因取样数量和部位的局限,常常不能反映整体情况,更不必说应用电镜技术所带来的浩繁试验工作量。同样，物理方法也受到限制。因铝合金是非磁性材料，相变膨胀效应也小，故磁性法和膨胀法都不适用。目前比较方便的方法是测定在沉淀过程中机械性能(如抗拉强度和屈服强度)和晶间腐蚀性能的变化，这两者对组织转变有较高的敏感性，特别是用以确定起始转变曲线位置，其灵敏度不亚于电阻法和X-射线法。图2-20为LY12合金等温分解曲线，其中第一条是根据晶间腐蚀倾向确定的起始转变曲线，其它各条是按照抗拉强度(实线)和屈服强度(虚线)变化所确定的条件转变曲线。机械性能是在等温处理后立即进行补充自然时效或人工时效后测定的。由于等温分解，固溶体内溶质元素浓度下降，致使随后的时效强化效果降低。等温分解时间愈长，性能降低也愈多，如以淬火后直接时效的抗拉强度为100%，不同等温处理后并补充时效的强度相应为98%，95%，90%，80%等，即强度降低2%，5%，10%……。试验表明，采用补充时效方法要比等温处理后直接测定抗拉强度具有更高的敏感性，而且试验数据也较稳定。LY12型硬铝的补充时效采用正常的自然时效规范，即室温保持96h后测定性能。当等温处理温度较低时，实际相当于在自然时效前进行了部分人工时效。这样，最终强度性能有可能高于单纯的淬火自然时效状态，如图2-20中第二条曲线的低温部分相应强度为102%抗拉强度，和98%抗拉强度相比，强度变化同为2%，因此可连成同一根条件转变曲线。

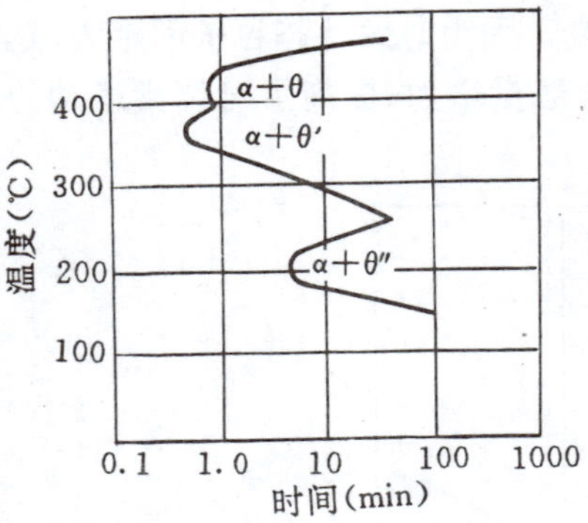

图2-19 Al-4Cu合金过冷固溶体的起始分解曲线

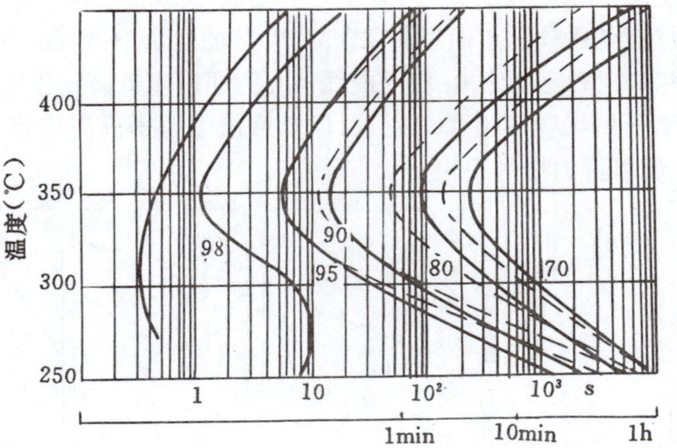

图2-20 LY12(4.64%Cu，1.48%Mg，0.82%Mn)的C-曲线

铝合金时效动力学曲线主要受合金成分的控制，同时淬火温度、应力状态和生产工艺对其也有影响。对同一合金系，随着合金元素含量的增加，过饱和固溶度提高，分解速度加快，C-曲线左移(见图2-21)。对于不同合金系，例如Al-Cu-Mg系合金，过饱和α固溶体的稳定性远低于Al-Zn-Mg系，LY12合金的C-曲线鼻子温度处相应的孕育期仅为6s，而Al-4.12%Zn-1.9%Mg合金则为19min。因此，某些Al-Zn-Mg系合金具有自淬火能力，即热加工或焊接后空冷，就可达到淬火目的，无需单独的淬火操作。

在工业铝合金中大多含有少量锰、铬、锆等过渡族元素，尽管含量不高，但对合金的时效动力学特性却有强烈的影响。例如在Al-4.2%Zn-1.9%Mg合金中添加0.24%Cr，将使达到95%抗拉强度条件转变曲线的最低时间减为1/90，即C-曲线大大左移，从而提高了临界淬火速度和增加了合金对淬火速度的敏感性，见图2-22及图2-23。其原因是这些过渡族元素的金属间化合物，当以高度弥散的形式存在时，可作为沉淀相的非自发晶核，同时相边界也是择尤生核的部位，促进分解过程的进行。若过渡族元素溶入固溶体或以初生化合物形式存在，则影响较小。

某些微量元素对同一合金在不同时效温度下的动力学也会有不同的影响。例如，Al－Cu 合金中加入镉、锡，它们与空位的结合能高，从而使参与铜原子扩散的空位数减少，降低 G.P. 区形成速度，抑制自然时效进程。但对于 θ' 相，镉、锡又是一种活性内吸附元素，它们在相界面上偏聚，使表面能下降，例如 Al－4Cu 合金中 θ' 相的表面能 $\gamma = 1\,530\times10^{-7}\,J/cm^2$，而在加入 0.1% cd 后，表面能减少到 $250\times10^{-7}\,J/cm^2$，使 θ' 相的形核功下降，生核率提高，可获得更加弥散的沉淀相组织，增加了人工时效的强化效果和热稳定性，比较适合于在高温下工作。

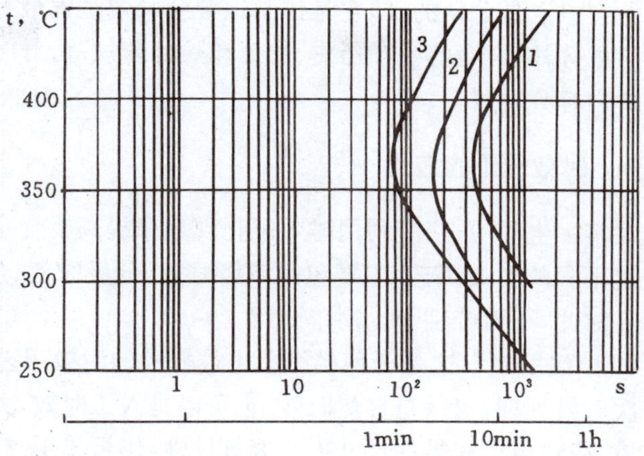

图 2－21 Al－Cu 系按 95%抗拉强度的条件起始转变曲线

1 Al－4.08%Cu；2 Al－4.30%Cu；3 Al－4.60%Cu－0.89%Mg

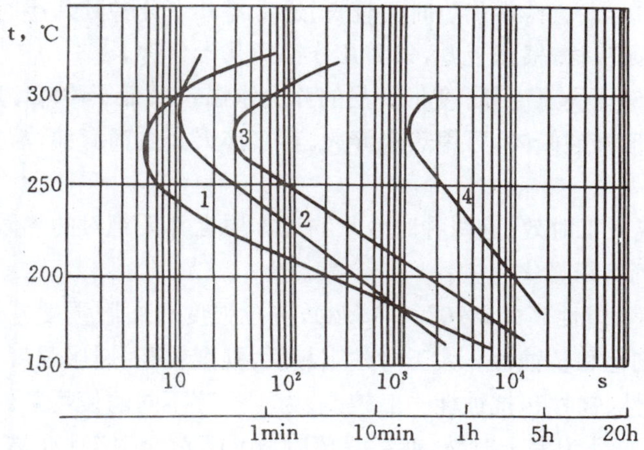

图 2－22 铬、锆、锰等元素对 Al－4.2%Zn－1.9%Mg 合金 93%σ_b 条件起始转变曲线的影响

1－加 0.24%Cr；2－加 0.23%Zr；3－加 0.2%Mn；4－未加

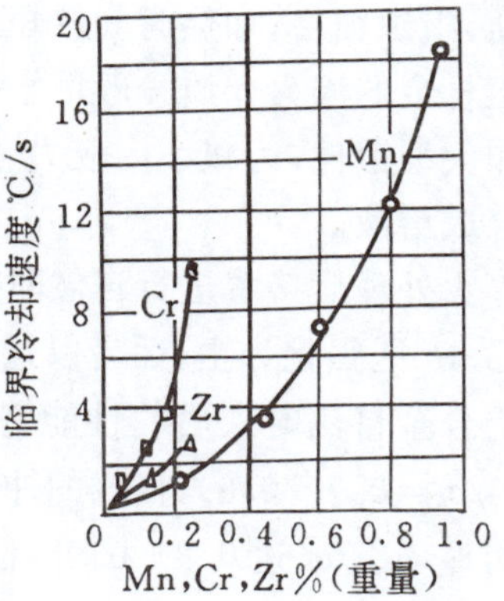

图 2－23 铬、锆、锰等元素对 Al－4.2%Zn－1.9%Mg 合金临界淬火速度的影响

还有一些元素，包括杂质元素在内，在沉淀相及基体中溶解倾向不同。例如 LD7 合金（Al－Cu－Mg－Fe－Ni）含 0.25%Si 时，硅原子溶入 G.P. 区后，有很明显的稳定作用，使 G.P 区可在更高的温度下仍不溶解，可作为人工时效时（如 190℃）形成 S′ 相的晶核，这样就增加了时效组织的弥散度和均匀性。否则，S′ 相容易在位错或晶界处生核，颗粒较粗，分布不均匀。

有时，添加微量元素可扩大 α 固溶体和沉淀相之间的体自由能差、从而减少形核功，提高沉淀相的生核率，改善时效强化效果。例如，在 Al－Zn－Mg 系合金中加入少量银，就可能由于上述原因而使 η' 相细化。

总之，微量元素的作用是多方面的，其机制也各不相同，需要针对具体合金，通过试验确定。但有一点是公认的，即它是控制铝合金时效过程最有效的途径之一。

除成分外，合金的生产历史、加工和热处理规范，对时效动力学同样有明显影响，后面将结合有关内容分别讨论。

七、时效理论的应用

在实际生产中，广泛利用时效硬化现象来提高铝合金的强度。根据合金性质和使用要求，可采用不同的时效工艺，主要包括单级时效，分级时效、形变时效和回归处理与回归再时效处理等。对此，下面分别予以简单介绍。

1. 单级时效　这是一种最简单也最普及的时效工艺制度，在淬火（或称固溶处理）后只进行一次时效处理，可以是自然时效，也可以是人工时效，大多时效到最大硬化状态。有时，为消除应力、稳定组织和零件尺寸或改善抗蚀性，也可采用过时效状态。

在固溶处理时，为保证强化相充分固溶，加热温度应超过固溶度线。温度愈高，固溶愈快，也愈完全，时效强化效果也更显著。但不应高于固相线，否则合金将发生局部溶化，即造成过烧，这将严重降低合金的性能。另外，淬火加热也要注意防止晶粒过分长大及板材包铝层的污染。因此，铝合金的淬火加热温度范围很窄，温度控制要求很严。例如，LY12 硬铝规定淬火加热温度为 498℃±3℃，低于 490℃，为淬火不足，高于 507℃，三元共晶体（$\alpha+CuAl_2+S$）溶化。

淬火加热时间取决于合金性质和状态。铸件加热时间较长、通常需几十分钟到几小时；变形产品，组织细密，加热时间较短，例如板材，根据板厚，只需几分钟到几十分钟。

铝合金的淬火介质一般用水，以保证快速冷却。变形产品的淬火水温一般低于 40℃。对于铸件和大型锻件，为减小内应力和变形开裂倾向，可用热水淬火。其它淬火介质尚有油、液氮和有机合成溶液。

淬火处理后接着进行自然时效或人工时效。这两种时效从物理本质上并无绝对的界限，前者以 G.P. 区强化为主，后者以过渡沉淀相强化为主。

铝合金自然时效后的性能特点是，塑性高（$\delta>10\%\sim15\%$），抗拉强度和屈服强度差值较大（$\sigma_{0.2}/\sigma_b=0.7\sim0.8$），良好的冲击韧性和抗蚀性。人工时效则相反，强度较高，屈服强度增加更为明显，$\sigma_{0.2}/\sigma_b$ 达 0.8～0.95，但塑性、韧性和抗蚀性一般较差。为了适应不同的使用条件，通过改变时效温度和时间，人工时效尚可分为完全时效（亦称峰值时效）、不完全时效（亦称欠时效）及过时效、稳定化时效等。完全时效获得的强度最高、达到时效强化的峰值；不完全时效的时效温度稍低或时效时间较短，以保留较高的塑性；过时效则相反，时效程度超过强化峰值，相应综合性能较好，特别是抗蚀性较高；稳定化时效的温度比过时效更高，其目的是稳定合金的性能及零件尺寸。表 2－7 以 ZL－101 合金为例，说明不同人工时效制度与性能的关系。

表 2－7　ZL－101 合金的时效制度与性能

状　　态	时效温度（℃）	时间（h）	σ_b（MPa）	$\sigma_{0.2}$（MPa）	δ %
铸造后直接人工时效 T1	170～180	5～17	170	140	2
不完全人工时效　T5	145～155	1～3	230	170	4
完全时效　T6	195～205	2～5	240	210	2
稳定化处理　T7	215～235	3～5	190	140	4.5

工业铝合金中，硬铝(Al－Cu－Mg 系)以自然时效为主，这样可保证较低的晶间腐蚀倾向，同时工艺也比较简单，淬火后在室温放置 96h 后，性能基本上就达到稳定阶段。其它类型的铝合金，特别是超硬铝(Al－Zn－Mg－Cu 系)以选用人工时效为宜，不仅可以充分发挥时效强化效果，而且抗应力腐蚀性能较好。对于高温工作的零件，当然应采用人工时效，以保证合金组织和性能的稳定性。

采用人工时效工艺时，应注意热处理工序之间的协调，因为大多数铝合金存在所谓停放效应，即淬火后在室温停放一段时间再进行人工时效处理时，将使合金的时效强化效应降低。这种现象在 Al－Mg－Si 系合金中尤为明显。例如，Al－1.75Mg_2Si 合金淬火后，在室温下分别停留 3min、10min、30min 和 2h，再在 160℃进行人工时效，合金硬度变化如图 2－24 所示，其中以淬火后放置 2h 的影响最大。为弄清其中原因，曾进行了电镜组织分析，发现在室温停留时间愈长，人工时效后组织中的过渡相也愈粗大，因而硬度和强度下降。目前对这种现象的一种解释是 Al－Mg－Si 系合金中镁在铝中的溶解度远大于硅。在室温停留期间，过剩硅将首先形成偏聚，而镁、硅原子的 G.P. 区是在硅核上形成的。如果停放时间短，则只产生硅的偏聚，大部分溶质原子仍保留在固溶体内，随后进行人工时效，镁和硅原子继续向硅的偏聚团上迁移，形成大量稳定晶核并继续长大；如果在室温下停留时间过长，合金内形成大量偏聚，因而固溶体中溶质元素浓度大大降低。这样，当温度一旦升高到人工时效温度，那些小于临界尺寸的 G.P. 区将重新溶入固溶体，致使稳定的晶核数目减少，从而形成粗大的过渡相。

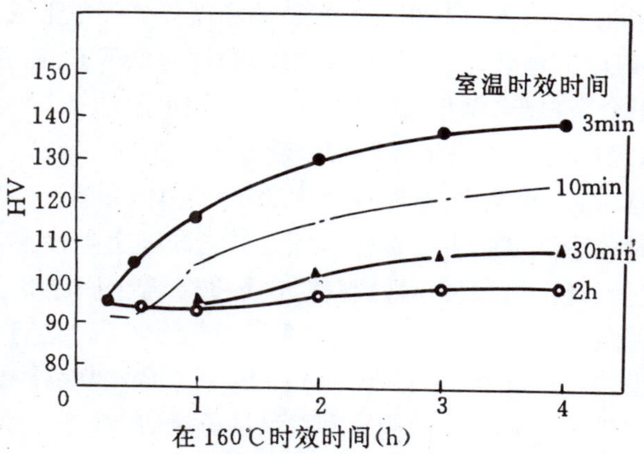

图 2－24　自然时效对 Al－1.75Mg_2Si 合金在 160℃人工时效硬度的影响

为了减轻或消除淬火后停留时间对合金机械性能的影响，可考虑在淬火后立即进行一次短时预人工时效，使 G.P. 区长大到可以作为稳定的晶核尺寸。但是，这种措施在生产中不方便，难以推广应用。后来发现 Al－Mg－Si 系合金中加入 0.2%～0.3%Cu，可以大大减小淬火后停留时间对合金性能的影响，原因是铜原子能稳定空位或者与镁、硅原子和空位形成迁移速度更慢的复杂集团。

2. 分级时效　单级时效的优点是生产工艺比较简单，也能获得很高的强度，但是显微组织的均匀性较差，在拉伸性能、疲劳和断裂性能与应力腐蚀抗力之间难以得到良好的配合。分级时效则可以弥补这方面的缺点，而且能缩短生产周期，因此近 10 多年来，分级时效在实用中颇受重视，特别是对 Al－Zn－Mg 和 Al－Zn－Mg－Cu 系合金收到很好的效果。

分级时效需在不同温度进行两次或多次时效处理，按其作用可分为预时效(又称成核处理)和最终时效两个阶段。预时效处理温度一般较低，目的是在合金中形成高密度的 G.P. 区。G.P. 区通常是均匀形核。当其达到一定尺寸，就可成为随后时效沉淀相的核心，从而大大提高了组织的均匀性。最终时效通过调整沉淀相的结构和弥散度以达到预期的性能要求。实践证明，分级时效可获得较好的综合性能。

为了正确选定分级时效制度，必须了解主要热处理参数对铝合金显微组织及性能的影响。这里所指的显微组织包括基体沉淀相和晶界沉淀相的结构、尺寸和分布，以及晶界无沉淀带的性能和宽度。

基体沉淀相是决定合金性能的主要因素。为了获得最大强化效果，时效组织应以G.P.区和过渡相为主，但过渡相一般在缺陷和晶界处择优形成，即非均匀生核。为了保证组织的均匀性，分级时效的预时效（即成核处理）温度应低于G.P.区的溶解温度，又称临界温度（T_C）。T_C取决于合金成分。例如Al－5.9Zn－2.9Mg合金的$T_C=155℃$，Al－4Cu合金的$T_C=175℃$。图2－25及图2－26表示Al－Cu系和Al－Mg－Zn系G.P.区和过渡相溶解温度与成分的关系，即亚稳定相界线。当时效温度$T_A>T_C$时，见图2－27(*a*)，由于缺少现成的G.P.区做核心，人工时效后沉淀相主要在位错线或其它缺陷上生核，结果形成不均匀分布和尺寸较大的沉淀相，这是一种不合理的时效制度。Al－Mg合金因临界温度低（<50℃）。在常规热处理后就获得这种组织。当$T_A<T_C$时，见图2－27(*b*)，G.P.区可连续形成和长大，则得到高度细密均匀的组织。Al－Cu－Mg和Al－Mg－Si系合金，因临界温度高，一般单级时效温度低于T_C，故属这种类型。图2－27(*c*)为一种典型的分级时效制度，预时效处理温度T_A低于T_c，形成大量的G.P.区，成为二次时效(T_{A2})沉淀相的核心，保证了组织的均匀性。通过改变T_{A1}和T_{A2}，可调整沉淀相的结构和弥散度，以满足性能要求。Al－Zn－Mg系合金常采用这种分级时效制度。

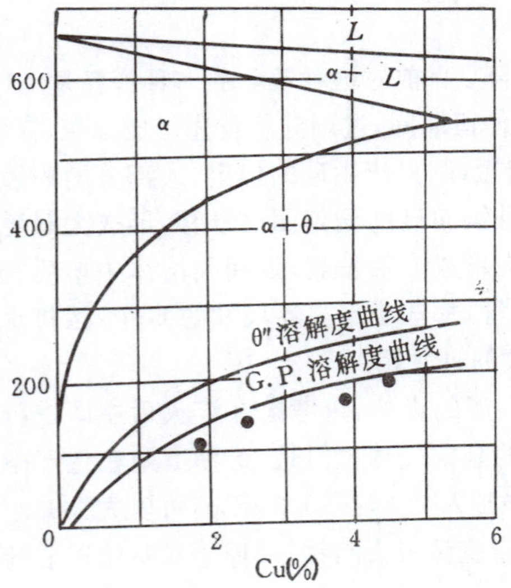

图2－25　Al－Cu系合金的G.P.区和过渡相的亚稳相界图

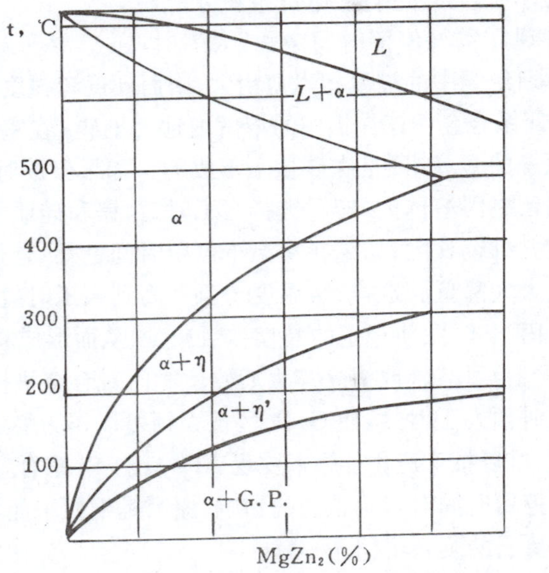

图2－26　Al－MgZn₂系合金G.P.区和过渡相的亚稳相界图

晶界沉淀相一般是过渡相或平衡相，它们在淬火与时效过程中均可形成。固溶温度低，保温不足和冷却速度慢时，容易在晶界析出粗大的第二相质点。时效过程中形成的晶界沉淀相则尺寸小，密度高。晶界沉淀相的形态和分布对合金性能有明显影响，其中以连续的网膜状分布对性能最为不利，容易在相界面生成裂纹，严重降低合金的力学和抗蚀性能。分散的质点则影响较小。为此，应提高固溶处理温度，增加淬火速度，以避免或减少晶界沉淀相；或调整时效工艺,使晶界沉淀相发生聚集,成为间距较大的孤立质点。

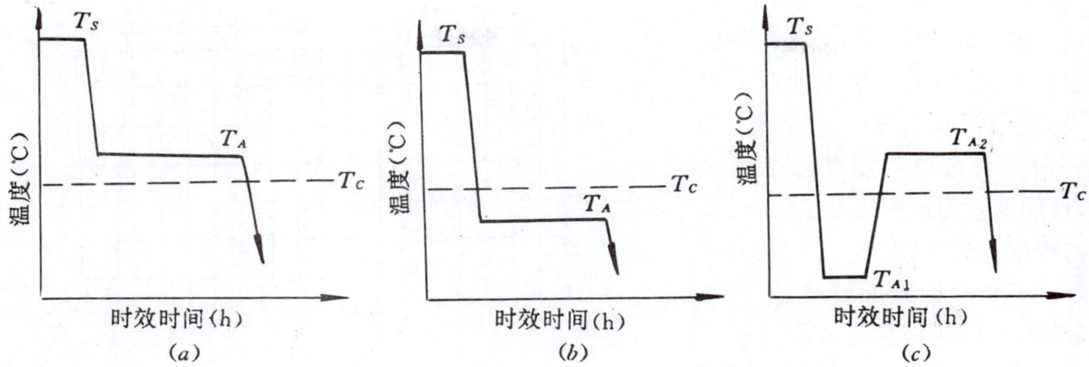

图 2-27　几种等温淬火与时效制度示意图(T_A 为时效温度,T_C 为 G.P. 区的溶解温度)

(a) $T_A > T_C$;　(b) $T_A < T_C$;　(c) $T_{A1} < T_C, T_{A2} > T_C$

3. 形变热处理　形变热处理也称热机械处理,是一种将塑性变形与热处理联合进行的综合工艺,其目的是改善过渡沉淀相的分布及合金的精细结构,以获得较高的强度、韧性(包括断裂韧性)及抗蚀性。形变热处理可用于板材和厚板,也可用于几何形状比较简单的锻件和挤压件。铝合金有两类形变热处理,即中间形变热处理和最终形变热处理。前者包括在接近再结晶温度下压力加工,使合金晶粒细化或在随后的热处理期间(包括固溶处理和时效)能大量保持其热加工组织,改善 Al-Zn-Mg-Cu 系合金的韧性和抗应力腐蚀能力(不降低强度),特别是提高厚板的短横向性能。中间形变热处理主要用于板材生产过程中。

最终形变热处理是在热处理工序之间进行一定量的塑性变形,按照变形时机的不同又可分为以下几种情况:

(1) 淬火后立即进行变形,随后再进行自然或人工时效。

(2) 自然时效期间或完成自然时效后进行变形,随后再进行人工时效。

(3) 部分人工时效后,在室温进行变形,接着再补充人工时效。

(4) 部分人工时效后,在时效温度下变形,随后再补充人工时效。

应该指出,形变热处理过程中组织结构的变化是相当复杂的,既包括变形对沉淀过程的影响,也涉及变形组织在随后时效期间的变化,二者相互影响,交叉进行。因此,最终结果常常相互矛盾,并非总是能改善合金的性能,必须针对具体合金的产品性质,通过试验确定恰当的规范。

4. 回归处理　将经过自然时效的铝合金在 200~250℃短时间加热,然后迅速冷却,可使合金的硬度和强度恢复到接近新淬火状态的水平,这种现象称作回归。经过回归处理的合金在室温下放置一段时间,硬度和强度又重新上升,其水平与直接自然时效后的相近,见图 2-28。铝合金在回归处理中所出现的现象主要表现为:

(1) 回归处理后,凡属自然时效所产生的性能变化,都能在不同程度上消除,即恢复到接近新淬火的状态。但是,如在人工时效后进行回归处理,性能的恢复则极其有限。

(2) 回归处理后性能恢复到新淬火状态的程度,与预先自然时效时间的长短有关。自然时效时间愈短,性能恢复愈完全。但是,即使时间很短,回归处理后,也不能完全回到新淬火状态,总有一小部分时效后的性能变化不能复原。

(3) 回归处理的温度要比时效处理的温度高得多。假如这两种处理温度相差很小，则性能的恢复也很少，甚到没有恢复；反之，回归处理和时效处理两者相差的温度愈大，性能恢复的速度也愈快，而且恢复的程度将更为完全。

(4) 合金回归处理后，如再进行时效，可以获得与淬火后直接进行时效几乎相等的时效强化效果。但是，时效速度要比未经处理的慢得多。如果在高温下时效(即人工时效)。则时效速度要比未经回归处理的速度快。

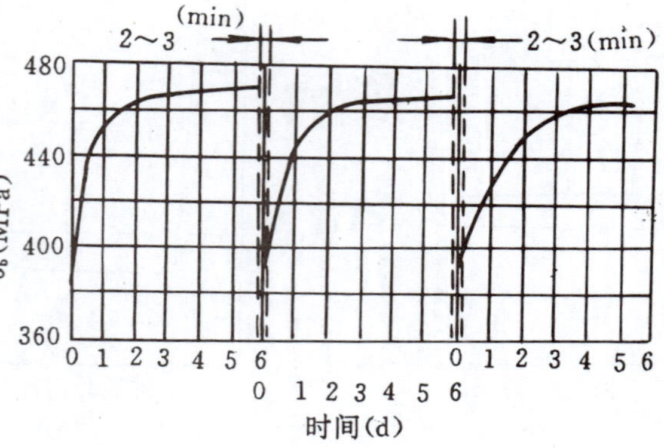

图 2-28 硬铝中的回归现象

(回归处理温度为 214℃)

(5) 合金淬火后在室温下停留一段时间再进行人工时效时，常常伴随着一定程度的回归现象。如果合金淬火后先进行一定程度的塑性变形，再进行人工时效，也有类似现象出现。

人们早期曾用新相晶核的临界尺寸来解释出现回归现象的原因，认为室温下时效所形成的 G.P. 区一旦加热到较高温度，如其尺寸小于该温度下能够稳定存在的临界尺寸，则将重新溶入固溶体，即恢复到新淬火的状态。但是，仅仅根据新相晶核临界尺寸的概念，尚不足以说明为什么在 200℃左右进行回归处理时，溶质原子能以极高的速度进行扩散，从而在几分钟内能够几乎全部重新溶入固溶体。因为按照扩散理论计算，新相在 200℃左右重新溶入固溶体需要较长时间。后来才考虑到空位的作用，并用以解释这一现象。

如前所述，合金在淬火过程中，由于溶质原子携带有空位，因而能以极高的速度形成 G.P. 区。一旦形成 G.P. 区，因不同溶质原子与空位的结合能不同，如溶质原子与空位结合能很小，则大部分空位逸出 G.P. 区；再与固溶体内溶质原子作用，形成新的 G.P. 区，如溶质原子与空位的结合能较大，则空位将大部分留在 G.P. 区内，不再移动。以 Al-Cu 合金为例，时效后形成的 G.P. 区，在其边沿上分布了一层高浓度的空位外壳，见图 2-29。Al-Ag 合金的情况也是如此。这种高浓度空位和溶质原子组成的 G.P. 区，在回归处处理的加热过程中，能以高的速度扩散，从而能在很短的时间内重新溶入固溶体。

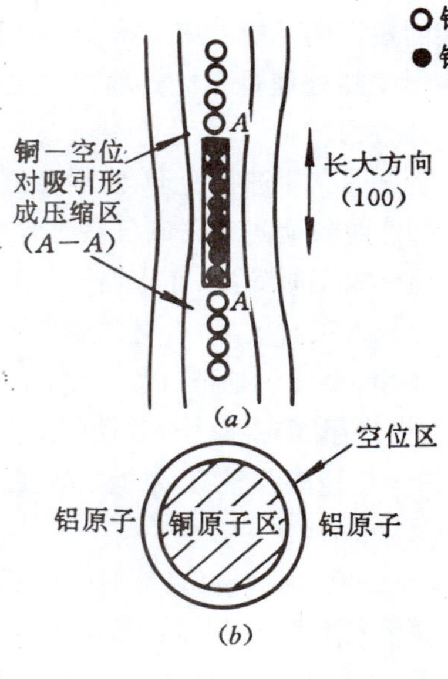

图 2-29 Al-4Cu 合金中 G.P. 区原子模型示意图

经过回归处理后再度时效时，G.P. 区的形成速度比高温淬火后 G.P. 区的速度慢得多。这是因为回归处理后，固溶体中的空位浓度只相当于200℃时的平衡浓度，比淬火温度下的空位浓度低得多。因此，铝合金只能进行几次回归处理。其它有关回归处理的许多现象均与空位浓度的变化密切有关。

回归处理温度主要决定于合金中溶质原子的性质和浓度。例如，在Al－Cu系合金中，含2%Cu的合金，可在120℃进行回归处理，Al－4Cu合金则可在160℃回归处理。这种处理温度可参照图2－25中合金G.P.区与过渡相的亚稳相界图确定。

在实际生产中，零件的修复和校形需要恢复合金塑性时，可应用回归处理，特别是当现场缺少为重新淬火所需的高温加热设备或重新淬火可能导致很大变形时，应用回归处理比较方便。但应注意，进行回归处理的零件必须保证快速加热到回归温度并在短时间内能使零件截面温度达到均匀，随后快速冷却。否则，在回归处理过程中将同时发生人工时效。

5. 回归再时效处理　以上所述的回归处理主要适用于原自然时效状态的铝合金，而对经受过人工时效处理的合金，回归难以使性能完全恢复到淬火状态。但1974年B.M.Cina首次提出，对人工时效状态的铝合金也可进行回归处理，随后再重复原来的人工时效。这种热处理工艺称作回归再时效处理(Retrogression and Reaging Treatment)，简称RRA工艺，比较适用于Al－Zn－Mg－Cu系的超硬铝合金。以往，该合金一般采用单级峰值时效状态(T6状态)，即固溶淬火后于120℃人工时效24h，此时具有最高的抗拉强度，但应力腐蚀抗力却较低。为改善应力腐蚀抗力而发展了分级过时效处理，即T73状态(如110℃,8h＋177℃,8h的分级时效)，此时合金的应力腐蚀敏感性虽大为减小，但强度将损失10%～15%。如应用RRA热处理制度，根据已有的研究工作，表明这种状态下合金兼有T6状态的高强度及T73状态的优良抗应力腐蚀能力。

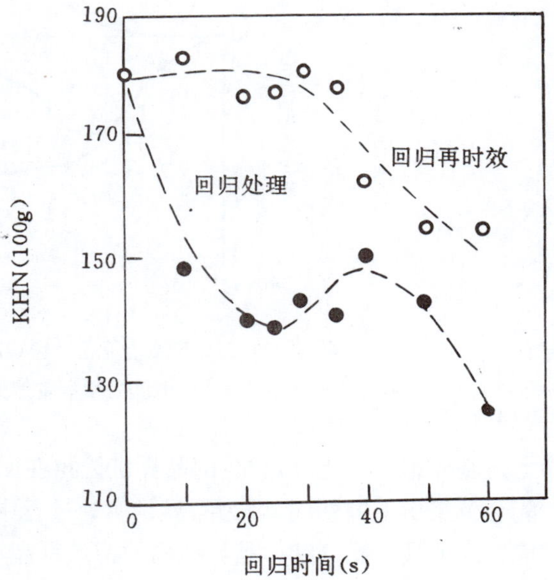

图2－30　7075－T651合金的显微硬度与回归处理时间的关系

回归再时效处理的回归温度一般为200～280℃，短时保温后快速冷却，接着进行人工时效。以美国超硬铝7075为例，原始状态为T6(即120℃人工时效24h)，先在240℃进行回归处理，随后按原T6规范人工时效。回归处理的时间对回归状态及回归再时效状态的性能有直接影响，见图2－30。随着回归时间增加，回归状态的硬度迅速下降，大约在25s达到最低点，随后出现一个不大的峰值，接着硬度重新下降。经再时效处理，合金再度硬化，硬化效果随回归时间增加而逐渐下降，但回归时间在30s以内，硬度可回复到原T6状态。在这一过程中，铝合金的微观组织结构变化是比较复杂的。对于7075合金在T6状态，其主要沉淀相是η′和η($MgZn_2$)。在回归处理时，将同时发生强化相的溶解、析出及聚集过程。首先时效基体中尺寸细小稳定性低的η′过渡相将重新溶入基体，而尺寸较大稳定性较高的η'相则会转化为η相。同时，基体中原已存在的η相将聚集成更粗大的质点。这一情况与前述自然时效状态的铝合金在回归处理时的组织变化是不同的，后者时效基体中的G.P.区将全部溶解，组织恢复成新淬火状态的单相过饱和固溶体。此时，只发生部分η'相的溶解及另一部分η'转变成稳定相η，这一关系可用图2－31定性的描述。图中曲线D表示因η'相溶解导至基体沉淀相浓度的变化，曲线P则代表因$\eta'\to\eta$转变，甚至在回归温度下从基体重新析出的η'相共同造成的沉淀相数量的变化，两者综合的结果得到曲线R。回归处理前期，主要过程是η'相的溶解，由此导致沉淀相总量下降，但随回归时间的延长，η相析出量增加，R曲线上升。然而长时间回归处理，会因η相的聚集过程使得沉淀相质点数减少。R曲线的变化趋势与图2－30回归状态的硬度变化曲线是一致的，这反映时效基体组织的变化控制着合金的硬度和强度。回归后再进行同一规范的人工时效时，因过饱和固溶体中重新析出弥散的η'相而导致强化，其强度也随之恢复到原有水平。一般T73状态的过时效处理主要沉淀相是η相，相应强度较低。

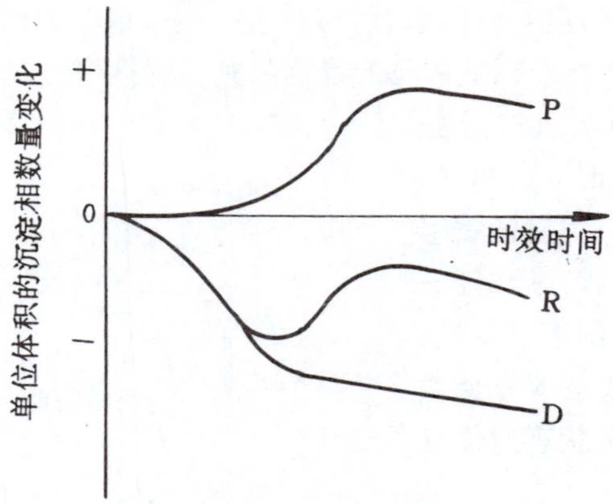

图2－31　7075T6合金经240℃回归处理后的再时效过程中沉淀相数量的变化(ΔN/单位体积)

除上述基体组织变化外，合金的晶界沉淀相在回归过程中也将发生变化，这对合金的应力腐蚀性能会带来更大的影响，因为晶界是腐蚀过程中的阳级通道。试验表明，7075合金在T6状态对应力腐蚀最敏感，此时，晶界结构的特点是晶界沉淀相尺寸($\bar{d}_g$)和它所覆盖的面积小而质点密度N_A(单位面积的质点数)高，与此相反，T73过时效状态的耐蚀性最好，应力腐蚀倾向低，其晶界特征表现为$\bar{d}_g$和A_A大，而N_A值小。这说明晶界沉淀相的粗化和质点数的减少有利于改善合金的应力腐蚀性能。经过回归再时效处理，7075合金的晶界沉淀相分布特点与T73状态的接近(见图2－32)，因此表现出较高的抗应力腐蚀能力。图2－33及图2－34则分别说明回归处理温度，回归处理时间对合金强度及应力腐蚀裂纹扩展速率的影响。由于一般回归处理的最佳保温时间很短(几十秒钟)，因此只适用于薄板。若适当降低回归温度，则可延长这一时间至几分钟，从而扩大应用范围。

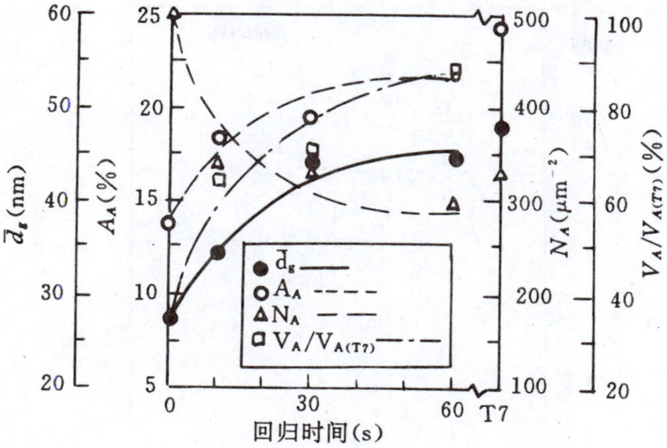

图 2-32　7075-T6 合金晶界沉淀相特征参数
与 240℃回归处理时间的关系
A_A:晶界上被沉淀相覆盖的面积分数
d_g:沉淀相平均尺寸
N_A:沉淀相数量/μm^2
V_A:沉淀相体积/μm^2
$V_{A(T7)}$:T7 状态的 V_A 值

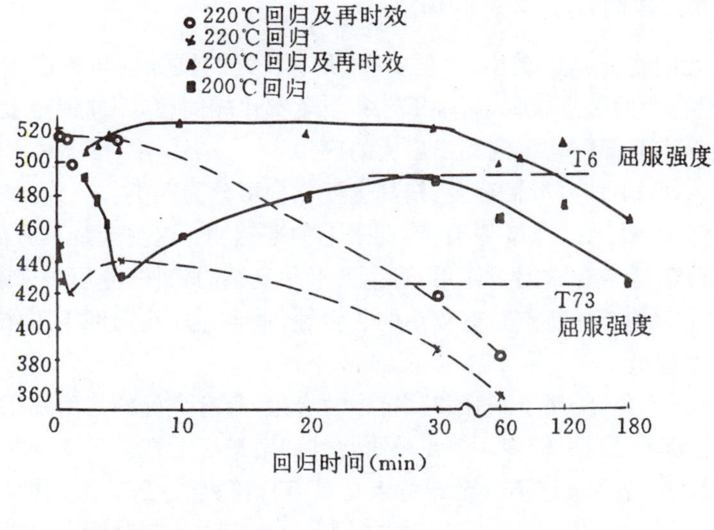

图 2-33　7075-T6 合金在回归再时效处理过程中
屈服强度的变化

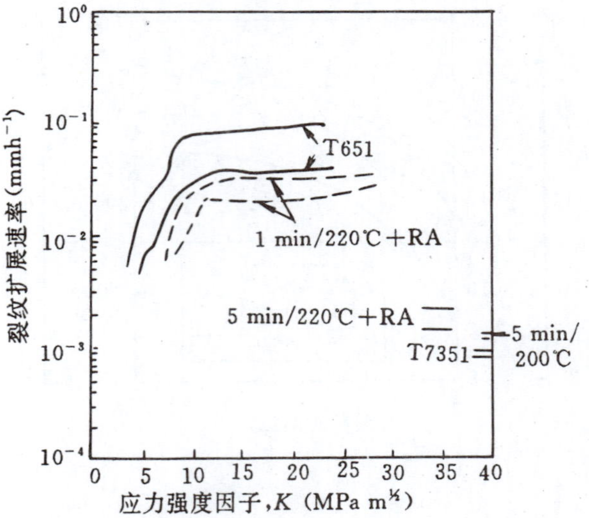

图 2-34 7075-T6 合金在不同回归再时效状态的应力腐蚀裂纹扩展速率与应力强度因子的关系

§2-3 铸造铝合金及其热处理

一、铸造铝合金的特点、分类和编号

铸造铝合金的优点是比重小、比强度高,并有良好的抗蚀性和铸造工艺性,可进行各种成型铸造。由于铝合金的熔点较低,熔炼工艺和设备都比较简单,因此铝合金铸件在航空、一般机械制造及仪表等工业部门均得到相当广泛的应用。

航标中列入了 14 种铸造铝合金,按其主要成分可分为四类:

(1) Al-Si 及 Al-Si-Mg 系合金,即著名的硅铝明。这类合金具有优良的铸造工艺性和气密性,中等强度,适合在常温下使用,可生产形状复杂的铸件,应用很普遍。

(2) Al-Cu 系合金。特点是有较高的热强性,适合在较高温度下工作,但这类合金的铸造工艺性和抗蚀性较低。

(3) Al-Mg 系合金。属于高强和高抗蚀性合金,具有良好的切削加工和光制性能,在造船工业和食品、化工部门应用较多。缺点是耐热性和铸造工艺性差。

(4) Al-Zn 系合金。这类合金的特点是具有自淬火效应,铸造成型后即可直接进行人工时效,因而省去了淬火工序,铸件的内应力大为减小。它适于制造要求尺寸稳定性高的铸件,其缺点是比重较大,耐热性也很低。

铸造铝合金牌号采用"铸铝"二字的汉语拼音字头 ZL 表示,其后有三位数字:第一位代表合金系,见表 2-8,其余为合金顺序号。例如 ZL-101 为 Al-Si 系第一号铸造铝合金;ZL-201 为 Al-Cu 系第一号铸造铝合金等。又因航标与国标在合金编号上不尽相同,为避免混淆,航空专用铸造铝合金牌号加 H 字母,如 HZL-201。

表 2-8 铸造铝合金的分类号(航标)

第一位数字	1	2	3	4
代表的合金系	Al-Si	Al-Cu	Al-Mg	Al-Zn

铸造铝合金在牌号后面常常附有热处理状态标志,从 T1~T8,所代表的含义和适用范围见表 2-9。

表 2-9 铸造铝合金热处理种类及用途

热处理类别	表示符号	用途	说明
未经淬火的人工时效	T1	用于改善零件的切削加工性,提高表面光洁度。能提高象 ZL-103、ZL-105 这类合金的机械性能(约 30%)	在湿砂型或金属型铸造时就已经有些淬火效果的铸件,采用此类热处理有良好的效果
退火	T2	为了显著地消除铸造或残余热应力,消除机械加工产生的加工硬化以及提高合金的塑性	保温时间和温度选择决定于零件的用途
淬火	T3	用以提高合金强度	此规范实际上和 T4 一样
淬火及自然时效	T4	为了提高合金强度,用于在 100℃以下工作的抗蚀性又较高的零件	
淬火及不完全(短期)人工时效	T5	可得到足够高的强度,并保持高的塑性	人工时效的温度较低或保温时间较短
淬火及完全人工时效	T6	在塑性有些降低的情况下得到最大的强度	和 T5 相比人工时效温度较高或保温时间较长
淬火及稳定化回火	T7	为得到足够高的强度和比较高的组织和尺寸稳定性,用于高温工作零件	在比 T6 更高温度下和接近零件工作温度下时效
淬火及软化回火	T8	靠降低强度得到高的塑性和尺寸稳定性	时效温度比 T7 更高
冷处理或冷热循环处理	T9	为使零件几何尺寸更加稳定	机械加工后零件冷处理(在-50、-70 或-169℃保持 3~6 小时)或循环处理(冷至-70℃有时到-196℃,再加热到 350℃)。根据零件用途可进行多次,选用的温度决定于零件工作条件及合金本性

二、Al-Si 系铸造合金

Al-Si 系合金是航空工业应用最广泛的一类铸造铝合金,具有良好的工艺性和抗蚀性。简单二元 Al-Si 合金,如 ZL-102,铸造性很好,但强度较低。添加其它组元,如 Mg、Cu 后,由于增加了热处理强化效应而提高了合金的机械性能。表 2-10 列出了航空常用硅铝明的牌号和化学成分。

1. Al-Si 二元铸造合金 ZL-102　Al-Si 二元合金属共晶系(见图 2-2),共晶成分是 11.7%Si,共晶温度为577℃。Si在α固溶体中的溶解度在577℃时为1.65%,室温下降至 0.05%。

铸造合金为了保证良好的铸造工艺性，一般希望接近共晶成分。Al－Si 系的特点是共晶点含硅量不太高，这样既可保证合金组织中形成大量的共晶体，以满足铸造工艺方面的要求，又不致于因第二相数量过多而使材料的塑性严重降低。

表 2－10　Al－Si 系合金的牌号及主要成分

合金牌号	主要成分，%				
	Si	Mg	Mn	Cu	Al
ZL－101	6.0～8.0	0.2～0.4	—	—	余量
ZL－102	10.0～13.0	—	—	—	余量
ZL－103	4.5～5.5	0.35～0.6	0.6～0.9	1.5～3.0	余量
ZL－104	8.0～10.5	0.17～0.3	0.2～0.5	—	余量
ZL－105	4.5～5.5	0.35～0.6	—	1.0～1.5	余量

ZL－102 合金含硅量为 10.0%～13.0%，即处于共晶点附近，平衡组织为 α+Si。共晶硅呈粗针状或片状，有时组织中也可能出现少量块状初晶硅。此外，因合金中杂质铁的允许含量较高，因此还存在一些杂质相，如 β($Fe_2Si_2Al_9$)和 α(Fe_3SiAl_{12})。

ZL－102 合金必须经过变质处理，使共晶硅由粗片状细化成粒状，才有较好的实用价值，否则合金的塑性很低。表 2－11 中所列数据，说明变质处理对合金性能的影响。图 2－35 为变质前后 Al－12%Si 合金的显微组织。

表 2－11　不同含硅量的合金变质前后性能对比

性能	状态	Si(%)								
		1	3	5	7	9	11	13	15	17
σ_b(MPa)	变质后	110	130	140	150	160	170	170	160	160
	未变质	110	120	130	130	140	150	150	130	130
δ(%)	变质后	20	14	10	8	9	10	6	2	1
	未变质	17	12	8	7	4	3	2	0.5	0.2

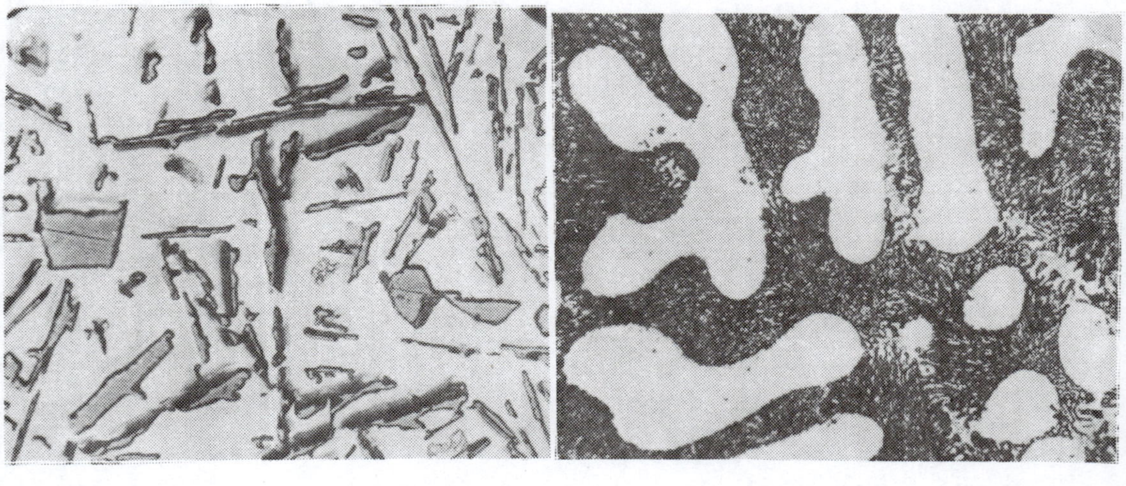

(a) 未变质　　(b) 变质处理

图 2－35　Al－Si 合金(10～13%Si)的显微组织　×500

变质处理的方法是在合金熔炼过程中，加入少量的金属钠作为变质剂。实际生产中常以钠盐形式加入，如二元变质剂（2/3NaF＋1/3NaCl）或三元变质剂（25%NaF＋62%NaCl＋13%KCl），也有成分更复杂的多元变质剂。

关于变质机理，虽经多年研究，但目前尚无完全统一的解释，比较流行的是吸附理论。在未加变质剂的情况下，硅晶体内容易产生孪晶，使硅沿孪晶方向<211>长成粗片状，而且硅生长速度快，不易过冷。若在熔化状态加入金属钠，钠原子在硅表面有强烈的吸附作用，降低硅的生长速度，并改变生长方式，促进共晶硅分枝和长成条状，从而达到细化的目的。Al－Si 合金中加入钠将大大提高合金的过冷能力，使共晶点左移和共晶温度下降，但这只是反映了对结晶过程的影响，而并不意味着真正改变了 Al－Si 相图。

钠的变质效果良好，但变质工艺不易掌握。钠的熔点很低（97℃），在铝合金熔炼浇注过程中极易挥发烧损，变质处理后必须在 30min 内浇注完毕（砂型铸件），否则失效。钠的加入量也不好控制，量少则变质不足，见图 2－36(*a*)，量多则变质过度，使组织中出现(NaAl)Si_2 化合物。另外，钠也增加合金中镁的损耗及坩埚和工具的腐蚀。

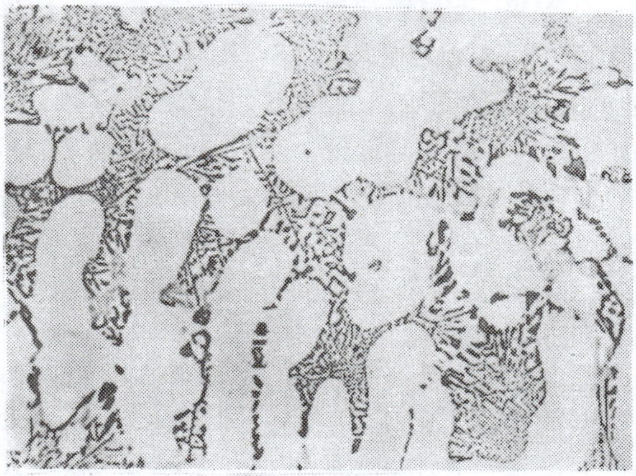

(*a*)　　　×200

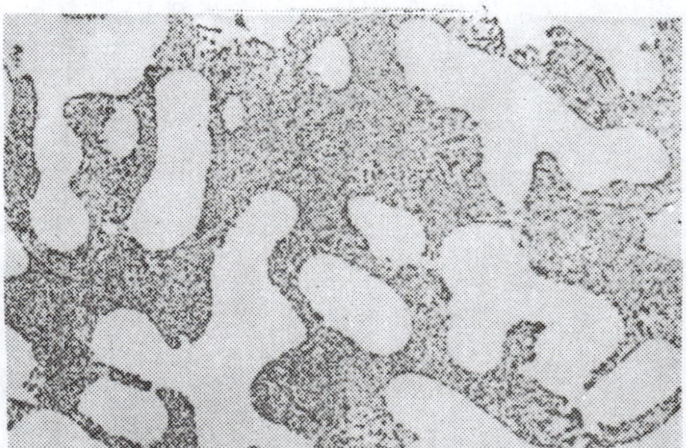

(*b*)　　　×200

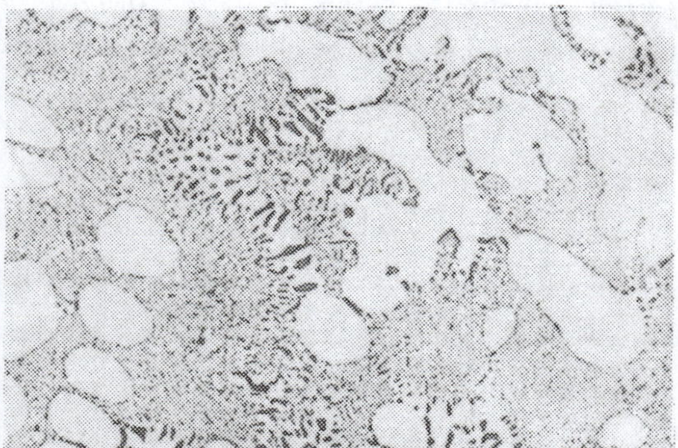

(*c*)　　　×200

图 2－36　ZL－104 合金中的变质不足　(*a*) 正常变质　(*b*) 和变质过度　(*c*) 的组织

生产中的另一问题是加钠变质后的合金液很容易与水汽反应，产生针孔和夹渣，因而降低机械性能。实践表明，Al－Si 合金变质后，砂型铸件的断口中较易产生“白点”。经研究，此“白点”即为分布于晶界上的气膜状针孔。当变质剂加入量和回炉料量多时，由于合金中含钠量增多，断口上的“白点”也更为严重。为了克服加钠后厚大砂型铸件中的针孔，可采用在加压筒中浇注的办法，使铸件在 5～6 大气压下凝固，但这样又使操作复杂化。

目前生产中，对含硅量低的合金就不进行变质处理，因为这时变质对合金机械性能的提高，不如含硅量高的合金那样明显，却反而易引起针孔，故一般仅当含硅量大于 7%～8%时才进行变质。采用金属型铸造薄壁零件或采用压铸时，因冷却快，组织中的硅晶体已细化，而且变质过的合金液因粘度升高，从而降低了充型能力，故也不再进行变质。

为了克服加钠变质时容易失效和产生针孔、夹渣等缺点，国内外均在研究和开发新的变质剂，试验的有锶(Sr)、钡(Ba)、碲(Te)、锑(Sb)、硫(S)、钙(Ca)、铋(Bi)、砷(As)、钇(Y)、铈(Ce)、镧(La)等元素。其中，锶的变质效果较好，它不仅能细化共晶硅片，还有细化共晶团的作用，变质后合金的机械性能可达到加钠变质的水平。锶是长效变质剂，在 710℃有效变质时间长达 6～8h，重熔后仍有变质效果。与用钠盐变质相比，用锶变质可简化操作，对坩埚也无浸蚀作用。加锶量一般为 0.04%～0.08%(以 Al－5%Sr 中间合金加入)。但纯锶较稀贵，影响其大量推广使用。钡对共晶硅亦有良好的变质作用，且亦为长效变质剂，它比锶来源丰富，制取较简单，成本也较低。钡的加入量为 0.05%～0.08%，其不足之处是对砂型铸件的壁厚敏感性较大、壁厚大于 12 mm 的砂型铸件中就会出现变质不足的组织。

国内对加锑变质也进行了许多研究。加锑对金属铸件和壁厚不大的砂型铸件均有良好的变质作用，而且还发现它对热处理后的合金性能有良好影响。锑也是长效变质剂，保持 8h 或重熔后均仍能保持变质作用，其加入量一般为 0.1%～0.3%(以 Al－5～8%Sb 中间合金加入)。它的不足之处是对缓冷的厚壁砂型铸件的变质效果不明显。碲亦是一种长效变质剂，有良好的变质作用。加入 0.1%Te，不但能使共晶硅细化，还能使初生 α 枝晶细化，合金的机械性能可达到加钠变质的水平。加碲变质后 8 小时或经重熔变质，其效果基本不变。

另外，如稀土元素也有良好的变质效果，也属长效变质剂，其中以镧的变质作用最强，铒及钇最弱。共晶硅铝明加入 0.03%～0.12%La 能得到极细的变质组织，显著改善机械性能，且熔炼损失极少，重熔 10 次也不失效(钠只能重熔 1 次)。加入 0.07%～0.31%混合稀土有明显的变质效果，可以重熔 2～3 次。关于稀土元素的变质工艺和机制，国内外均在进行广泛的研究。

至于硫、钙、铋、砷等元素虽有一定变质作用，但因其他方面的诸多原因(如硫的变质效果不稳定、硫化物严重污染大气，损伤人体健康；加钙工艺难掌握、铸件氧化倾向大；加砷效果不如锑，且砷有毒性等)，这类元素应用受限制。

虽然硅在 α 固溶体中随温度下降有明显的固溶度变化，但 ZL－102 合金热处理强化效果不大(淬火时效只能使合金强度提高 10%～20%)。这是因为硅的沉淀和集聚速度很快，甚至在淬火过程中都可能发生固溶体的分解，析出硅质点，而不形成共格或半共格的过渡相。生产上 ZL－102 合金一般只进行退火，退火工艺为：300°±10℃，保温 2～4h 空冷或随炉冷却。典型性能为：σ_b＝160 MPa，$\sigma_{0.2}$＝90 MPa，δ＝5.0%，HB＝50。表 2－12 为不同铸造方式相应的规定性能。

表 2-12 ZL-102 合金技术条件规定性能

铸造方法	热处理状态	σ_b(MPa)	δ(%)	HB(MPa)
SB、RB、JB	F	150	4	500
J	F	160	2	500
Y	F	160	1	500
SB、RB、JB	T2	140	4	500
J	T2	150	3	500
Y	T2	150	2	500

注:S—砂型铸造;J—金属型铸造;Y—压铸;B—变质处理;F—铸态

ZL-102 合金强度低但铸造性能好,大多用于金属型铸造和压力铸造,生产形状复杂受力小的仪表壳体。对于精密仪表,由于元件尺寸和形状使用期间要求保持高度的稳定性,因此 ZL-102 合金此时只采用简单退火是不够的,需要在生产工序中安排一系列的稳定化热处理。表 2-13 列出了 ZL-102 合金可供选择的几种工艺制度。

表 2-13 ZL-102 合金稳定化热处理规范

序号	热处理	加热或冷却温度(℃)	保持时间 (h)	冷却介质
1	退火	270～290	3～5	空气
2	退火	270～290	6～10	随炉冷到 150℃,再空冷
3	循环处理	-40～-190	0.5～1.0	空气或液体介质
		80～150	1～2	空气或液体介质,第三次循环时在空气中进行
4	稳定化时效	115～125	3～5	空气

2. Al-Mg-Si 系铸造合金　Al-Si 二元合金中添加镁,形成强化相 Mg_2Si,能显著提高合金的时效强化能力,改善合金的机械性能。因此,Al-Mg-Si 系合金(如 ZL-101 和 ZL-104)在航空工业中应用很广泛,其化学成分见表 2-10。这两种合金的含硅量较高,目的是保证合金的铸造工艺性,含镁量不超过 0.3%～0.4%,这是因为镁在 α 固溶体中的极限溶解度约 0.5%～0.6%(见图 2-37),过量的硅与镁形成粗大 Mg_2Si 相,降低合金塑性。

在 Al-Mg-Si 三元系中,Mg_2Si 为稳定化合物,与铝构成伪二元系,使 Al-Mg-Si 系分成 α+Mg_2Si+Si 及 Mg_5Al_8 两个三元共晶系(见图 2-37*a*),三元共晶温度分别为 558℃和 448℃。ZL-101 和 ZL-104 皆处于 α+Mg_2Si+Si 三元共晶系内,其平衡组织为初生 α+共晶体 (α+Si)及Mg_2Si相。后者因数量较少,而且分散度较高,一般金相组织中不易分辨(见图 2-38)。在实际结晶条件下,合金中可出现 α+Mg_2Si+Si 三元共晶体及其与杂质铁等构成的多元复杂共晶体。上述合金除基本相外，还存在杂质相 α（Fe_3SiAl_{12}），β（$Fe_2Si_2Al_9$）和 $Al_8Mg_3Si_6$。ZL－101 合金中添加少量锰，除起固溶强化作用外，还可使粗针状的 β($Fe_2Si_2Al_9$)相转化成骨骼状的 AlMnFeSi 相，从而减轻杂质铁对合金塑性的有害影响。

由于 Mg_2Si 在沉淀过程中具有明显的时效硬化作用，因此 ZL－101 和 ZL－104 合金一般在淬火人工时效状态下使用。

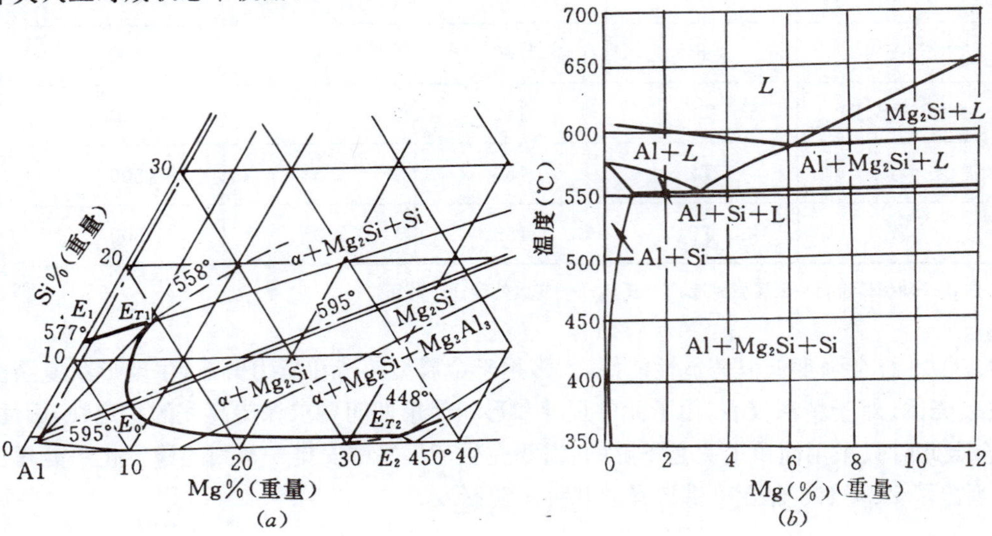

图 2－37 铝-镁-硅三元相图

(a) 液相面投影图；(b) 含 8%Si 的垂直截面。

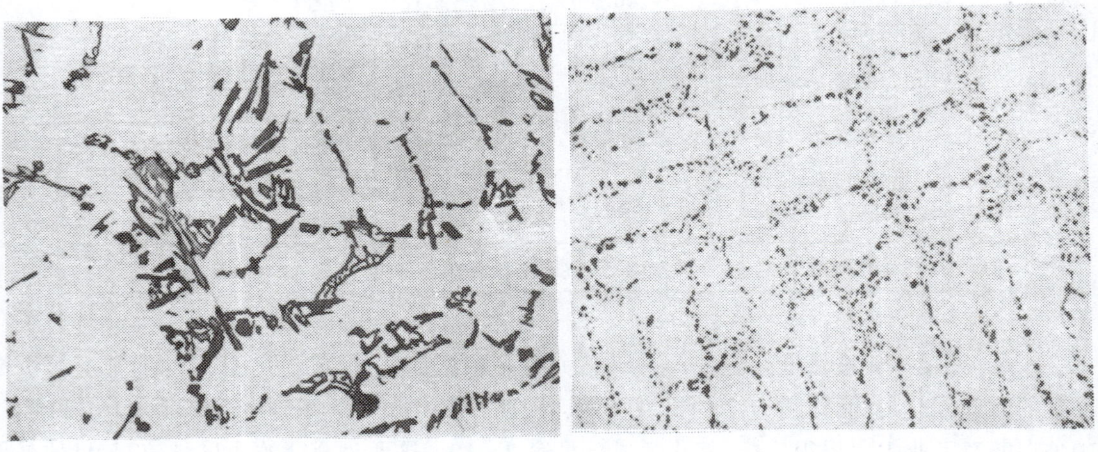

(a) ×160　　(b) ×200

图 2－38 ZL－101 合金未变质(a)及变质后(b)的铸态组织

根据图 2－37b 表示的 Al－Mg－Si 三元系垂直截面，上述两合金在淬火加热过程中，将发生 Mg_2Si 相的溶解，在固溶温度下合金处于(α+Si)两相区。为了防止低熔点共晶体在固溶加热时溶化(即出现过烧)，淬火温度应低于三元共晶(α+Mg_2Si+Si)温度，一般为 535°±5℃。图 2－39 表示淬火温度对 ZL－101 合金性能的影响。在 560℃以前，性能随淬火温度的提高而增加，558℃开始出现过烧，随后强度和塑性不断下降。应当指出，一般性能曲线上强度峰值所对应的温度略高于开始过烧温度。这是因为初期出现的轻微过烧所造成的强度损失为提高淬火温度所带来的时效强化增益所掩盖，只是当发生严重过烧时，常规机械性能才明显下降。因此，实际生产中都是采用金相方法来检验过烧组织。图 2-40 为 ZL-101 合金的过程组织，其中除因加热使硅相发生球化外，组织中还可观察到复熔球或发生了复熔的三角晶界。

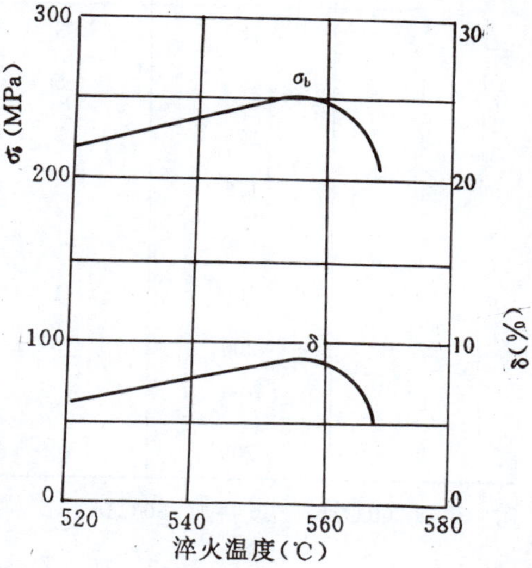

图 2-39　ZL-101 合金砂型铸造试样机械性能与淬火温度的关系

ZL-101 和 ZL-104 合金在淬火加热后，可于 20～100℃水中冷却，水温可根据零件形状和性能要求适当调整。在时效过程中，过饱和 α 固溶体的沉淀顺序为 α→G.P. 区→β′ 相→β 相(Mg_2Si)。150℃以下沉淀产物以 G.P. 区为主；150～225℃为 G.P. 区+β′ 相，此时强化效应最大，250℃以上形成平衡相 Mg_2Si。人工时效温度愈高，为达到相同性能所需的时效时间愈短。采用分级时效则可获得较高的综合性能，并缩短保温时间(见表 2-14)。 表 2-15 和表 2-16 列出了 ZL-101 和 ZL-104 合金的各种热处理规范及应用范围，其中 T4 为淬火+自然时效状态，T4 处理后合金具有中等强度(σ_b=180～200 MPa)和较高的塑性(δ=4%～6%)。合金含铁量较低时，具有比较明显的自然时效倾向，铸件淬火后在室温放置数日后，性能接近人工时效状态。T5 和 T6 为人工时效状态，时效组织包含大量 G.P. 区和 β′ 相，强度较高，但塑性较低(δ=2%～3%)。

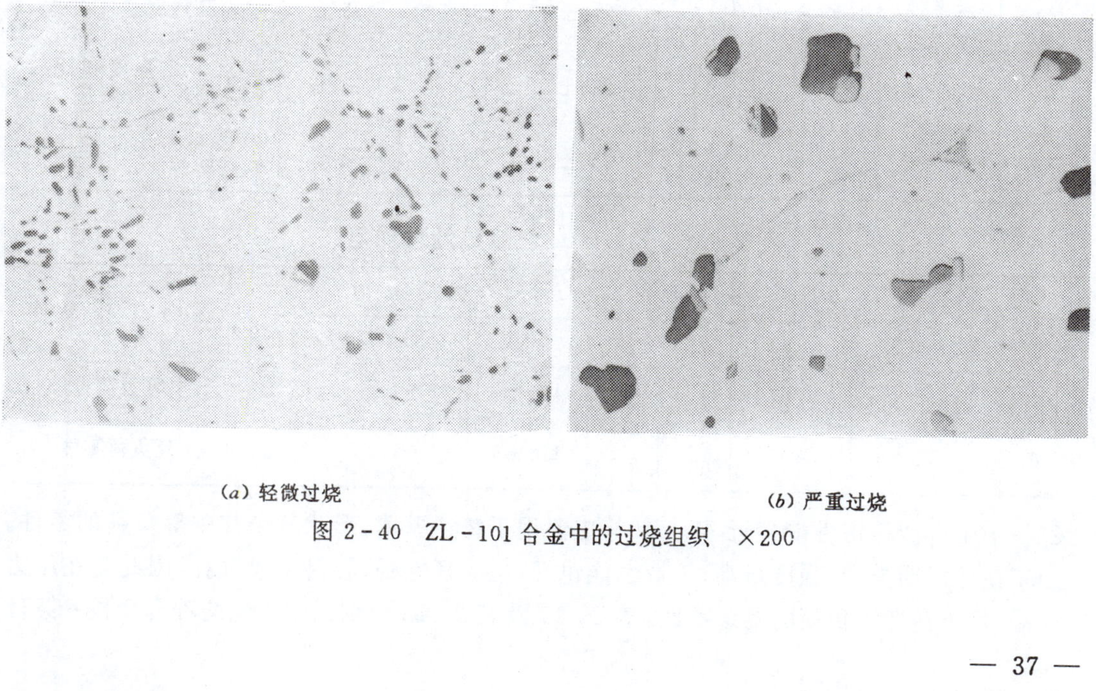

(a) 轻微过烧　　(b) 严重过烧

图 2-40　ZL-101 合金中的过烧组织　×200

表 2-14 ZL-101 合金时效规范对机械性能的影响

序号	时效规范		σ_b	$\sigma_{0.2}$	δ
	t(℃)	τ(h)	(MPa)	(MPa)	(%)
1	150	3	217	169	4.3
2	150	5	223	189	4.1
3	175	3	225	196	2.7
4	175	5	227	197	2.9
5	200	0.5	230	191	4.5
6	200	1	230	188	4.5
7	200	5	236	194	4.5
8	150	1①	239	190	4.1
9	200	1②	237	192	4.5

① 再加 200℃,1h；② 再加 150℃,1h。

表 2-15 ZL-101 合金热处理规范

热处理类型	淬火			时效			零件工作条件
	t(℃)	τ(h)	冷却介质	t(℃)	τ(h)	冷却介质	
T2	—	—	—	300±10	2～4		
T4	535±5	2～6	水(60～100℃)				需要高塑性
T5	535±5	2～6	水(60～100℃)	150±5	2～4	空气	要求高屈服强度、高硬度
T6	535±5	2～6	水(60～100℃)	200±5	3～5	空气	要求高强度
T7	535±5	2～6	水(60～100℃)	225±5	3～5	空气	要求一定强度和比较高的尺寸稳定性
T8	535±5	2～6	水(60～100℃)	250±5	3～5	空气	要求高的尺寸稳定性和塑性

表 2-16 ZL-104 合金热处理规范

热处理类型	淬火			时效			零件工作条件
	t(℃)	τ(h)	冷却介质	t(℃)	τ(h)	冷却介质	
T1				175±5	5～10	空气	中等负荷零件
T6	535±5	3～5	水(60～100℃)	175±5	5～10	空气	高负荷零件

ZL-101 合金铸造性能接近 ZL-102，主要用于铸造壁薄、形状复杂和中等负荷的零件。ZL-104 在硅铝明类中，强度最高，铸造性能也好，但吸氧性强，容易生成气孔，因此需在压力釜中结晶，用于铸造大负荷的复杂零件。表 2-17 及表 2-18 分别列出了这两种合金技术条件

规定的机械性能。

表 2-17 ZL-101 合金技术条件规定性能

铸造方法	试样形式	热处理状态	σ_b(MPa)	$\sigma_{0.2}$(MPa)	δ_5(%)
砂 型	单 铸	T5	230	—	3
金属型			270	210	3

表 2-18 ZL-104 合金技术条件规定性能

铸造方法	热处理状态	σ_b(MPa)	δ_5(%)	HB(MPa)
S、R、J	F	>150	>2	>500
J	T1	>200	>1.5	>500~700
SB、RB	T6	>230	>2	>700
J	T6	>240	>2	>700

3. Al-Si-Mg-Cu 铸造合金　在航空工业中常用的 ZL-105 属于 Al-Si-Mg-Cu 系合金，其化学成分为：4.5%~5.5%Si，0.35%~0.6%Mg，1.0%~1.5%Cu，余为铝。和前述硅铝明合金相比，降低了含硅量和增添了铜，目的是改善合金的耐热性。

图 2-41 为 Al-Cu-Si 系铝角液相面投影图，525℃发生三元共晶转变：L→α+Si+$CuAl_2$，共晶点成分为：68.05%Al，26.7%Cu，5.25%Si，不存在三元化合物。由于 ZL-105 合金中还含有一定量的镁，因此其相组成为 α+Si+Mg_2Si+$CuAl_2$，有时还会出现 *W* 相 ($Al_xMg_5Si_4Cu_4$)。图 2-42 是该合金的典型金相组织，其中 Mg_2Si 和 *W* 相尺寸小，数量少，故在光学金相组织中不易发现。

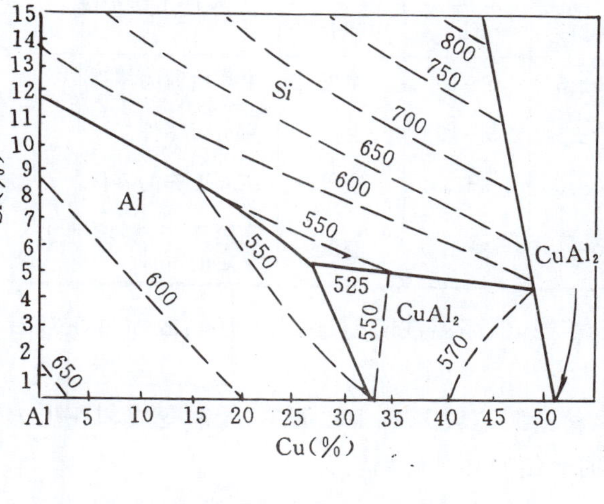

图 2-41　铝-铜-硅系铝角液相面投影图

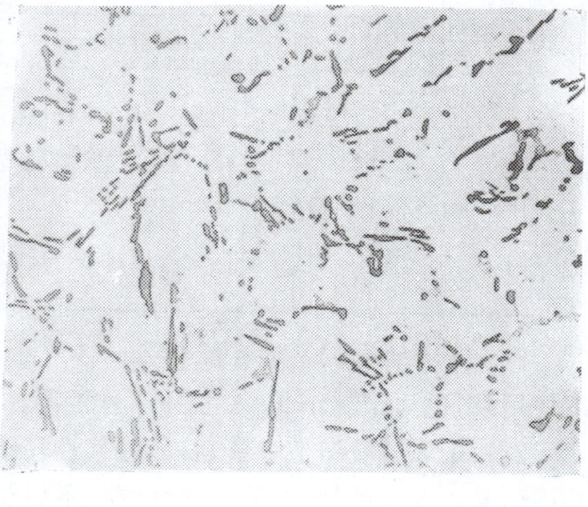

图 2-42　ZL-105 合金淬火人工时效后的显微组织

ZL-105 合金一般在人工时效状态下使用，强化相为 Mg_2Si 及 $CuAl_2$。淬火加热温度为

525℃。对大型铸件可采用分段加热;515 ±5℃保温 3~5h+525 ±5℃保温 1~3h,20-100℃水中淬火。表2-19 及表2-20 列出了技术条件规定的机械性能及典型性能。表2-21 是各种热处理规范。

表 2-19 ZL-105 合金技术条件规定性能

铸造方法	热处理状态	σ_b(MPa)	δ_5(%)	HB(MPa)
		不	小	于
S、J	T1	160	0.5	650
S	T5	230	0.5	700
J	T6	260	0.5	700
S、J	T7	200	1	650

表 2-20 ZL-105 合金典型性能

状态	室温性能				高温性能(250℃)	
	σ_b(MPa)	$\sigma_{0.2}$(MPa)	δ(%)	HB(MPa)	σ_b(MPa)	σ_{100}(MPa)
T1	180	150	—	650	—	—
T5	240	180	0.8	800	180	46
T6	270	—	1.3	700	150	60
T7	240	—	1.2	700	—	—

表 2-21 ZL-105 合金的热处理规范

热处理类型	淬火			时效			零件工作条件
	t(℃)	τ(h)	冷却介质	t(℃)	τ(h)	冷却介质	
T1				180±5	5~10	空气	中等负荷的零件
T5	525±5	3~5	60~100℃水	175±5	5~10	空气	高负荷零件
T6	525±5	3~5	60~100℃水	200±5	3~5	空气	高温工作的零件
T7	525±5	3~5	60~100℃水	230±5	3~5	空气	高温工作,要求尺寸稳定的零件

ZL-105 合金的室温性能与 ZL-104 合金相当,但高温性能超过 ZL-104,故除可在常温下使用外,也适于制作 250℃以下工作的零件。

ZL-105 合金铸造性能良好,吸气性较小,铸造工艺较 ZL-104 简单,无需变质和在压力釜中结晶。合金的缺点是耐蚀性能差,不如前面介绍的几种硅铝明。

三、Al-Cu 系铸造铝合金

Al-Cu 系合金的主要强化相是 $CuAl_2$,它本身有较强的时效硬化能力和热稳定性,因此,Al-Cu 系合金适合在高温工作,同时也有较高的室温强度。缺点是铸造工艺性及抗蚀性较差。

航空上常用的此类合金有 ZL－203，ZL－201 及 ZL－202。

1. ZL－203 合金　属简单的 Al－Cu 二元合金，含铜量为 4.0%～5.0%。按 Al－Cu 二元相图，该合金的含铜量未超过共晶温度（548℃）下的最大固溶度（5.65%Cu），但在实际结晶条件下，铸件组织中仍存在不平衡共晶体 $\alpha+CuAl_2$。在淬火加热时，$CuAl_2$ 相应全部溶入基体，淬火后获得过饱和的单相 α 固溶体组织。

由于 ZL－203 合金的铸造性能差，线收缩和热裂倾向较大，用金属型铸造时，需加入 3% Si 以形成三元共晶体（$\alpha+CuAl_2+Si$），改善合金的铸造性能，特别是提高流动性，减少热裂倾向和增加铸件厚大部位的致密性。砂模铸造时，硅含量也允许达到 1.2%，但硅对合金的室温及高温性能有不利影响。

ZL－203 合金中杂质铁的含量允许达到 1.0%，这有助于改善合金的耐热性，但铁形成 Al_7Cu_2Fe 相，分布在晶界上，降低合金的塑性。

Al－Cu 合金中，镁是很有害的元素，强烈降低合金的可焊性和塑性，故 ZL－203 合金内含镁量限制在 0.03%以下。

ZL－203 合金可在 T4 或 T5 状态下使用。前者有较高的塑性，而后者强度较高，其典型性能见表 2－22。淬火加热温度为 515±5℃，保温 10～15h，于 80～100℃水中冷却，人工时效规范为 150℃，2～4h。ZL－203 合金的抗蚀性较低，人工时效状态尤为明显，可采用阳极化加以保护。该合金适用铸造 200℃以下工作的形状简单和承受中等负荷的零件。

表 2－22　ZL－203 典型性能数据

状　态	σ_b(MPa)	$\sigma_{0.2}$(MPa)	δ(%)	HB(MPa)
T4	220	110	8.0	650
T5	250	150	5.0	800

2. ZL－201 和 ZL－201A 合金　这二者均属添加了少量钛的 Al－Cu－Mn 系合金，主要合金元素含量相同，见表 2－23，但后者纯度更高，从而改善了力学性能。ZL－201 与 ZL－201A 合金的室温强度超过其他常用铸造铝合金，耐热性也很好，属高强耐热合金、应用较广泛。

表 2－23　ZL－201 及 ZL－202 合金主要化学成分

合　金	Cu%	Mn%	Ti%	Fe%	Si%	Al%
ZL－201	4.5～5.3	0.6～1.0	0.15～0.35	<0.3	<0.3	余量
ZL－201A	4.8～5.3	0.6～1.0	0.15～0.35	<0.15	<0.1	余量

ZL－201 及 ZL－201A 合金的基本相组成为 $\alpha+CuAl_2+T(Al_{12}CuMn_2)$。$CuAl_2$ 是主要时效强化相，T 相有很高的热稳定性，因而保证合金既有很高的室温强度，又具有良好的耐热性。另外，固溶在 α 相中的锰，有降低基体原子扩散速度、延缓时效过程的作用，使合金的沉淀硬化效果保持到更高的温度，这也是 Al－Cu 系合金加锰的主要原因之一。

合金中加入微量钛是为了细化晶粒，但过量的钛或出现钛偏折时，会出现粗大的片状 Ti_3Al。合金中的杂质铁与硅，将形成 Al_7CuFe，$Al_{10}Mn_2Si$ 及 AlMnFeSi 相。此外，合金中存在镁时，可能形成 S(Al_2CuMg)相。

ZL－201 及 ZL－201A 合金经固溶处理后，$CuAl_2$ 相几乎完全溶入基体，T 相则发生相反的析出过程。这是因为锰扩散速度低，铸造冷凝后锰仍以过饱和形式存在于基体内，固溶加热时才以弥散质点形式析出，见图 2－43。

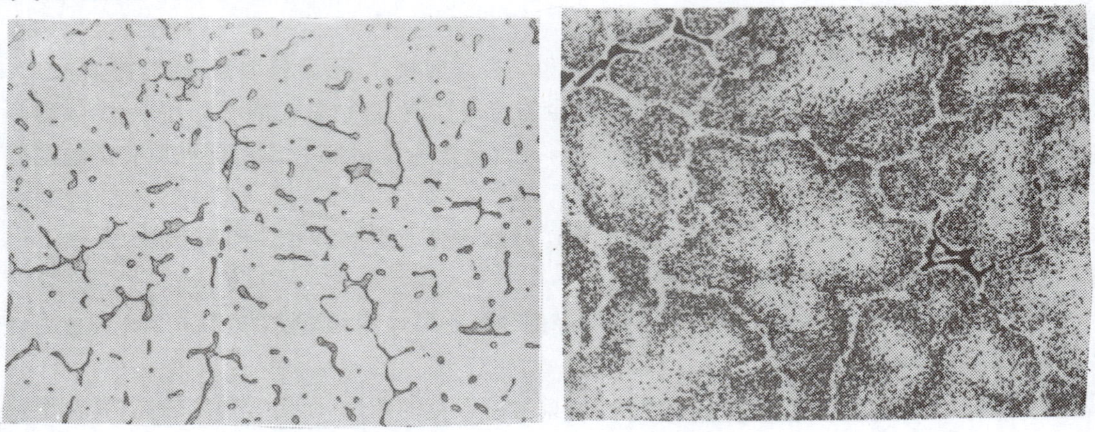

(a)　　　　　　(b)

图 2－43　ZL－201 合金的铸态(a)和淬火状态(b)组织　×200

ZL－201 合金淬火一般采用分级加热，即：530±5℃保温 5～9h，再升温到 $540\pm^{3}_{5}$℃保温 5～9h，60～100℃水中冷却。对塑性要求较高的铸件可选用自然时效状态(T4)；要求高屈服强度则进行人工时效处理(T5)，规范是 175℃保温 3～5h，空冷；也可进行稳定化时效，即：250℃保温 3～10h。对于薄壁、小尺寸铸件也可应用一次淬火加热，即 545℃保温 10～15h，水淬。

ZL－201A 合金淬火加热制度是 535℃7～9h＋545℃7～9h，60～100℃水淬，T5 状态为 160℃时效 6～9h。

在人工时效过程中，ZL－201 合金内部组织变化情况大致是：200℃以下时效，沉淀产物以 G. P. 区为主，与淬火状态相比，强度约提高 20%～25%，但伸长率相应下降 30%～50%；在 200～250℃加热时，以 θ'' 相为主，并开始形成 θ' 相，同时 T 相也发生某些集聚，强度有所下降；250～300℃时效，以 θ' 相为主，同时也形成一部分平衡相 θ。而且由于沉淀相溶解和集聚，基体中将出现一些无沉淀区(PFZ)，此时强度开始明显下降，塑性提高。与 Al－Cu 二元合金相比，ZL－201 合金的时效进程要慢得多。当合金用于高温工作时，为了进一步改善耐热性，还可添加少量的锆和稀土元素，如 ZL－201 中加 0.2%Zr 和 0.5%Ce，ZL－201A 中加 0.15%Zr，形成 Al_3Zr 和 Al_4Ce 化合物，有锁闭晶界，延缓扩散过程等作用。

ZL－201 和 ZL－201A 的合金化程度较高，为了增加固溶度，淬火加热温度很接近过烧温度(约 550℃)，故淬火加热规范安排不当或温度控制不严，容易引起过烧。轻微过烧时，可以看到 T 相聚集长大，并存在较大的无沉淀区，此外还可发生少量共晶体的复熔；严重过烧时，上述特征更加明显，而且可看到大量三角形和圆球形共晶复熔物，以及晶界熔化。

ZL－201 和 ZL－201A 合金具有优良的常温和高温性能，可在 250℃以下使用，优质铸件甚至可以代替一部分铝合金锻件。该合金的缺点是铸造工艺性较差，气密性较低，有待进一步改进。表 2－24 列出了技术标准规定的 ZL－201 和 ZL－201A 合金的机械性能。

表 2－24　ZL－201 及 ZL－201A 技术标准规定性能(大于)

合　金	铸造方法	热处理状态	σ_b(MPa)	δ_5(%)	HB(MPa)
ZL－201	S.R	T4	290	8	700
		T5	330	4	900
ZL－201A	S.R	T5	390	8	1 000

在 Al－Cu 系合金中，还发展了一系列的新型高强或耐热铝合金。例如 ZL－204 及 ZL－205，属于 Al－Cu－Mn－Cd 系合金，其成分特点是在 Al－Cu－Mn 基础上添加少量镉(Cd)，其作用是阻止 G.P. 区而加速 θ'' 及 θ' 过渡相的形成，从而较大幅度地提高合金的强度水平，特别是屈服强度，但塑性也有所降低。为了弥补后者的不足，合金中添加了微量 Ti、V、Zr、B 等晶粒细化剂，同时提高合金纯度、降低 Fe、Si 等杂质元素含量，从而保证了合金的综合性能水平，见表 2－25 和 2－26。在实际应用中，ZL－204 及 ZL－205 合金已可部分取代锻造材料。

ZL－206 及 ZL－207 属于 Al－Cu－RE 系合金，稀土元素的加入显著提高了铸造铝合金的耐热性，使其工作温度达到 300～350℃。ZL－208 合金属 Al－Cu－Ni 系耐热铝合金，其中还添加了微量 Co、Sb、Zr、Ti 元素，以改善合金的综合性能，见表 2－25 及表 2－26。

表 2－25　新型高强耐热铸造铝合金的主要成分

牌　号	主要合金元素(%)					杂质元素(%)	
	Cu	Mn	Cd	RE	其　他	Fe	Si
ZL－204	4.6～5.3	0.6～0.9	0.15～0.25	—	0.15～0.35 Ti	<0.12	<0.06
ZL－205	4.6～5.3	0.3～0.5	0.15～0.25	0.005～0.06B	0.15～0.35Ti 0.05～0.20Zr 0.05～0.30V	<0.15	<0.06
ZL－206	ZAlCu8RE2MnZr						
ZL－207	3.0～3.4	0.9～1.2	1.2～2.0Si	4.4～5.0	0.2～0.3Ni, 0.15～0.25Mg 0.15～0.25 Zr	<0.6	<0.2Zn
ZL－208	4.5～5.5	0.2～0.3	1.3～1.8Ni	0.1～0.4Co	0.1～0.4Sb 0.15～0.25Ti 0.1～0.3 Zr	<0.5	<0.3

表 2－26　新型高强耐热铸造铝合金技术标准规定的性能

牌　号	状态	热　处　理	σ_b(MPa)	δ(%)	工作温度
ZL－204	T6	538℃，10～18h 水淬，175℃3h	>440	>4	<200℃
ZL－205	T6	533～543℃，10～18h 水淬，175℃3～5h	>490	>3	<200℃
ZL－206	T6		>300	>1	250～350℃
ZL－207	T1	200℃，5～10h 空冷	>170	—	350～400℃
ZL－208	T7	540℃5～7h，水淬，215℃12～16h	>220	>1	250～350℃

四、Al－Mg 系铸造合金

这类合金的突出优点是具有优良的抗蚀性，同时它的密度较低，强度和韧性较高，切削加工和抛光性能很好，因此在食品和化学工业获得了较广泛的应用。此类合金的缺点是铸造工艺性差、容易氧化和形成热裂纹。

1. ZL－301 合金　属 Al－Mg 二元合金，含镁 9.5%～11.5%。按 Al－Mg 相图（图 2－44），共晶温度下可固溶 17.4%Mg，温度下降，将析出β相，即 Mg_5Al_8。ZL－301 合金在 T4 淬火状态为α单相固溶体组织，σ_b 可达 300～400 MPa，δ为 12%～15%。高镁合金具有应力腐蚀倾向，因此拟定淬火规范时，应尽量减少淬火应力。一般采用 430°±5℃加热，保温 12～20h，40～50℃油淬或 80～100℃水淬。ZL－301 合金在人工时效期间，由于析出 Mg_5Al_8 相，特别是当 Mg_2Al_3 沿晶界呈连续网状分布时，对合金塑性及抗蚀性十分不利，因此该合金应避免采用时效处理，使用温度也限制在 80℃以下。

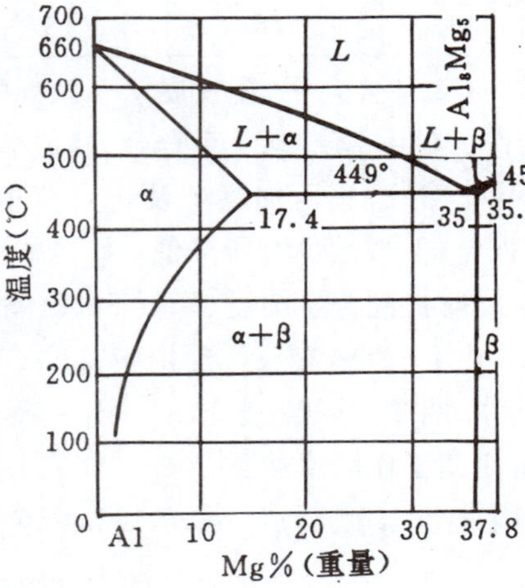

图 2－44　Al－Mg 二元相图

2. ZL－302 及 ZL－303 合金　ZL－302 合金含 10.5%～13%Mg，0.8%～1.2%Si 及少量铍和钛。加硅的主要目的是改善合金的铸造性能；铍则有助于减轻合金在熔炼、铸造及热处理时的氧化倾向；钛在合金中以 $TiAl_3$ 化合物形式出现，起细化晶粒的作用。另外，这些微量元素也有一定的固溶强化效果，并可减小 Al－Mg 合金自然时效效应。该合金的组织为 α＋Mg_5Al_8＋Mg_2Si＋$TiAl_3$，在 T4 状态下使用。淬火温度受 α＋Mg_5Al_8＋Mg_2Si 三元共晶温度（448℃）的限制，一般规定为 425±5℃加热，保温 15～20h，在油或 100℃水中淬火。典型性能为 σ_b＝240 MPa，$\sigma_{0.2}$＝180 MPa，δ＝3%，HB＝95。

ZL－303 合金含 4.5%～5.5%Mg，0.8%～1.3%Si，0.1%～0.4%Mn，由于合金化程度较低，强度不高，但抗蚀性好，并有优良的切削加工和表面加工性能，生产工艺简单，故多用于制作抗腐蚀和要求美观的装饰性零件。

五、Al－Zn 系铸造合金

Al－Zn 系合金主要特点是有良好的铸造工艺性。切削加工性、焊接性及尺寸稳定性，铸态即有明显的时效硬化能力，可免除淬火工序引起的变形和尺寸变化。此类合金适于砂模铸造，金属模铸件易产生热裂，故应用受到限制。此外，合金的比重大，抗蚀性也比硅铝明低。

ZL－401 合金含 7.0%～12.0%Zn，6.0%～8.0%Si 和 0.10%～0.30%Mg，其中硅的作用是改善铸造工艺性，因含硅量高，故又称锌硅铝明。由于 Zn 在 Al 中固溶度大（275℃时为 31.6%Zn），合金中不形成含锌第二相，平衡组织为 α＋Si＋Mg_2Si，这与 ZL－101 合金相似。ZL－401 合金铸件可采用 T1（175℃，5～10h）或 T2（250～300℃，1～3h）热处理，以消除铸件内应力，稳定尺寸，同时也可提高强度。其 T1 状态性能为 σ_b＝220～230 MPa，$\sigma_{0.2}$＝150 MPa，HB＝80，δ＝2%。

以上介绍的四类铸造铝合金，以 Al－Si 系合金铸造工艺性最好，具有中等强度和良好的抗蚀性，故应用最广。Al－Cu 系合金铸造性和抗蚀性均较差，但有最高的室温和高温机械性能，适于铸造大负荷或耐热铸件。Al－Mg 系合金有最好的抗蚀性和较高的强度，但铸造性能和耐热性差，适于铸造抗蚀、耐冲击和表面装饰性能高的铸件。Al－Zn 系合金在强度、抗蚀性及铸造工艺性方面均缺乏优势，故应用有限。

§2－4 变形铝合金及其热处理

一、变形铝合金的分类及编号

根据合金的特性，变形铝合金可分为以下几类：

1. 防锈铝 其特点是抗蚀、易加工成形和焊接、并具有良好的光制和低温性能，但因不能热处理强化，故强度较低，适于制作要求抗腐蚀及受力不大的零部件，如油管、油箱。在民用工业中可加工成生活器皿及装蚀品。这类合金的牌号以 LF 为字头，其后为合金顺序号，如 LF3、LF21 等。

2. 硬铝 是目前航空工业中应用最广泛的一类变形铝合金。其特点是具有强烈的时效硬化能力，热处理后强度最高可达 500 MPa。用以制作飞行器的各种承力构件，如蒙皮、壁板、框架、桨叶、活塞、联接件及火箭上的液体燃料箱等。硬铝以 Al－Cu－Mg 系为主，除具有较高的室温强度外，耐热性也较好，但抗蚀性及焊接性能较差。硬铝牌号由 LY 字头及合金顺序号组成。

3. 锻铝 以 Al－Mg－Si 系为主，具有良好的冷、热加工、焊接、抗蚀、低温、疲劳、光制等性能，适宜制作航空用各类锻件。锻铝牌号以 LD 为字头。如 LD5、LD6 等。

4. 超硬铝 是变形铝合金中强度最高的一类，以 Al－Zn－Mg－Cu 系为主，热处理后室温强度可超过 600 MPa。这类合金的缺点是有应力腐蚀倾向，热稳定性较差，对应力集中比较敏感。超硬铝牌号以 LC 为字头，如 LC4。

变形铝合金在合金牌号后常附有加工和热处理代号，见表 2－27。

表 2－27 变形铝合金产品状态名称及代号

名称	代号	名称	代号
退火	M	半冷作硬化	Y_2
固溶处理	C	热加工	R
固溶处理＋自然时效	CZ	优质表面	O
固溶处理＋人工时效	CS	退火优质表面	MO
冷作硬化	Y	不包铝	B

二、防锈铝

1. Al－Mn 合金 常用的 Al－Mn 合金系防锈铝为 LF21，含 1.0%～1.6%Mn。锰是该系

合金的主要合金元素，随着含锰量的增加，合金强度提高。含锰量在1.0%～1.6%范围内时，合金不但有较高的强度，而且有良好的塑性和工艺性能。继续提高锰含量，由于形成大量$MnAl_6$，合金变形时容易开裂，所以一般工业合金含锰不超过1.6%。$MnAl_6$为斜方结构，其硬度为Hv540～560MPa。因$MnAl_6$的电极电位和铝基体十分接近，故可保持较高的抗蚀性。另外，锰明显提高合金的再结晶温度，与此同时，均匀弥散分布的$MnAl_6$质点，可阻止晶粒长大，因此有细化晶粒的作用。

合金中的杂质铁能降低锰在铝中的固溶度， 例如0.03%Fe使锰在500℃的固溶度由0.35%减少到0.15%。铁可溶入$MnAl_6$中形成硬而脆的$(FeMn)Al_6$化合物，严重降低合金的塑性。但实践表明，适量的铁有助于获得细晶组织，因此生产中规定含铁量为0.4～0.7%，(Fe+Mn)总量不大于1.85%。

杂质硅增加合金的热裂倾向，降低铸造性能，故应严格限制。

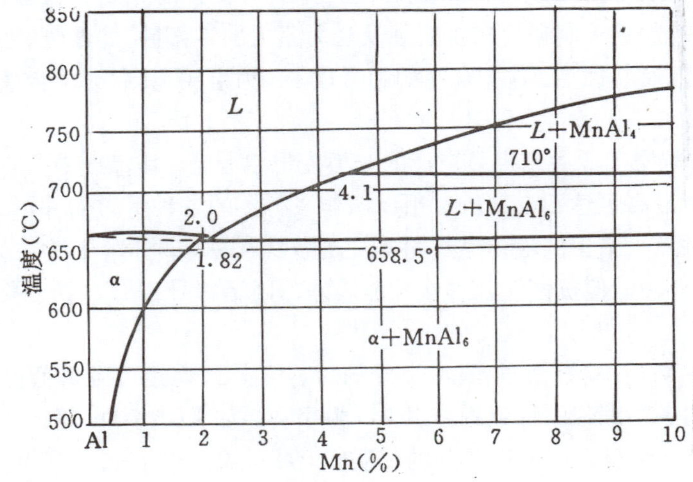

图2-45 铝-锰二元相图

图2-45为铝-锰二元相图，属共晶系。共晶温度为658.5℃，共晶点成分为2.0%Mn。由图可以看出，在亚共晶部分，结晶间隔很小，仅0.5～1.0℃，而液相线接近水平(即液相线与固相线水平间隔大)，加之锰在液相中扩散速度远低于其它合金元素，故在结晶时极易形成偏析，并使基体的锰含量大大超过平衡浓度。

虽然Al-Mn合金中锰的固溶度具有明显的温度关系，从共晶温度时的1.82%减少到室温下的<0.3%。时效过程中也形成某些中间过渡相(如半共格的$MnAl_{12}$)，但沉淀硬化作用很弱，时效状态和退火状态的性能十分接近。因此LF21合金只进行退火处理。

LF21合金制品在退火过程中极易出现晶粒不均匀现象(局部位置晶体十分粗大)。其原因同铸锭组织中的锰偏析有直接关系。晶粒四周和晶内锰浓度的差异，扩大了再结晶温度区间，降低生核率，从而容易产生粗晶。为了防止这种现象，生产中常采取如下措施。

(1) 铸锭均匀化。将铸锭 在600～620℃进行高温均匀化退火，使$MnAl_6$相均匀析出，减少或消除晶内偏析。

(2) 高温压延。将铸锭热压延温度由390～440℃提高到480～520℃，在此温度下可加速过饱和固溶体的分解，促使成分均匀。

(3) 适当控制铁含量。在合金中加入少量铁，使熔炼时铁含量保持在0.4～0.6%。因铁强烈降低锰的溶解度，促使固溶体分解，故可减少锰偏析，而且析出的 $MnAl_6$ 弥散质点，可阻止晶粒长大。

(4) 快速加热。LF21 合金退火时，晶粒组织对加热速度是敏感的。快速加热可缩小再结晶区间，使晶界附近和晶内同时生核，因而容易获得细晶组织。

表 2-28 列出 LF21 合金的典型性能数据。该合金具有很高的工艺性，可在冷、热态下加工成型；焊接性能良好，航空上广泛应用于要求深冲压、受力不大的零件，如油箱、滑油导管等。

表 2-28　LF21 合金典型机械性能

状　　态	σ_b (MPa)	$\sigma_{0.2}$ (MPa)	δ_{10} (%)
M	130	50	23
Y2	170	130	10
Y	220	180	5

2. Al-Mg 合金　在铸造铝合金一节中对 Al-Mg 合金的基本特点已有所认识。镁在铝中溶解度较高，共晶温度(450℃)下可达14.9%，故有很好的固溶强化效果。在固溶状态下，除强度和韧性较高外，尚保持着优良的抗蚀性，故 Al-Mg 合金在变形铝合金中也是一类重要的防锈铝，在工业中获得了广泛的使用。与铸造合金不同的是，Al-Mg 系变形铝合金的含镁量较低，一般在2%～9%的范围内，以保持合金良好的加工塑性和可焊性。含镁超过9%，压力加工将极难进行。表 2-29 及表 2-30 列出 Al-Mg 系防锈铝的牌号、成分及性能。

表 2-29　Al-Mg 系防锈铝的牌号和化学成分

牌号	主要化学成分(%)			
	Mg	Mn	Si	Ti
LF2	2.0～2.8	0.15～0.4(或 Cr)		
LF3	3.2～3.8	0.3～0.6	0.5～0.8	
LF5	4.0～5.5	0.3～0.6		
LF6	5.8～6.8	0.5～0.8	0.000 1～0.005 Be	0.02～0.1
LF7	6.0～7.5	0.3～0.6		
LF10	4.7～5.7	0.2～0.6		
LF11	4.8～5.5	0.3～0.6		0.02～0.10 或 0.02～0.20V
LF12	8.3～9.6	0.4～0.8	S_b≥0.004	0.05～0.15

根据铝-镁二元相图，含镁量低于2%时，平衡组织为单相 α 固溶体。随着含镁量的增加，组织中逐渐出现 Mg_5Al_8 相(β相)。温度升高，β相迅速软化。因此，Al-Mg 系合金耐热性差，不宜在高温工作。另一方面，在327℃以下，β相本身又很脆，故 Al-Mg 系合金随含镁增加，强度虽然提高，但塑性明显下降，特别是高镁合金(>7%镁)，工艺塑性很低。

表 2-30 Al-Mg 系防锈铝板材技术条件规定性能(不少于)

牌号	状态	厚度(mm)	σ_b(MPa)	$\sigma_{0.2}$(MPa)	δ(%)
LF2	M	0.3～1.0 >1.0～10	165～225 165～225		16 18
	Y_2	0.3～1.0 >1.0～6.5	235 235		4 6
	Y	0.3～1.0 >1.0～4.0	265 265		3 4
LF3	M Y_2	0.5～4.5 0.5～4.5	196 226	98 196	15 8
LF5 LF11	M	0.5～4.5	275	147	15
LF6	M	0.5～4.5	314	157	15

Al-Mg 系防锈铝中,除主要合金元素镁以外,尚含有少量其他组元。添加硅可改善合金的铸造性能(流动性)。锰、铬是有利元素,溶入固溶体后,有一定的强化作用,还可改善合金的抗蚀性能。钛和钒一般用以细化晶粒,提高机械性能。铍可减少合金在熔炼、铸造、焊接及其他热加工过程中的氧化倾向,这对于高镁合金尤为重要。

铁、铜、锌等杂质对合金的抗蚀性及工艺性能有不利影响,应严格控制。

Al-Mg 系合金,通过固溶处理可获得过饱和固溶体。在自然时效期间,G.P. 区很快形成,但尺寸很小,初期约 1.0～1.5 nm,经数年后,可长大到 10 nm 左右,此时基体中绝大多数过剩空位包围在 G.P. 区四周,从而大大减少了 G.P. 区附近应变场强度,相应地时效硬化作用很弱。G.P. 区的临界温度很低,约 47～67℃,高于此值,则在过饱和固溶体中直接形成 β′ 过渡相。晶界等高能区是 β′ 相的优先形核位置。随着 β′ 的析出,在晶界附近出现溶质和空位贫化区,形成无沉淀带。提高时效温度,β′ 的析出逐渐从晶界扩张到晶内,接着基体也开始再结晶。277℃以上,从基体中直接析出平衡相 β 相(Mg_5Al_8)。

根据以上情况,Al-Mg 合金缺乏显著的热处理强化效果,故一般在退火状态或冷作硬化状态下使用(对于低镁合金)。

低镁合金在退火处理后为单相 α 组织。高镁合金(>5%镁)为(α+β)相组织。

Al-Mg 系防锈铝的抗蚀性对组织状态十分敏感。镁降低铝中的电极电位,例如在 NaCl-H_2O_2 溶液中,纯铝的电极电位为-0.86～-0.88V,而含 4%镁的 α 固溶体电位是-0.90V,Mg_5Al_8 电位更低,为-1.10V。因此,在电化学腐蚀中,β 相是阳极。根据这一特点,Al-Mg 合金随着含镁量的提高,组织逐渐由 α 单相过渡到($\alpha+Mg_5Al_8$)两相,晶间腐蚀倾向必然加剧。但若通过调整生产工艺和热处理规范,获得适当的组织形态,对于高镁合金仍可保证良好的抗腐蚀性。在β′或β相沉淀初期，如前所述，由于优先在晶界生核，并很快形成连续的网状薄膜，边缘还存在一定厚度的无沉淀带，故合金的抗蚀性最差。如果β′或β相在晶内均匀析出，同时晶界沉淀相也经过球化而变为不连续的颗粒状，则合金的腐蚀敏感性可大为减少。因此，凡能促使合金组织均匀性提高的工艺因素，皆有助于改善抗腐蚀性。实验表明，充分退火、长期时效或退火与时效前进行小量的冷变形（<2%），都可以取得这样的效果。前者是由于长期加热使晶内和无沉淀带内都普遍发生沉淀，后者是因变形增加了基体内的位错密度，提高生核率，从而改善组织的均匀性。但过量的冷变形，会造成第二相集中在滑移带附近析出，反而增加晶间腐蚀和应力腐蚀倾向；同样，退火温度过低或时间太短，因不均匀沉淀，对抗蚀性也不利。

在防锈铝中，Al-Mg系合金的强度高于Al-Mn合金，在大气和海水中的抗蚀性也最好，优于LF21而与纯铝相当，但在酸性和碱性介质中则比LF21稍差。

高镁合金（>6%～7%Mg），由于含镁量高，即使退火后β相也不能完全析出。因此，在零件制造过程和长期使用过程中，β相仍会继续析出，降低合金的抗蚀性，所以一般高镁合金限于在70°以下使用。

Al-Mg合金在航空工业上用于焊接油箱，滑油导管等。

三、硬　铝

硬铝属Al-Cu-Mg-Mn系合金，化学成分范围约为：2.5%～6.0%Cu、0.4%～2.8%Mg、0.4%～1.0%Mn及1.0%以下的杂质铁和硅。根据合金的合金化程度、机械性能及工艺性能，硬铝可分为铆钉硬铝（LY1、LY10）、中强硬铝（LY11）、高强硬铝（LY12、LY6）和耐热硬铝（LY2）等。

1. 合金成分及相组成　表2-31列出了常用硬铝合金的主要化学成分。可以借助Al-Cu-Mg三元相图中，与实际硬铝关系比较密切的铝角来分析合金成分与基本相组成之间的关系。最接近铝角的P_1、E_1和E_2为三个四相平衡反应，其四相平衡面的位置见图2-46。

表2-31　常用硬铝的主要化学成分

合金牌号	主要化学成分(%)					
	Cu	Mg	Mn	Be	Ti	Al
LY1	2.2～3.0	0.2～0.5	—	—	—	余量
LY2	2.6～3.2	2.0～2.4	0.45～0.7	—	—	余量
LY6	3.8～4.3	1.7～2.3	0.5～1.0	0.001～0.005	0.03～0.15	余量
LY10	3.9～4.5	0.15～0.3	0.3～0.5	—	—	余量
LY11	3.8～4.8	0.4～0.8	0.4～0.8	—	—	余量
LY12	3.8～4.9	1.2～1.8	0.3～0.9	—	—	余量

E_1点成分为33.0%Cu和6.0%Mg，共晶温度是507℃，反应式是$L \rightleftharpoons \alpha+\theta+S$。其中θ相是以$CuAl_2$为基的固溶体，正方点阵；$S$相为以$CuMgAl_2$为基的固溶体，属斜方晶系（$a$=0.40 nm，$b$=0.923 nm，$c$=0.714 nm）。$S$相中铜、镁含量比为2.61。

P_1点成分为10%Cu和26%Mg，包晶温度为467℃，反应式为$L+S \rightleftharpoons \alpha+T$，其中$T$相是以三元化合物$CuMg_4Al_6$为基的固溶体。

E_2点成分为4%Cu和32.3%Mg。共晶温度为450℃，反应式是$L \rightleftharpoons \alpha+T+\beta$，其中β相是

Mg_5Al_8 二元化合物。

按照上述相平衡关系，结晶终了后，Al－Cu－Mg 系铝角将包含 α+θ+S；α+S+T；α+T+β 三个三相区及相应的两相区和单相区（见图 2－47）。这里，θ、S、T、β 相在 α 固溶体中的固溶度均随温度下降而明显减小（见图 2－48）。因此，Al－Cu－Mg 系合金具有热处理强化能力，但各相的强化效果相差十分悬殊，其中 S 相和 θ 相效果显著，而 T 相及 β 相则很弱。

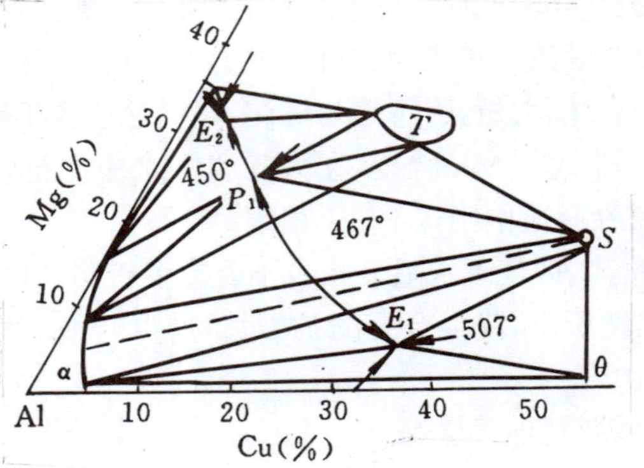

图 2－46 铝-铜-镁三元系靠近铝角的三个四相平衡图

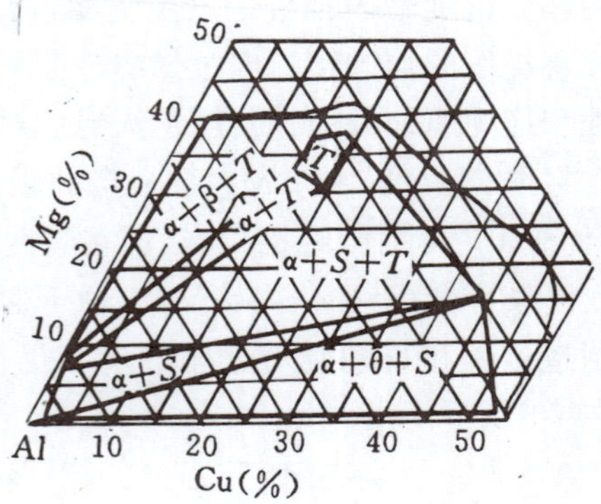

图 2－47 铝-铜-镁三元系在 400℃的等温截面图

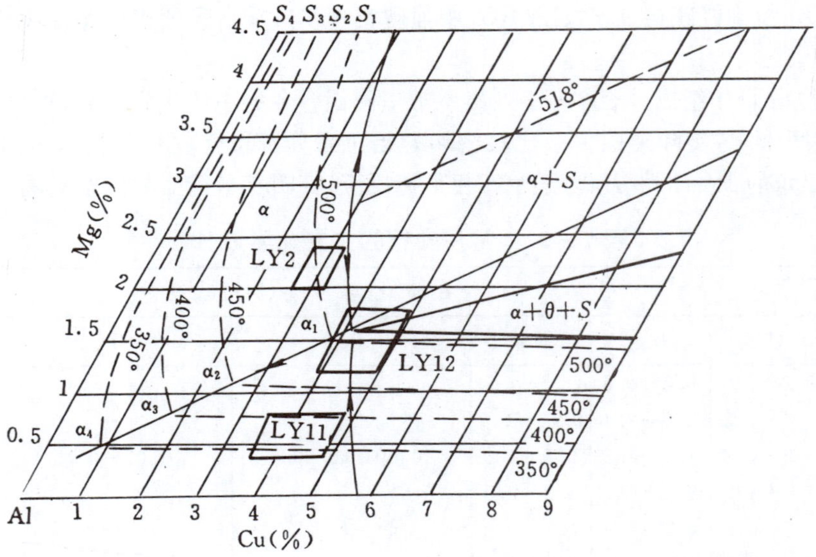

图 2－48 铝-铜-镁系铝角(α+θ+S)三相平衡及(α+S)两相平衡的等温投影图

实际工业硬铝处于相图中的不同相区（见图 2－48）。因而具有不同的相组成和时效硬化能力。在这里，Cu/Mg 比值是决定相组成的主要因素。所以低比值合金主要强化相为 S 相，随着铜含量增加及镁含量减少，比值加大，主要强化相逐渐由 S 相过渡 θ 相，见表 2－32。

表 2-32　航空工业常用硬铝合金的主要强化相

合金牌号	LY1	LY2	LY6	LY10	LY11	LY12
铜镁比	7.4	1.32	2	18.3	7.2	2.86
主要强化相	θ(S)	S	S	θ	θ(S)	S(θ)

硬铝的合金元素中，铜是最主要的，随着含铜量的提高，热处理后的强度迅速增加。例如，在含镁量为1%～2%时，铜含量由1%增至4%，合金在淬火状态的抗拉强度由200 MPa提高到380 MPa，自然时效后，则由300 MPa上升到480 MPa。增加合金中的含镁量也有类似效果，但必须和含铜量保持适当的比例。图2-49表示Cu+Mg总量为5%时，铜、镁相对量与合金性能的关系。当合金以θ+S相为主要强化相时，可获得最大强化效应。随着含镁量的增加，强化效果迅速减弱。S相不仅有很高的室温强化作用，而且耐热性也较高(见图2-50)。因此耐热硬铝皆保持较低的铜、镁比，以获得(α+S)组织。图2-50中的σ_b指250℃瞬时抗拉强度，阴影区曲线代表300℃的持久强度(以试样在应力$\sigma=400$ MPa作用下的破断时间来表示)。

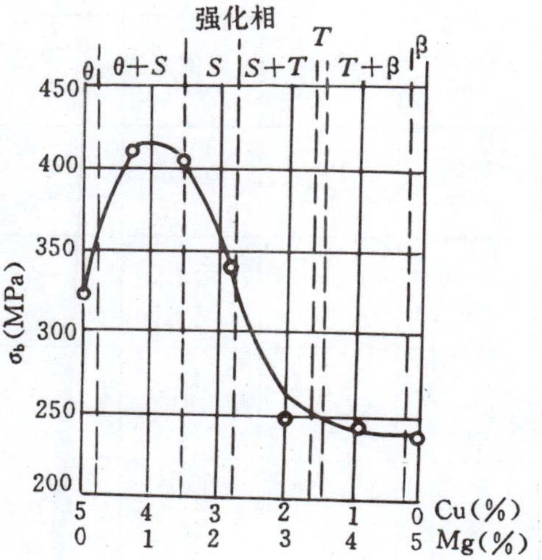

图 2-49　硬铝的强度与铜、镁含量的关系(Cu+Mg=5%，淬火时效后性能)

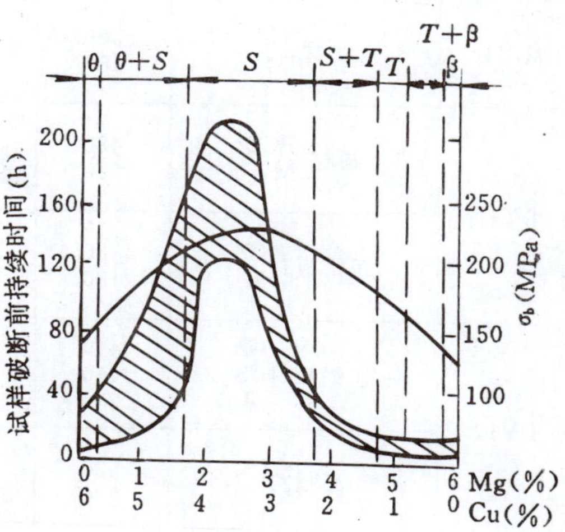

图 2-50　硬铝的高温性能与铜、镁相对含量的关系(阴影部分为试样破断前的持续时间)

硬铝中除主要元素铜、镁外，尚添加少量锰，其作用是改善合金抗蚀性，中和铁的有害影响。同时，锰可在基体中部分固溶，提高热处理后的合金强度，而且对提高耐热性也有一定作用。锰的添加量应限制在0.8%～1.0%以下。锰过高，会形成粗大的脆性化合物$(MnFe)Al_6$，降低合金的工艺塑性。

铁、硅属于杂质元素。硬铝中镁含量低于1.0%，硅含量超过0.5%时，硅能提高合金人工时效速度及时效强化效果，而不影响自然时效能力，因为硅与镁形成Mg_2Si，有利于人工时效硬化。但合金中含镁量超过1.5%时，硅含量应尽可能低，因自然或人工时效后，强度随硅含量的增加而降低，耐热性也下降。除此之外，硅能增加LY12、LY6合金铸锭形成裂纹的倾向，造成铆接时塑性下降。因此，合金中硅含量一般限制在0.5%以下，要求高塑性的硬铝，硅含量限制更严。

铁在硬铝中形成 Al_7Cu_2Fe 不溶相，降低固溶体中铜的含量，减少时效硬化效果，故为有害杂质。铁与硅还容易形成 Fe_3SiAl_{12} 杂质相，故合金中的硅可减少铁的有害影响。根据含硅量，可适当调整含铁量的允许范围。铁有使硬铝晶间腐蚀加剧的作用。

2. 硬铝的性能　不同种类的硬铝，由于所含合金元素数量不同，其主要强化相亦不相同（见图2-47及表2-32），机械性能也就更不相同了（见表2-33）。下面分类给予叙述。

（1）铆钉硬铝，又称低强硬铝（如LY1、LY10）

这类硬铝中合金元素含量较低，Cu/Mg 比值高，主要强化相为 $\theta(CuAl_2)$。合金的强度较低，但具有较高的塑性，适宜于作铆钉材料。

（2）中强硬铝，又称为标准硬铝（如LY11）

表2-33　常用硬铝的机械性能

合金牌号	材料状态	σ_b (MPa)	$\sigma_{0.2}$ (MPa)	HB (MPa)	σ_{-1} (MPa)	δ (%)	ψ (%)
LY1	线材，CZ M	300 160	170 60	700 380	85 —	24 24	50 —
LY11	板材，BCZ M	420 210	240 110	1000 450	105 75.5	18 18	35 58
	包铝板材CZ M	380 180	200 110	1000 450	— —	18 18	— —
LY12	包铝板材CZ CS M	440 460 230	290 410 100	— — —	— — —	19 6 18	— — —
	型材CZ M	520 220	380 100	— —	140 90	12 13	15 30
LY6	包铝板材CZ	440	300	—	—	19	—
LY2	压挤带材CZ	520	345	—	165	17	20
LY10	线材CZ	400	—	—	—	20	—

这类硬铝中铜、镁含量较高，Cu/Mg 比值也较高，主要强化相为 $\theta(CuAl_2)$ 相，其次为 $S(CuMgAl_2)$ 相。合金的强度较高、塑性较好，可用作航空螺旋桨桨叶及中等强度的紧固件。

（3）高强硬铝（如LY12）　这类合金中铜、镁含量高，且 Cu/Mg 比值低，主要强化相为 $S(CuMgAl_2)$ 相，其次为 $\theta(CuAl_2)$ 相。由于 S 相的室温强度和高温强度均比 θ 相高，所以 LY12 是硬铝中强度最高的合金，并具有良好的耐热性。LY12 可生产除锻件以外的其他各种半成品；板材主要用作飞机蒙皮、壁板；型材可制作飞机隔框、翼肋、长桁等。

（4）耐热硬铝（如LY2）　此类硬铝的含镁量较高，Cu/Mg 比值在硬铝中是最低的。合金的强化相为S相，因此合金具有较高的耐热性，适于制作高温下工作的零件，如航空发动机的压气机叶片等。

3. 硬铝的抗蚀性　硬铝的抗蚀性比防锈铝差得多，各种硬铝都存在不同程度的晶间腐蚀倾向，这是由于含铜的固溶体和 $CuAl_2$ 的电极电位较高所致。当发生不均匀沉淀时，晶界四周出现含铜较低的贫化带，电位较低，成为阳极，而含铜较高的晶粒中心和析出相则为阴极，加之阳极区（晶粒边沿）面积小，阳极电流密度高，故遭到强烈腐蚀。为了改善抗腐蚀性，除合金化、热处理及其他工艺措施（阳极化、涂漆等）外，硬铝板材在压延过程中，两面常用纯度大于99.5%的纯铝包覆。纯铝电位低于基体，故可起阳极保护作用。包铝层厚度一般占板材厚度的4%，厚板的包铝层厚度可减至2%。

4. 硬铝的热处理　硬铝的主要热处理方式是淬火时效。在生产工序中，有时为了消除加工硬化，恢复塑性以便进行下一道成形加工，也应用退火处理。淬火时效的主要工艺参数是选择适当的淬火加热温度、保温时间、冷却方式及时效温度和时间等，下面分别予以说明。

(1) 淬火加热温度。在热处理原理一节中已经指出，选择淬火温度的基本原则是在防止出现过烧、晶粒粗化、包铝层污染等弊病的前提下，尽可能采用较高的加热温度，使强化相充分固溶，以便在随后时效过程中获得最大的强化效果，同时对提高抗蚀性也有益。

过烧是指合金中低熔点组成物（一般是指共晶体）在加热过程中发生了重熔。从Al-Cu-Mg系含4.5%Cu的垂直截面中可以看出（见图2-51），LY12的结晶过程为：首先从液相结晶出α初晶，接着进行二元共晶转变 $L \to \alpha+\theta$ 或 $L \to \alpha+S$（在规定成分范围内，视合金具体成分而定），最后是三元共晶转变，$L \to \alpha+\theta+S$。在固态下随温度的降低，还会析出次生的 S 相和 θ 相。LY12中的三元共晶体（$\alpha+\theta+S$）熔点最低，为507℃，故LY12合金的淬火加热温度不得超过此限。

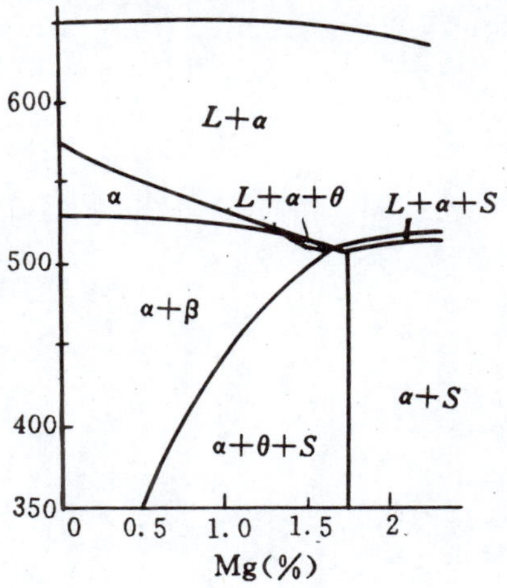

图2-51　铝-铜-镁系含4.5%Cu的垂直截面

生产中，常用金相方法检验过烧，这是因为常规机械性能对过烧不敏感，而最敏感的腐蚀性能和疲劳性能在日常生产中检验又不方便。

图2-52为一组LY12板材的淬火组织。其中(*a*)为正常组织，(*b*)、(*c*)、(*d*)为过烧组织，过烧程度由轻微到严重，从中可看出以下特征：

(*a*) 过烧组织中出现了复熔共晶球（液相球）。当淬火温度超过低熔点共晶体的熔点时，形成液相，由于表面张力的作用使液相收缩成球状，冷却下来就在组织中形成小圆球。

(*b*) 过烧组织中晶界局部发毛和加粗。在晶界与局部地区存在的低熔点共晶体熔化后还会浸蚀基体，这就使晶界局部加粗和发毛。

(*c*) 过烧组织中出现三角晶界区。这是在过烧严重时出现的特征。在三个晶粒交界处的局部熔化连接了起来，三角晶界内部也有复杂的结构。

对于过烧，虽然国内外都曾有资料报导①，认为在一定条件下经过适当的重新固溶处理可以消除其不良影响，但目前生产中仍将它看作是一种不可愈合的缺陷，一旦出现，产品应予报废，故热处理时需尽力避免产生过烧。现今国内尚无过烧的统一判断标准，各生产厂只是根据各自产品的用途、要求和生产条件确定相应的检验制度。表 2-34 中的数据说明过烧对 LY12 合金板材拉伸、晶界腐蚀和疲劳性能的影响。表 2-35 为常用硬铝正常淬火温度和过烧温度。

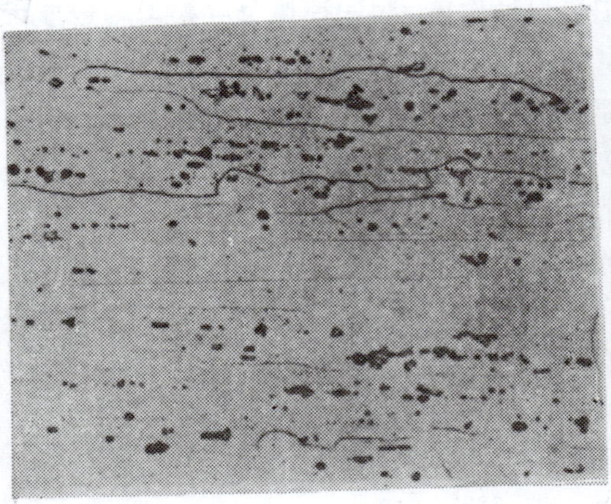

(*a*)　　×200

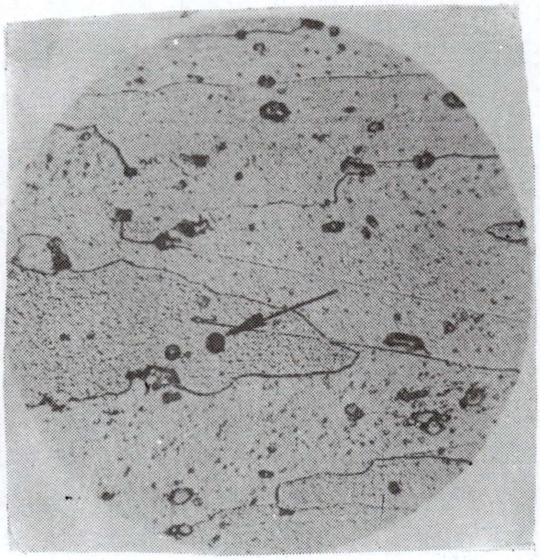

(*b*)　　×500

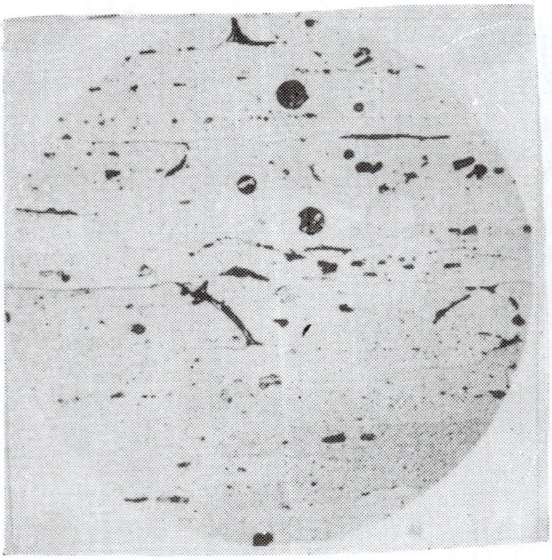

(*c*)　　×500

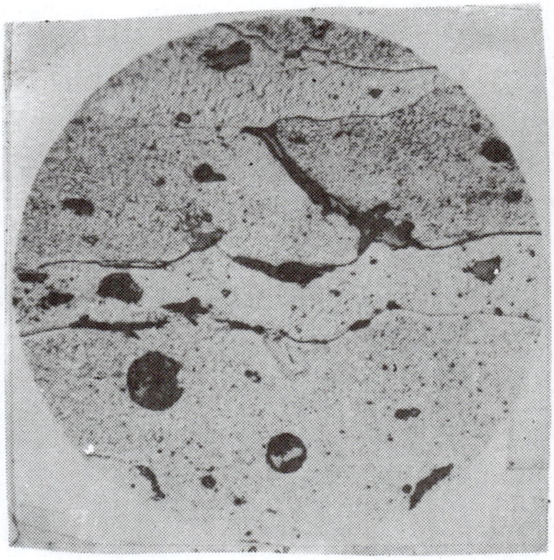

(*d*)　　×500

图 2-52　LY12 板材显微组织

(*a*) 正常淬火组织；(*b*) 轻微过烧组织(液相球)；

(*c*) 过烧组织，液相球及晶界加粗；(*d*) 严重过烧组织，三角晶界。

① 美国专利 4019927，1974.4. 及 3988180，1976.10.

数据表明，LY12 的过烧敏感性最大，淬火温度与三元共晶点十分接近，所以 LY12 是生产中最易产生过烧的一种合金。

表 2-34 淬火温度对 LY12 合金板材性能的影响

淬火温度(℃)	拉伸性能		晶间腐蚀				最大应力 σ_{max} (MPa)	$K=\frac{\sigma_{max}}{\sigma_b}$	至破断时的循环次数，N
	σ_b (MPa)	δ (%)	σ_b (MPa)	δ (%)	强度损失 $\Delta\sigma_b$(%)	伸长率损失 (%)			
500	497	21.6	497	20.6	0	4.6	310	0.6	8 841
513	499	18.4	449	8.5	10	53.8	314	0.6	8 983
517	488	18.1	355	4.1	27	77.3	310	0.6	8 205

表 2-35 常用硬铝的淬火温度和过烧温度

合金	主要相组成	淬火温度(℃)	过烧温度(℃)
LY1	θ、Mg_2Si、(Al_7Cu_2Fe、Al_2CuMg、AlFeSi)	495～505	535
LY2	S(θ、$Al_{12}CuMn_2$、Mg_2Si、Al_7Cu_2Fe)	495～505	510～515
LY6	S(θ、$Al_{12}CuMn_2$、Mg_2Si、Al_7Cu_2Fe)	495～505	518
LY10	θ(Mg_2Si、S、Al_3Cu_2Fe)	510～520	540
LY11	θ(S、Mg_2Si、Al_7Cu_2Fe)	495～510	514～517
LY12	S、θ(Mg_2Si、Al_7Cu_2Fe)	495～503	506～507

(2) 保温时间。淬火加热时间首先与合金性质、原始状态有关。因各种硬铝的成分相似，所以影响较大的是原始组织状态。凡强化相比较细小的，因固溶较快，加热时间可缩短。例如冷轧状态的板材所需加热时间较热轧状态的短、重复淬火则更短。而一般退火状态的组织因强化相较粗，保温时间应较长。其次，加热时间和加热介质、零件尺寸、批量等因素亦有直接关系，对包铝板材还要注意防止包铝层的污染。

(3) 转移时间。工件从出炉到进入淬火槽之间的间隔时间称为转移时间。在转移过程中，工件温度下降，可导致固溶体发生部分分解，从而降低时效强化效果，特别是增大合金的晶间腐蚀倾向。为此，生产中应尽可能缩短转移时间。一般规定不超过 15s，对大尺寸工件可适当延长到 25s。

(4) 淬火冷却速度的选择。根据铝合金的等温分解曲线，“鼻子”温度一般在 300～400℃之间，在此温度范围应保持足够的冷却速度。

(5) 时效。大多数硬铝在自然时效状态下应用，这是由于自然时效状态的抗腐蚀性(晶间腐蚀)优于人工时效。LY12 在淬火后 0.5h 以内，LY11 合金在 2h 以内，仍保持柔软状态，适于校直和铆接等操作，随后则合金开始迅速硬化。LY12 的自然时效过程可以延续 6～10 天，一般生产规定 LY12 和 LY11 合金自然时效 4 天(96h)后即可提供使用。

铆钉硬铝 LY1 的自然时效规范与 LY12 相同，仍为 96h，但 LY10 因含镁量较低，自然时效速度较慢，20℃下需时效 10 天，50℃下为 3 天，75℃下为 24h。这两种硬铝在自然时效状态保持良好的工艺塑性，铆接时间不受限制。

LY2 属耐热硬铝，常在 150～250℃范围内工作（如压气机叶片），故应进行人工时效，规范是 165～175℃16h，或 185～195℃24h。后一规范属过时效处理，目的是提高合金抗剥蚀能力。LY12 合金的工作温度如超过 150℃，也需进行人工时效处理，规范是 190℃16h（板材）或 6h（挤压件）。

(6) 退火。硬铝在生产过程中为恢复塑性常进行退火处理。与防锈铝不同的是，硬铝有较强的时效硬化能力，在退火加热时，除再结晶过程外还伴随着强化相的固溶。为避免产生淬火时效硬化现象，加热后应采用缓慢冷却，使固溶体充分分解，趋于平衡状态。根据退火温度，一般可分为完全退火和不完全退火。前者是为了获得最大的成型性（或者因制品以退火状态交付使用），后者只是部分消除冷作硬化以便随后进行变形量较小的工序。完全退火规范一般为 390～450℃保温 10～60min，而后以 30℃/h 的速度冷至 260℃再空冷；不完全退火在 380～420℃进行，保温 2～4h，然后空冷或水冷。

5. 一些新型的超纯硬铝　Al－Cu－Mg 系合金的断裂韧性较低，这是由于合金中存在尺寸较大的金属间化合物，如（Fe、Mn）Al_6、（Fe、Mn）$_3SiAl_{12}$、Mg_2Si、$CuMgSi_4Al_4$、（Fe、Mn）$_3Cu_2Al_{20}$、（Fe、Mn）$_3CuAl_2$、Cu_2FeAl_7 以及未溶的 $CuAl_2$。若将合金中杂质的含量加以严格控制，可使断裂韧性得到改善。图 2－53 示出铁、硅含量对 Al－Cu－Mg 合金平面应变断裂韧性的影响。由图可以看到，对相同的合金来说，铁、硅共同含量低于 0.5%时的平面变应断裂韧性比铁、硅含量超过 1%时高很多，这样将原有老合金的杂质含量降低，其韧性即可得到提高。国外近年来一些超纯硬铝（见表 2－36）已在工业上使用，其性能示于表 2－37 及图 2－54。

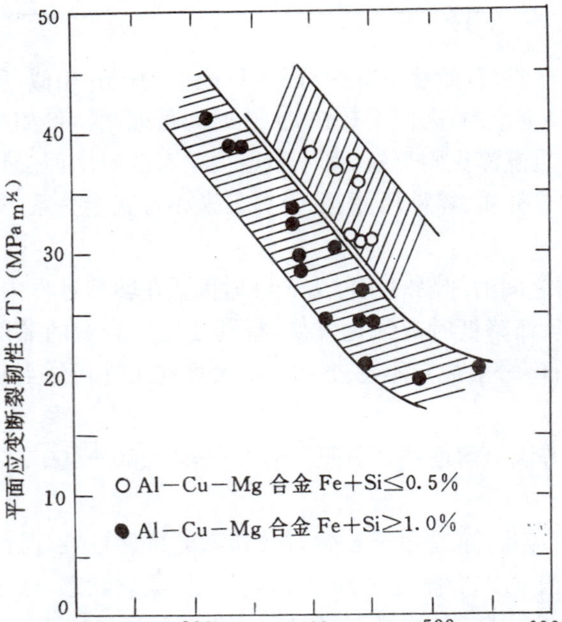

图 2－53　工业 Al－Cu－Mg 合金薄板在不同铁和硅含量时的平面应变断裂韧性

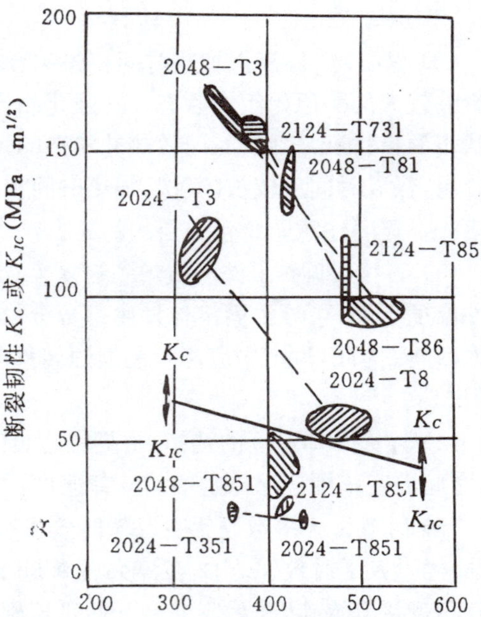

图 2－54　不同硬铝的断裂韧性与屈服强度的关系

表 2-36　一些超纯硬铝的化学成分(%)

合金	Cu	Mg	Mn	Fe	Si
2024	3.8～4.9	1.2～1.8	0.3～0.9	0.5	0.5
2124	3.8～4.9	1.2～1.8	0.3～0.9	0.3	0.2
2048	2.8～3.8	1.2～1.8	0.2～0.6	0.2	0.15

注:2024 合金与我国 LY12 相当。

表 2-37　一些超纯硬铝的性能

合金	状态	σ_b (MPa)	$\sigma_{0.2}$ (MPa)	δ (%)	断裂韧性(MPa $\sqrt{m}$)	
					纵向	短横向
2024	T8	480	450	6	22～27	18～22
2124	T8	490	440	8	31	25
2048	T8	460	420		37	28

注:T8 为固溶处理后冷作十人工时效。

另外,合金中合金元素加入量越高,能使合金的强度有所提高,但在热处理时易出现未溶解的强化相,如 $\theta(CuAl_2)$ 相、$S(CuMgAl_2)$ 相,使断裂韧性降低,因此调整合金元素的含量,也是改善合金断裂韧性的有效途径。

四、锻　铝

锻铝属 Al-Mg-Si-Cu 系合金,因具有优良的热塑性,主要用于生产锻件,故有此称。航空工业中常用锻铝牌号为 LD2、LD5、LD6 和 LD10。

1. 化学成分及相组成　该系合金的化学成分见表 2-38。

表 2-38　常用锻铝的主要成分

合金牌号	主要化学成分(%)						
	Cu	Mg	Si	Mn	Cr	Ti	Al
LD2	0.2～0.6	0.45～0.9	0.5～1.2	0.15～0.35	Mn 或 Cr		余量
LD5	1.8～2.6	0.4～0.8	0.7～1.2	0.4～0.8			余量
LD6	1.8～2.6	0.4～0.8	0.7～1.2	0.4～0.8	0.01～0.2	0.02-0.1	余量
LD10	3.9～4.8	0.4～0.8	0.6～1.2	0.4～1.0			余量

Al－Mg－Si－Cu 系合金是在 Al－Mg－Si 系基础上发展起来的。在这类合金中最早出现的是 51*S*(0.6%Mg，0.9%Si)，早在1921 年就有人指出，Mg_2Si 对 Al－Mg－Si 系合金的强化起决定性作用。由于 Al－Mg－Si 系合金有明显的时效停放效应，为减小其影响，在 51*S* 基础上添加了一定量的铜和锰，就发展成现在的 LD2、LD5、LD6 和 LD10。它们的硅、镁含量相同，而含铜量则顺序递增。加铜使合金的室温强度和耐热性明显增加，但塑性有所降低(见图 2－55)，对抗蚀性也有不利影响。锰的作用与其在硬铝中的情况类似，有提高合金强度、韧性和抗蚀性的作用。以铬代替锰可起到同样效果。合金加入少量钛可消除铸锭中的柱状晶并细化晶粒，改善工艺塑性。

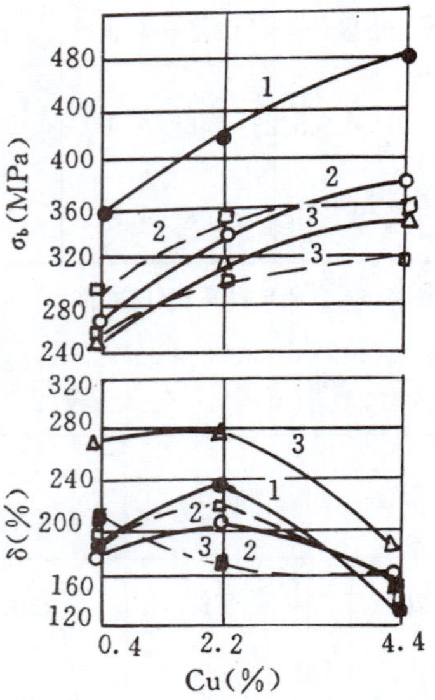

图 2－55　铜含量对 Al－Mg－Si 合金性能的影响(含 0.7%Mn)

1－20℃拉伸性能；

2－50℃拉伸性能；

3－70℃拉伸性能。

(实线：未稳定化；虚线：100 小时稳定化)

锻铝中的相组成可根据 Al－Mg－Si 及 Al－Mg－Si－Cu 系相图分析确定。Al－Mg－Si 三元相图在上一节铸造铝合金中已有讨论，α(Al)－Mg_2Si 之间构成伪二元相图(见图 2－56)。Mg_2Si 在 α(Al)中固溶度随温度下降有明显变化，共晶温度(595℃)下极限溶解度达 1.85%。Mg_2Si 是锻铝中的主要沉淀硬化相，在时效处理过程中，沉淀顺序为：

针状 G.P.区(沿<100>)→有序的针状 G.P.区→针状亚稳相 β′→稳定的 β(Mg_2Si)。

Mg_2Si 相中 Mg/Si 比为 1.73。为保持最大的时效强化能力，合金中镁、硅元素含量应符合此关系。镁过剩时会降低 Mg_2Si 在 α 固溶体中的溶解度，而硅则无此作用。为避免发生这种现象，实用工业合金中，一般保持含硅量略高于镁。另外也要考虑锰和铁等元素对合金组元重新分配的影响。由于硅容易和锰、铁构成杂质相($FeMnSi)Al_6$，要消耗一部分硅，故合金实际含硅量应适当提高。

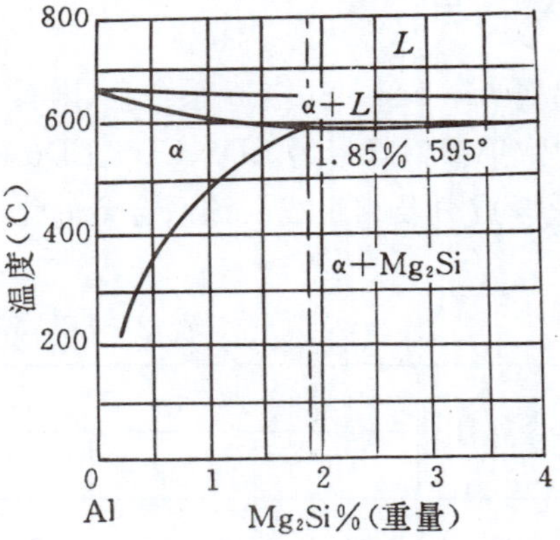

图 2－56　Al－MgSi 伪二元相图

Al－Mg－Si 中加入铜后，除 Mg_2Si 相外，还可出现 W ($Cu_4Mg_5Si_4Al_x$)、$CuAl_2$ 及 $CuMgAl_2$ 相。这些相将参与时效硬化作用，故锻铝系中随含铜量增加，时效强化能力提高。表 2－39 列出各常用锻铝的相组成。

2. 热处理及性能　锻铝可进行自然时效或人工时效处理，但因自然时效速度较慢，需延续到 10 天，而且强化效果不如人工时效，故锻铝一般在人工时效状态下使用。

表 2-39　常用锻铝的主要相组成

合金	主要相组成	杂质相
LD2	α(Al)、Mg_2Si、W($Cu_4Mg_5Si_4Al_x$)	(FeMnSi)Al_6、AlSiFe
LD5 及 LD6	α(Al)、Mg_2Si、W($Cu_4Mg_5Si_4Al_x$)、$CuAl_2$、少量 S($CuMgAl_2$)	(FeMnSi)Al_6、$TiAl_3$
LD10	α(Al)、Mg_2Si、S($CuMgAl_2$)、$CuAl_2$、W(Cu_4Mg5Si_4Al_x)	(FeMnSi)Al\-6 或 Mn_3SiAl_2

前已述及，Al－Mg－Si 系合金存在停放效应，随着铜含量的增加，这种效应有所减弱，但仍未完全消除，其中以含低铜的 LD2 合金最明显。淬火后停放 30min 以上就可观察到人工时效强化作用下降。超过 6h，强度可能达不到性能规定标准。即使含铜较高的 LD10，也应在 3h 之内或 48h 以后进行人工时效处理，以保证获得最佳性能。

LD2 合金过烧温度约为 595℃，即 Al－Mg_2Si 共晶熔化温度，但为防止淬火加热时晶粒过分长大，通常规定淬火温度为 540℃，150～160℃人工时效 6～15h。

LD5 和 LD6 合金化程度较高，相组成较 LD2 复杂，淬火温度比 LD2 稍低，为 515～525℃，150～170℃时效 4～15h。

LD10 合金成分接近硬铝 LY11，存在($\alpha+\theta+S$)三元共晶体，故淬火加热温度与硬铝相同。热处理制度为：500±5℃淬火，165℃人工时效 6～15h。对于大型和形状复杂的锻件，可在热水中淬火，以减小残余应力和开裂倾向，但此时大锻件强度约降低 10%，小件下降 1%～2%，塑性相应有所提高。表 2-40 列出常用锻铝技术条件规定的性能。

表 2-40　锻铝技术条件规定性能

合金	半成品类型，状态	σ_b(MPa)	$\sigma_{0.2}$(MPa)	δ_5(%)	HB(MPa)
LD2	锻件，　CS	275	—	10	850
LD2	模锻件，CS	295	215	12	850
LD5	锻件，　CS	365	—	8	950
LD6	模段件，CS	380	275	10	1000
LD10	锻件，　CS	410	—	8	1200
LD10	模锻件，CS	430	315	10	1200

锻铝除具有优良的热加工性能外，腐蚀倾向也很小，LD2 合金的抗蚀性接近防锈铝 LF21，不存在应力腐蚀倾向，但随着含铜量的增加，抗蚀性下降。

LD2 由于工艺塑性好，在航空工业中用于制造直升机旋翼和形状复杂的锻件。

LD5 和 LD6 强度高于 LD2，可用于承受中等载荷的航空零件，如叶轮、接头和支杆等。

LD10 强度较高，接近硬铝，实际相当于 LY11 合金提高了含硅量，故也称高强硬铝，可用于承受大负荷的零件，如框架。又因该合金铸造工艺性好，可生产大尺寸铸件，加工成板材和挤压型材，以代替 LY12 使用。

五、耐热铝合金

1. Al－Cu－Mg－Fe－Ni 系耐热铝合金　属于此系的常用合金有 LD7、LD8 和 LD9，一般用作锻件，因此也可归入锻铝一类。其中应用最广泛的是 LD7、可在 150～225℃范围内使用。表 2－41 为其主要化学成分。

表 2－41　LD7、LD8 和 LD9 的主要化学成分

合金	主要成分（%）						
	Cu	Mg	Ni	Fe	Si	Ti	Al
LD7	1.9～2.5	1.4～1.8	1.0～1.5	1.0～1.5	—	0.02～0.1	余量
LD8	1.9～2.5	1.4～1.8	1.0～1.5	1.1～1.6	0.5～1.2	—	余量
LD9	3.5～4.5	0.4～0.8	1.8～2.3	0.5～1.0	0.5～1.2	—	余量

由表可看出，合金的化学成分复杂。除含铜、镁外，还含较多的铁和镍。在 LD8 和 LD9 合金中，还含硅，LD7 则含钛。

和硬铝比较，这类合金的铜与镁含量的比例有所降低，使合金成分处于 Al－Cu－Mg 系三元相图的（α＋S）相区内，以获得足够数量的 S 相，从而得到良好的耐热性。

铁、镍对提高合金的耐热性是有益的，但是单独加入铁或镍，反而会使高温性能下降。若只加入铁，则在低铁时形成 Cu_2FeAl_7，高铁时形成 $CuFeAl_3$ 相；只加镍，则形成 AlCuNi 或 $(CuNi)_2Al_3$，这些都是难溶相，它们的形成消耗了铜，使固溶体含铜量及 S 相数量减少，因而耐热性降低。

如同时加入铁和镍，当铁、镍比等于 1 时，则形成 $FeNiAl_9$ 相。此相不含铜，而且本身有很好的热稳定性，故可显著增加合金的高温强度。

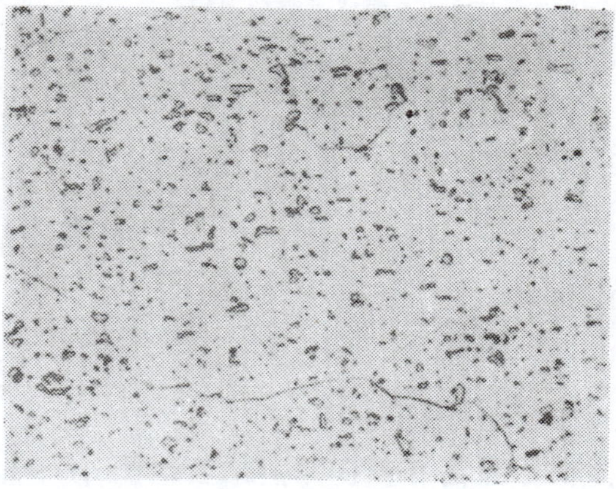

图 2－57　LD7 合金人工时效组织，×210

在耐热铝合金中，硅是有害元素。因为硅和镁形成 Mg_2Si，而 Mg_2Si 过时效敏感性大，耐热性差，故对合金高温性能不利。LD7 合金的硅含量限制在 0.35%以下。但硅可降低合金的热膨胀系数，在 LD9 合金中把硅作为合金元素，含量可达 1.0%～1.2%。

钛是细化合金组织的变质剂，对工艺性能及制品的横向性能均有好处。

根据以上分析，LD7 等合金的主要相组成为 α(Al)、$S(CuMgAl_2)$、$FeNiAl_9$ 及少量 AlCuNi、Mg_2Si 相。这类合金皆在人工时效状态下使用，表 2－42 为其热处理规范，图 2－57 为 LD7 合金的人工时效组织，其中粒状相为 $FeNiAl_9$，它在热处理过程中不参与溶解析出过程，但在工作温度下能阻止晶界滑移，提高合金的耐热性。表 2－43 为 LD7 等合金的典型性能数据。它们的室温强度与 LY12 接近，但高温性能则超过 LY12。在航空工业中用于制作叶片、叶轮、盘等高温工作零件。

表 2-42　LD7、LD8、LD9 合金的热处理规范

合　金	淬火加热温度(℃)	人工时效温度(℃)	保温时间(h)
LD7	525～540	165～180	10～16
LD8	525～540	185～195	8～12
LD9	510～540	150～180	6～16

表 2-43　LD7、LD8、LD9 合金的典型性能

合金	σ_b(MPa)	$\sigma_{0.2}$(MPa)	δ(%)	HB(MPa)
LD7	430	340	8	1200
LD8	440	320	6	1200
LD9	400	290	7	—

2. Al-Cu-Mn 系耐热铝合金　这类合金是 50 年代发展起来的，常用的有 LY16、LY17，可加工成板材、棒材、型材和模锻件等半成品。挤压和模锻制品可在 200～300℃下工作；板材用作常温和高温使用的焊接件。表 2-44 为 LY16 和 LY17 的化学成分。

表 2-44　Al-Cu-Mn 系耐热铝合金化学成分

合金	主要成分(%)				
	Cu	Mn	Mg	Ti	Al
LY16	6.0～7.0	0.4～0.8	—	0.1～0.2	余量
LY17	6.0～7.0	0.4～0.8	0.25～0.45	0.1～0.2	余量

在铝合金中，铜和锰是提高合金耐热性比较显著的两个元素。铜的作用已经比较熟悉。锰在铝中扩散系数小，能明显提高合金的再结晶温度及减小固溶体分解倾向；此外锰在合金中形成 $T(CuMn_2Al_{12})$相，热稳定性较高。这些因素对改善合金耐热性都能发挥良好的作用。LY17 中加入少量镁(0.25%～0.4%)，可增加合金的室温强度、但降低合金的可焊性，故 LY16 的含镁量限制在 0.05%以下。钛在合金中不仅能细化组织，改善工艺塑性，同时它本身还降低基体中原子扩散速率，有明显的提高合金再结晶温度的作用。铁、硅是有害杂质，对耐热性有不良影响，例如铁能与铜结合成 Cu_2FeAl_7，降低固溶体中铜的含量，促使高温性能下降。

LY16、LY17 合金的退火组织为 $\alpha(Al)+CuAl_2+T(CuMn_2Al_{12})$，并有少量的 $TiAl_3$ 相。

LY16 和 LY17 合金在人工时效状态下使用，主要时效强化相为 $CuAl_2$。在淬火加热过程中，同时进行两个过程：$CuAl_2$ 相溶入基体；而 T 相从基体中析出，并呈点状弥散分布。二者均有助于增加合金的高温强度。因为这两个合金组织中存在 $\alpha+CuAl_2+T(CuMn_2Al_{12})$三元共晶体，其熔化温度为 547.5℃，所以 LY16 淬火温度规定为 535±5℃；LY17 合金因含镁，淬火温度更低一些，为 520±5℃。保温时间和硬铝一样计算。时效规范皆为 160～170℃，保温 10～16h。

LY16 和 LY17 的退火规范为 390～450℃保温 10～60min 后，以每小时 30 ℃的速度冷至

260℃，再空冷。

按技术条件规定，LY16 CS 挤压棒最低性能为：σ_b=355 MPa，$\sigma_{0.2}$=235 MPa，δ_5=8%；典型性能为：σ_b=400 MPa，$\sigma_{0.2}$=240 MPa，δ_5=12%。

LY17 合金的模锻件（重量小于 30kg）顺纤维方向性能（淬火时效状态）为，σ_b=400 MPa，$\sigma_{0.2}$=270 MPa，δ_5=5%；典型性能为：σ_b=420 MPa，$\sigma_{0.2}$=290 MPa，δ_5=8%。

LY16 和 LY17 的缺点是由于含铜量高，抗蚀性比硬铝还差，使用前应采取阳极氧化和涂漆等保护措施。这类合金可制作发动机零件，如叶片、盘等，还可用作焊接容器等。

六、超硬铝

超硬铝的发展历史较硬铝短，40 年代才有定型产品，50 年代开始大批生产和应用。但它的强度在变形铝合金中是最高的，可达 600～700MPa，超过硬铝，故有超硬铝之称。这类合金除强度高外，在相同强度水平下，断裂韧性也优于硬铝，同时具有很好的热加工性能，适合生产各种类型和规格的半成品。因此，在航空工业中，特别是飞机制造业中，超硬铝是主要结构材料之一。其主要缺点是抗疲劳性较差，对应力集中敏感，有明显的应力腐蚀倾向，耐热性也低于硬铝。近十几年来，通过调整成分，提高冶金质量和采用一系列新的加工工艺和热处理制度，其综合性能有了明显改进。

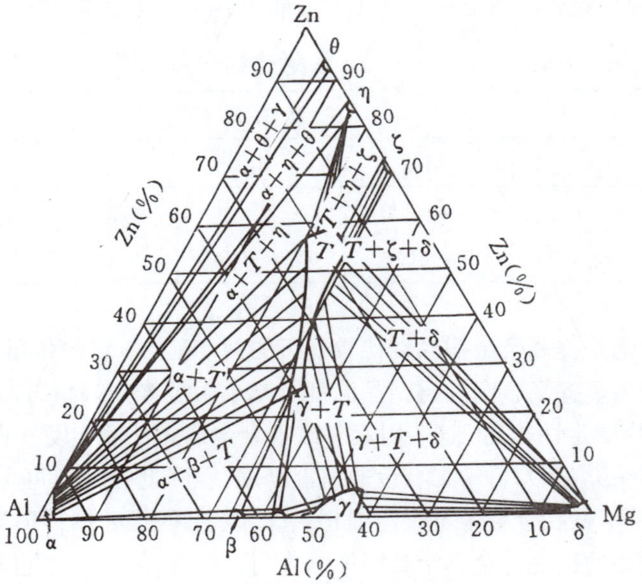

图 2-58　Al-Zn-Mg 系 20℃等温截面

超硬铝属 Al-Zn-Mg-Cu 系，是在 Al-Zn-Mg 三元系基础上发展起来的。锌和镁在铝中有很高的固溶度，但锌和镁作为独立组元，由于时效硬化作用微弱而不可能达到高强度水平。锌、镁共存时，则形成一系列新相（见图 2-58），其中 β 相为 Mg_5Al_8，T 相为 $Mg_3Zn_3Al_2$，η 相为 $MgZn_2$，θ 相为 $MgZn_5$，γ 相是以 Zn 为基的固溶体。$MgZn_2$ 和 $Mg_3Zn_3Al_2$ 在铝中有较高的溶解度和明显的温度关系（见图 2-59 及图 2-60），有强烈的时效硬化效应。工业上实际应用的 Al-Zn-Mg 系合金，其成分范围一般处于 α+T 或 α+T+η 相区。在淬火时效处理后强度可达到 400～500MPa。这类合金在工艺性能方面还有许多优点，如热塑性好，适宜压延、挤压和锻造；有较宽的淬火温度范围（从 350～500℃淬火后可获得相近的性能）；对淬火速度不敏感；还有很好的焊接性能，广泛应用于装甲、火箭燃料箱、车辆、桥梁和建筑等方面。

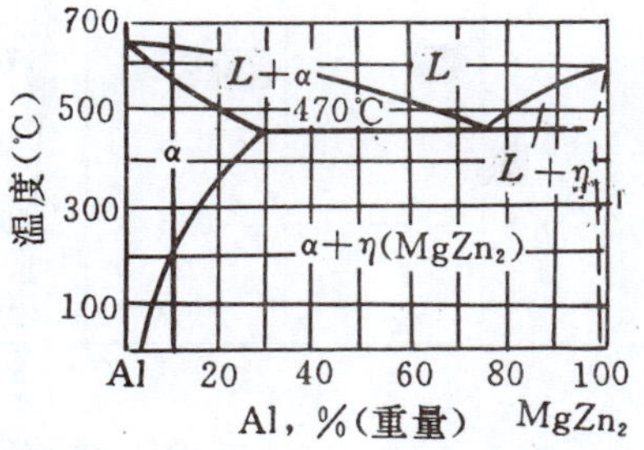

图 2-59 Al-η($MgZn_2$)伪二元相图

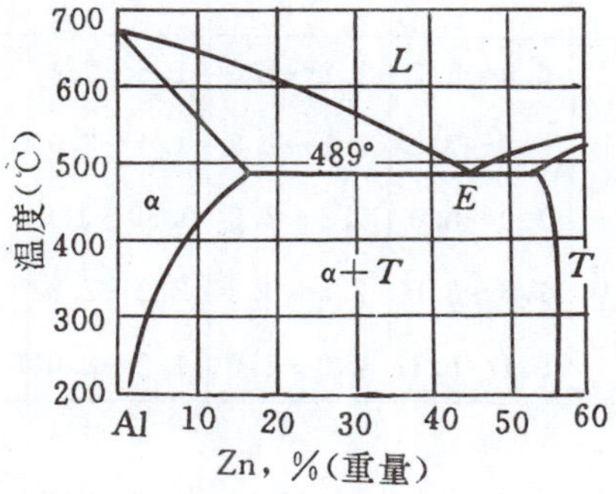

图 2-60 Al-T($Mg_3Zn_3Al_2$)伪二元相图

超硬铝是在 Al-Zn-Mg 系中添加了铜、铬、锰、锆等元素，以进一步提高合金的机械性能，特别是解决高锌镁合金中严重存在的应力腐蚀问题。

Al-Zn-Mg 系合金的强度随（Zn+Mg）总量的增加而提高，但总量超过 9%后，由于晶界析出呈连续网状分布的脆性相，使合金处于脆性状态。添加适量的铜，除铜本身的固溶强化作用外，也改变了合金的沉淀相相态结构，使时效组织更为弥散均匀，既提高了强度，也改善了塑性，同时对抗应力腐蚀也能发挥良好的作用。含铜合金的缺点是焊接性能下降，容易在焊缝附近的热影响区引起热裂纹，所以超硬铝合金大多采用铆接或粘接，避免焊接。

微量的铬、锰、锆等元素强烈提高合金的再结晶温度。这些元素的金属间化合物，呈弥散质点存在时，能有效地阻止晶粒长大，因此可细化晶粒，并在热加工及热处理后，容易保持未再结晶或部分再结晶的纤维状组织，相应强度较高，应力腐蚀抗力较好。在改善应力腐蚀抗力方面，铬的效果最显著，锰的效果则较弱。添加这类微量元素的缺点是增加了合金对淬火冷却速度的敏感性（尤其是铬），故对于主要用于生产大尺寸半成品的超硬铝，常以锆代替铬以增加淬透性，因锆加速固溶体分解的作用较小。

目前工业上常用超硬铝的成分范围大约是：5%～8%Zn，1.7%～3.6%Mg，0.8%～3.0%Cu，0.1%～0.5%Cr，0.2%～0.8%Mn 及少量 Ti、V 等元素。表 2-45 列出了超硬铝的常用牌号和主要化学成分。

常用超硬铝的主要相组成为 α+$MgZn_2$+T($Mg_3Zn_3Al_2$)+S($CuMgAl_2$)。此外尚有少量含 Fe、Si、Cu、Mn 等元素的杂质相。

超硬铝在人工时效状态下使用，$MgZn_2$ 相是主要强化相，其沉淀顺序为：α→G. P. 区→η′→η($MgZn_2$)→T($Mg_3Zn_3Al_2$)。η′是部分共格的过渡相，六方晶格，a=0.496 nm，c=0.868 nm；η($MgZn_2$)为亚稳定的非共格析出相；T 是高温时效（270℃以上）才出现的平衡相。

超硬铝的淬火温度较宽，过烧敏感性小，在 460～500℃之间淬火，皆可保证合金的性能。为减小板材表面包铝层的污染，一般规定淬火温度为 470±5℃。

超硬铝的性能对淬火冷却速度敏感，因此在淬火转移时间和淬火介质上必须有所规定。生产中一般把转移时间限制在 15s 以内。在较缓慢的冷却速度下，不仅强度下降，同时抗腐蚀性也受损害。通常，临界冷却速度要大于 450℃/s，才能保证强度和抗蚀性。

表 2-45 超硬铝的牌号和成分

合金牌号	化学成分(%)							
	Zn	Mg	Cu	Cr	Mn	Ti	Fe	Si
LC3	6.0～6.7	1.2～1.6	1.8～2.4	—	—	0.02～0.08	0.2	0.2
LC4	5.0～7.0	1.8～2.8	1.4～2.0	0.1～0.25	0.2～0.6	—	0.5	0.5
LC5	7.0～8.0	1.2～2.0	0.30～1.0	—	0.3～0.8	—	0.6	0.4
LC6	7.6～8.6	2.5～3.2	2.2～2.8	0.1～0.25	0.2～0.5	—	0.5	0.3
LC9	5.1～6.1	2.0～3.0	1.2～2.0	0.16～0.30	—	—	0.5	0.5

超硬铝不采用自然时效制度，其原因是 Al-Zn-Mg 系合金 G.P. 区形成速度缓慢，自然时效过程常常延续数月才能达到稳定阶段，而且和人工时效相比，抗应力腐蚀能力较差，故超硬铝只进行人工时效处理。

超硬铝的人工时效制度分单级时效和分级时效两种。以 LC4 合金为例，单级时效规范为 120℃时效 24h，此时沉淀相结构以 G.P. 区为主，并有少量 η' 相，合金处于最大时效硬化状态；分级时效为 120℃3h＋160℃3h，此时强化相以 η' 为主。第一次处理相当于成核处理，第二次提高时效温度，以原 G.P. 区为核心，形成均匀分布的 η' 相，使合金保持较高的抗疲劳性能及抗应力腐蚀能力，见表 2-46。

超硬铝和锻铝类似，也存在停放效应，但程度较轻，一般淬火后应在 4h 之内，或 48h 之后进行人工时效处理，否则性能会有所降低。

超硬铝退火规范为 360～420℃，保温 10～60min，然后以不大于 30℃/s 的速度冷却到 150℃，再空冷。

表 2-46 人工时效规范对 LC4 合金性能的影响

时效规范	拉伸性能			疲劳性能	
	σ_b(MPa)	$\sigma_{0.2}$(MPa)	δ(%)	$0.7\sigma_b$(MPa)	至断裂的循环次数 N
120℃，24h	540	465	14.9	378	1 698
140℃，16h	527	473	12.3	371	2 589
120℃，3h＋160℃，3h	520	465	12.2	363	2 815

在超硬铝中，LC3 属铆钉用铝，强度与 LC4 相同，但塑性较高。为了获得较高的塑性和铆接性能，不仅把铁、硅等杂质含量限制在最低水平，不加锰、铬，而且降低对塑性有不利影响的镁含量，提高锌含量。合金的相组成为 α(Al)、$MgZn_2$、$T(Mg_3Zn_3Al_2)$及 $TiAl_3$。热处理为 470±5℃淬火，10 昼夜之内进行人工时效(100℃，3h＋168℃，3h)。可在淬火时效后任何时间内进行铆接。LC3 的典型性能为：σ_b＝520 MPa，δ＝14%，τ_p＝320 MPa。在铆钉铝材中，LC3 的强度最高。

LC4 合金与苏联 B95 相当，是应用最早和最广泛的一种超硬铝，可生产板、型材和模锻件，用作飞机结构，如翼梁、蒙皮、起落架等。LC4 及其他超硬铝的一个共同缺点是耐热性低，例如在 125℃负载下工作超过 100h，强度降低 10%，在 175℃工作则降低 70%，因此使用温度不得高于 120℃。表 2-47 列出其技术条件规定的性能。

表 2-47　超硬铝技术条件规定的最低性能

合金	状态	半成品类型	规格 (mm)	σ_b (MPa)	$\sigma_{0.2}$ (MPa)	δ (%)	HB (MPa)
LC4	CS	板材	0.5～2.5 >2.5～10.0	480 490	400 410	7 7	— —
		棒材	≤22 23—160 >160	490 530 510	375 400 400	7 6 5	— — —
		型材	≤10.0 10.1—20.0 20.1—40.0	510 530 560	460 460 460	6 6 6	— — —
LC5	CS	棒材	所有尺寸	550	500	10	1400
LC6	CS	棒材	所有尺寸	680	640	7	1900
LC9	CS	板材	0.5～2.5 >2.5～10.0 ≤22	480 490 490	410 420 370	7 7 7	— — —
		棒材	23～160 >160	530 510	400 400	6 5	— —
		型材	≤10.0 >10.0	500 540	440 460	6.0 6.0	— —

LC5 是在 LC4 合金基础上发展起来的超硬铝。由于不含铬，又降低了镁、铜含量，故提高了塑性，适合于锻造螺旋桨叶。

LC6 是含有大量锌、镁、铜的高合金化超硬铝，与前苏联 B96 相当，是强度最高的一种铝合金。LC6 的缺点是热强性低，对应力集中敏感，使用 LC6 时要特别注意工件截面过渡部分的设计，力求平缓过渡，避免引起应力集中。LC6 主要生产锻件和挤压半成品，用于受压应力的构件或应力集中最小，外形平整的零件。LC6 的热处理规范为 466－473℃淬火，95～105℃时效 4～5h，再在 155～160℃时效 8～9h。也可采用 140℃时效 6h。

LC9 合金与美国 7075 合金相当，它在人工时效状态的强度最高，可生产各种尺寸的板材、棒材、型材，厚壁管材及锻件。该合金的化学成分比 LC4 合金合理，综合性能较好，是飞机主要受力构件设计的优选材料。LC9 的热处理为 460～475℃淬火，板材在 135℃时效 8～16h，其他则在 140℃时效 16h。在人工时效状态，该合金具有满意的断裂韧性。采用 C_gS_1 的过时效处理(板材在 110℃时效 6～8h 后，在 165℃再时效 24～30h，挤压件在 110℃时效 6～8h 后，再在 177℃时效 6～8h；锻件在 110℃时效 6～8h 后，再在 177℃时效 8～10h)，其强度及屈服强度均较单级时数(CS)状态低，但具有优异的耐应力腐蚀性能和较高的断裂韧性。近年来研究出的 C_gS_3 时效制度，可使 LC9 合金同时具有高的强度和高的耐应力腐蚀性能。经 C_gS_3 时效处理后，可使 LC9 的强度接近单级时效 CS 状态，并满足其性能指标的要求，而耐应力腐蚀性能则明显优于 LC4CS，裂纹扩展速度 da/dn 比 LC4CS 慢。LC9 合金的热强性低，一般长期使用温度不超过 125℃。该合金适合制造飞机的各种重要用途的受力构件，已在歼击机用作机翼前梁和对接框支架等处。

超硬铝因其抗蚀性低，同硬铝一样，需用包铝保护。但超硬铝的电位比纯铝低，所以常用电位比纯铝更低的 Al－1%Zn 合金作包铝层。包铝的超硬铝板材抗蚀性与纯铝相似。不包铝的挤压件和锻件可采用阳极氧化处理来保护。

如前所述，为了提高合金的再结晶温度，超硬铝中含有微量的铬、锰、锆等元素，但这些元素的加入增加了合金对淬火速度的敏感性(尤其是铬)。对一些大尺寸的半成品，如厚板和大型锻件，即使用高速淬火，也难以淬透，还易造成零件淬火变形。近年来，有采用 0.08%～0.25% 锆代替铬或锰作为再结晶抑制剂，或采用锆和少量铬、锰等元素相结合的办法，来降低淬火敏感性。这样可使用较慢的淬火速度，从而降低了淬火应力，如美国的 7050 和英国的 7010 合金，成分见表 2－48。

合金中的杂质如铁、硅能影响合金的强度、抗蚀性及断裂韧性，因为铁、硅与合金中的铜、锰形成有利于裂纹扩展的金属间化合物 Cu_2FeAl_7、$(FeMn)_3Cu_2Al_{12}$、$(FeMn)Al_6$ 和 (FeMn)Al。近年来，美国将合金中杂质含量作了严格限制，制成超纯的超硬铝，如 7475 合金(成分见表 2－48)，使合金的塑性和断裂韧性大大提高(性能见表 2－49)。图 2－61 还示出新老超硬铝断裂韧性的比较。

表 2－48　一些超纯超硬铝的化学成分

合金	化学成分(%)							
	Cu	Mg	Zn	Mn	Cr	Zr	Fe	Si
7050	2.0～2.6	1.9～2.6	5.7～6.7	0.10	0.04	0.08～0.15	0.15	0.12
7010	1.5～2.0	2.2～2.7	5.7～6.7	0.30	0.05	0.11～0.17	0.15	0.10
7475	1.2～1.9	1.9～2.6	5.2～6.2	0.06	0.18～0.25		0.12	0.10
7175	1.2～2.0	2.1～2.9	5.1～6.1	0.10	0.18～0.28		0.20	0.15
7075	1.2～2.0	2.1～2.9	5.1～6.1	0.30	0.18～0.28	0.25	0.50	0.40

表 2－49　一些超纯超硬铝的性能

合金	状态	σ_b(MPa)	$\sigma_{0.2}$ (MPa)	K_{IC} (MPa·$\sqrt{m}$)	
				纵向	横向
7050	T736	550	510	33～39	21～29
7175	T736	540	470	33～38	21～29
7075	T6	570	500	26～29	17～22
7475	T761	520	460		
7475	T7651			47.3	38.5

注：T73，T76——固溶处理后分级时效　　T6——固溶处理人工时效

七、铝锂合金

锂的密度为 0.534×10^3 kg/m³，是自然界中最轻的金属元素。在铝中加入锂可以提高合金

的弹性模量，降低密度。加入1%锂，可使密度下降3%，弹性模量则增加6%。若强度相当，铝锂合金的密度比常用铝合金的密度约低10%，而弹性模量却约高10%。如果综合考虑这些效果，对飞机的设计进行适当的修改，可使飞机的重量减轻15%～20%，这对提高飞机性能和降低油耗，具有重大经济意义。

铝锂合金的抗蚀性良好。将Al－2.85%Li合金挤压件试样进行168h含5%NaCl水溶液的盐雾试验，没有发现剥蚀或晶间腐蚀现象。

铝锂合金具有高强度、高弹性模量、低密度，抗蚀性好等优点，是一种理想的航空航天结构材料。

铝锂合金属于热处理可强化合金。从铝-锂二元相图可见（见图2－62），其共晶温度较高（602℃），且锂在铝中的溶解度随温度有较大的变化，602℃时锂在铝中的溶解度为4.2%，227℃时已降为1.1%。淬火所得的过饱和固溶体时效时可析出与基体共格的有序亚稳相δ′（Al_3Li），见图2－63。该相可独立形成，不受合金中其它沉淀序列的影响。如在Al－Cu－Li系

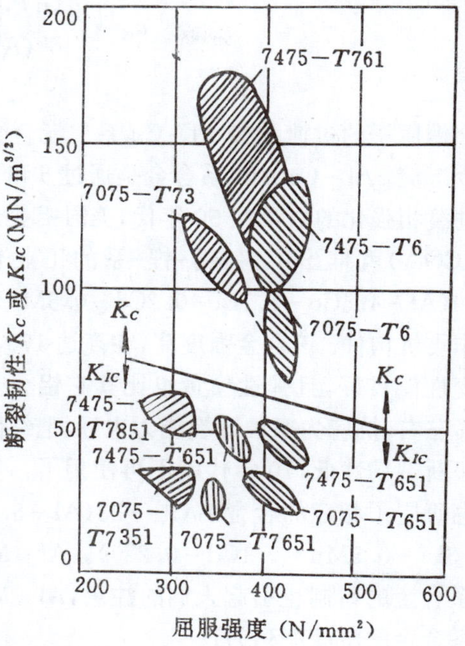

图2－61　Al－Zn－Mg－Cu系合金断裂韧性的比较

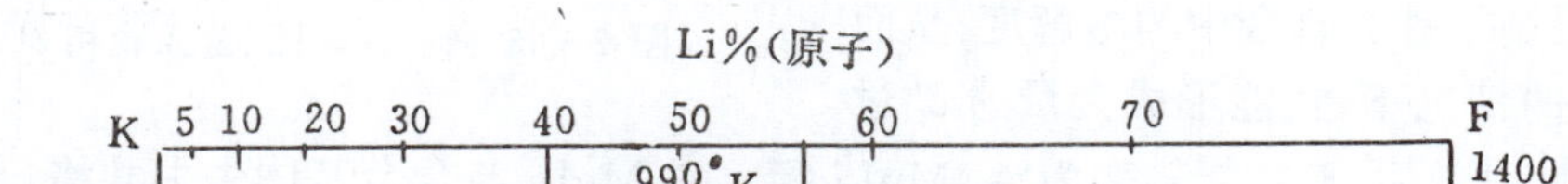

图2－62　铝-锂相图

合金中，其沉淀序列为：

$$\alpha_{过} \rightarrow \begin{cases} G.P. \rightarrow \theta'' \rightarrow \theta' \rightarrow \theta(CuAl_2) \\ \delta'(Al_3Li) \rightarrow \delta(AlLi) \end{cases}$$

即含铜原子的过渡相按 Al－Cu 系二元合金沉淀，而含有锂原子的过渡相则按 Al－Li 系二元合金沉淀。Al－Cu－Li 系合金是通过 θ 和 δ 相的过渡相强化的。早在 50 年代，美国铝业公司(AlCOA)就推出了铝-铜-锂-系的工业合金 2020(Al－4.5Cu－1.1Li－0.2Cd－0.5Mn)，并用作飞机构件。该合金强度高，在高达 175℃时蠕变性能良好，且弹性模量也比其它铝合金高 10%左右，抗应力腐蚀开裂能力也好，但终因塑性和断裂韧性低，70 年代就不再使用了。原苏联也研制了相应的合金 ВАД－23(Al－5.4Cu－1.3Li－0.5Mn－0.1Cd－0.2Ti)。Al－Mg－Li 系合金的研制也引起人们的注意，Al－Mg－Li 系合金的沉淀序列为：

$$\alpha_{过} \rightarrow \delta'(Al_3Li) \rightarrow Al_2MgLi$$

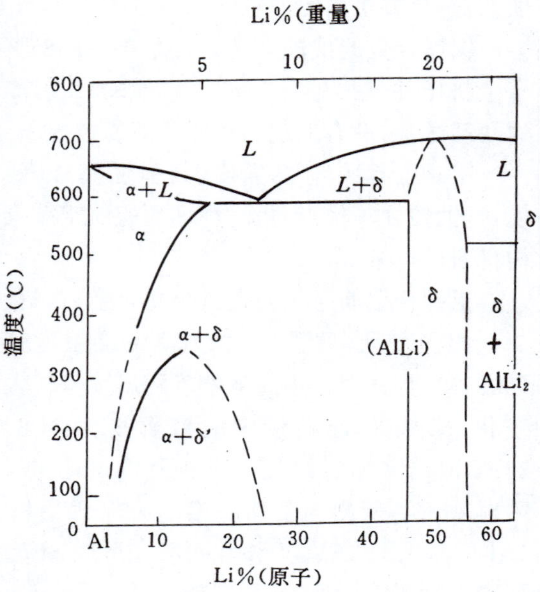

图 2－63　铝-锂相图(含亚稳相 δ′)

起强化作用的是 δ′ 过渡相。这种强化作用与镁存在与否无关。镁对合金的有利作用是固溶强化。另外，镁限制了锂在合金中的溶解度，从而在锂含量较少的情况下，也能形成大量的 δ′ 过渡相。经过长期时效后，δ′ 才能转变为 Al_2MgLi 相。Al_2MgLi 与合金基体失去共格，其强化作用远低于 δ′(Al_3Li)相。1965 年苏联研制的 01420 合金(Al－5Mg－2Li－0.1Zr)，强度可达 480MPa，延伸率为 8%，弹性模量比其它铝合金高 10%左右，而比刚度可提高 20%～25%。01420 合金的室温比强度超过 LY12，而耐蚀性则与 LF6 相接近。美、英、法在 80 年代初，研制了一系列新型 Al－Li 合金，如 8090、8091、2090、2091 等合金，其成分见表 2－50。在合金中同时加入铜、镁等，可产生新的强化相 S′($CuMgAl_2$)相，使合金的强度得以提高，并有抑制平面滑移，提高韧性的作用。少量的锆(约 0.12%)在合金中形成弥散的 $ZrAl_3$ 质点，使合金的再结晶温度提高，促进固溶处理后非再结晶组织的获得，并能促进 δ′ 的析出，减少无沉淀带的影响，提高合金的强度和塑性。这些合金除比重轻，弹性模量高外，机械性能已达到或接近硬铝及超硬铝水平，见表 2－51。

随着铝锂合金生产中的熔炼及加工工艺问题的逐步解决，铝锂系合金已进入初步试用阶段，不久将正式进入使用阶段。但合金的厚板及锻件的短横向性能，以及板材与轧向呈 45°、60°方向的性能，尚需大力改善。

试验表明，在某些铝锂合金中加入微量稀土元素，可使其塑性、断裂韧性及疲劳极限等性能得到显著改善。

表 2-50 几种铝锂合金的名义成分

合　金	化学成分,(%)			
	Li	Cu	Mg	Zr
8090	2.5	1.3	0.7	0.12
8091	2.6	1.9	0.7	0.12
2090	2.2	2.7		0.12
2091	2.0	2.2	1.5	0.12

表 2-51 2091、8090 合金与 2024 合金典型性能比较

	2091-T851	8090-T851	2024-T351
密度,kg/m^3	2.57×10^3	2.53×10^3	2.78×10^3
弹性模量,GPa	78	81	73
$\sigma_{0.2}$,MPa(L)	465-505	460-535	400
σ_b,MPa(L)	520-580	520-580	530
δ,%(L)	7～11	5～9	13
kq,MPa $\sqrt{m}$ ($L-T$)	35-43	30～40	39
($T-L$)	24-31	20-30	36
品间腐蚀　μm	150～250	100～120	100～150
应力腐蚀,MPa(LT)		380	

八、快速凝固及粉末冶金

近年来,由于制粉工艺、热压技术和烧结工艺取得了显著进展,各类合金粉末冶金产品在航空工业上得到越来越广泛的应用。此类合金产品不存在铸造缺陷,而且能得到均匀分布、细而致密的显微组织,使合金的强度、韧性和抗蚀性都得到改善。如 7075 合金粉末冶金法生产的产品在 3.5%NaCl 溶液中浸渍 84 天后,与普通冶金法生产的 7075 合金相比,不论在抗蚀性能或强度方面,都比普通冶金产品优越,见表 2-52。

表 2-52 P/M7075 与 I/M7075 经腐蚀后性能的比较

生产方法	σ_b,MPa	$\sigma_{0.2}$,MPa
粉末冶金(P/M)法	608	569
普通冶金(I/M)法	510	432

粉末冶金工艺一般包括以下几个主要工序:

(1) 熔制合金,并利用雾化方法制得 15 μm 粗细的粉末颗粒;

(2) 冷压结,使密度达到 80%的理论值;

(3) 在真空或流动的氩气中预热，温度约为538℃，预热的目的之一是除气；

(4) 热压；

(5) 挤压成锻棒；

(6) 锻造；

(7) 热处理(淬火及时效)。

喷雾制粉可使液态熔体得到很高的冷却速度，用普通铸锭法和半连续铸锭法生产，其冷却速度一般不超过 10^2℃/s，所获得的组织较粗大，且偏析严重。采用喷雾制粉法使金属快速凝固，可使其冷却速度提高到 10^3～10^4℃/s 或 10^5～10^6℃/s，可得到性能新颖的材料。

液体金属通过快速凝固可使下列性能得到改变：

(1) 当冷却速度超过一定值时，可使合金的最大固溶度大大提高，因而，可以得到过饱和程度很大的固溶体。表 2-53 中列出了一些合金元素在铝中所能达到的最大强制固溶度。

表 2-53　合金元素在铝中的平衡极限固溶度和最大强制固溶度(%)

元　素	温　度	平衡时极限固溶度	最大强制固溶度
Cu	548	5.65	34.0
Mg	449	14.9	37.5
Si	577	1.65	16.5
Fe	655	0.052	9.7
Cr	660	0.77	11.0
Mn	650	1.82	16.8
Ti	665	1.0	3.5
Zr	660	0.28	4.9

所获得的过饱和固溶体使合金强度大大提高，这是因为：① 形成了过饱和度很大的固溶体；② 组织中存在着弥散的一次金属间化合物；③过饱和固溶体在加热和变形过程中发生分解，组织中出现了弥散的金属间化合物的析出物。

(2) 在正常凝固时，由于固液两相浓度不相同，使晶粒各部位成分不相同，造成偏析。当凝固速度超过某一速度后，可使合金的成分均匀，偏析减少(甚至无偏析)，从而使合金的抗蚀性能，机械性能大大提高。

(3) 普通铸造法所得合金，其晶粒尺寸大小位于 1～50 μm 之间，进行快速凝固则可得到小于 1μm 的细晶粒。晶粒细化使材料的强度及韧性都得到提高。

又如改变 7075 合金中 Zn 含量及添加过渡族元素 Co、Zr 或 Ni(如表 2-54 所示)，并通过快速凝固，可使合金沉淀出很薄的金属间化合物，从而获得优越的机械性能(见表 2-55)。

通过快速凝固制取粉末，采用热等静压、等温锻造等新加工工艺，还可获得净形或近形的零件，从而提高材料利用率。

由于快速凝固可使一些过渡族元素在铝中的固溶度大大增加，并可获得晶粒细、成分均匀的过饱和固溶体并在随后的沉淀处理中，可得到所需的组织和性能，从而具有很好的强度及耐热性，表 2-56 列出几种快速凝固的 Al-Fe-Ce 合金不同温度下的机械性能。图 2-64 示出快速凝固的 Al-Fe-Ce 合金、Ti-6Al-4V 及 LD7 合金的比强度与温度之间的关系曲线。在 200～250℃下 Al-Fe-Ce 合金的比强度远高于 LD7 而略低于 Ti-6Al-4V 合金。

表 2-54 几种合金的成分

合金	Zn	Mg	Cu	Co	Zr	Ni
CW67	9	2.5	1.5		0.14	0.1
PM64	7.4	2.4	2.1	0.3		0.2
7075	5.6	2.5	1.6			

表 2-55 几种合金的机械性能

合金	试件取向	$\sigma_{0.2}$ (MPa)	σ_b (MPa)	δ (%)	Kc (MPa $\sqrt{m}$)	密度 (g/cm³)	E (GPa)
CW67	L LT ST	579 528 499	614 570 560	12 10 9	47 26 24	2.88	
PM64		540	585	10	34		
7075	L LT ST	456 447 441	530 520 510	13 12 8	34 28	2.796	71.7

表 2-56 几种 Al-Fe-Ce 合金在不同温度下的机械性能

合金	温度 (℃)	$\sigma_{0.2}$ (MPa)	σ_b (MPa)	δ (%)	K_c (MPa $\sqrt{m}$)
Al-7.1Fe-6.1Ce	25 149 232 316	387 362 332 212	493 425 367 237	11.7 6.0 4.7 10.4	12.2
Al-8.1Fe-6.8Ce	25 149 232 316	440 364 297 211	525 433 351 246	9.0 4.0 6.0 9.0	6.2
Al-9.8Fe-7.8Ce	25 149 232 316	490 492 410 255	613 525 450 295	5.0 2.6 2.6 5.3	

九、铝合金的断裂韧性

影响铝合金断裂韧性的内在和外在因素示意地图解为"韧性树"，如图 2－65 所示。外在因素包括氧化物（Al_2O_3 等）夹杂及由于合金熔铸时融液吸氢引起的针孔等，是合金熔炼铸造工艺不当引起的。因此，改善和严格熔炼铸造工艺制度，对于提高合金的断裂韧性有重要意义。

影响铝合金断裂韧性的内在因素包括合金的成分（特别是杂质铁、硅的含量），难溶硬相质点、晶粒组织及沉淀相四个部分，现分述如下：

1. 合金成分　合金中可溶性组元溶于合金基体中，对断裂韧性一般无害。对断裂韧性有危害的主要是难熔及微溶性组元，特别是杂质元素 Fe 和 Si 危害最大。它们在铝合金中形成粗大含 Fe、Si 的脆性杂质相，对断裂韧性十分有害。合金的主要组元，有时由于浓度大，形成粗大的过剩相质点，也成为裂纹源（见图 2－66），降低合金的韧性。

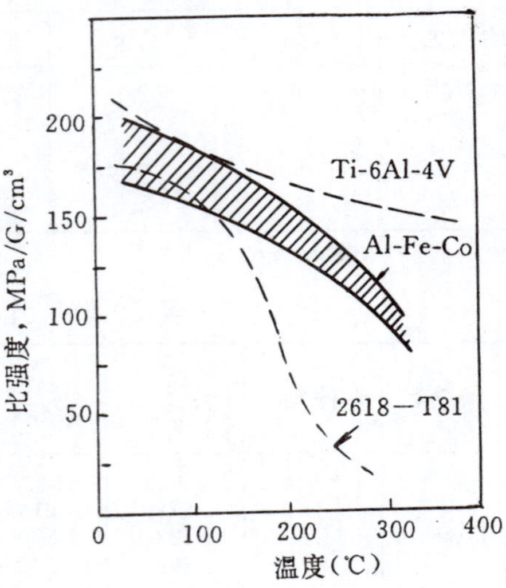

图 2－64　快速凝固 Al－Fe－Ce 合金与 Ti－6Al－4V 及 LD7 合金在不同温度下比强度的变化

表 2－57 表示夹杂相对硬铝 K_{1c}的影响。表 2－58 为部分硬铝及超硬铝的 K_{1c}与合金纯度的关系。由表可见，合金的纯度提高及夹杂相减少能大幅度提高合金的断裂韧性。

表 2－57　夹杂相的数量对硬铝 K_{1c}的影响

合　金	夹杂相体积（%）	K_{1c}（MPa $\sqrt{m}$）		
		$L-T$	$T-L$	$S-L$
2024	2.5	24.2	22.0	18.7
2124	1.0	30.8	26.4	25.3
2048	≥0.5	38.6	31.2	27.4

表 2－58　某些硬铝和超硬铝 K_{1c}与合金纯度的关系

合金牌号	杂质（%）		状　态	σ_b (MPa)	$\sigma_{0.2}$ (MPa)	δ (%)	K_{1c} (MPa $\sqrt{m}$)
	Fe	Si					
2024	0.5	0.5	T851	450	393	5	25.3
2124	0.3	0.2	T851	460	393	5	29.4
x2048	0.2	0.5	T8	460	386		38.6
7075	0.5	0.4	T651	572	503	11	28.6～29.7
7475	0.12	0.10	T651	683	600	10	42.9

注：各合金成分见表 2－36 及表 2－48。

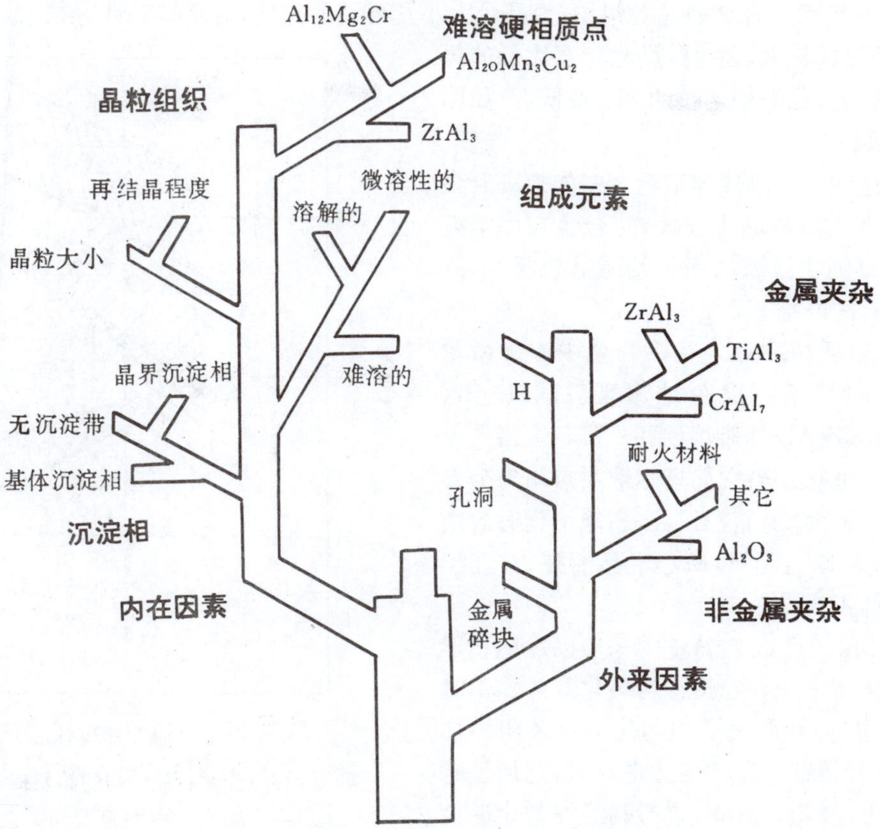

图 2-65 影响铝合金断裂韧性的因素

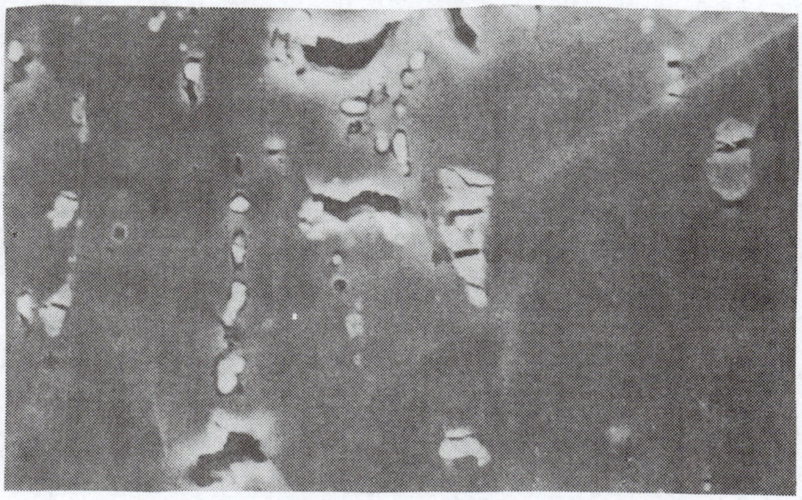

图 2-66 硬铝 LY12 厚板拉伸断口附近的金相磨片扫描电镜照片，显示裂纹优先在过剩的 θ 相上形成 ×700

表 2-58 中的 x2048 合金，是在 2124 合金基础上，提高了纯度，并将铜含量由 4.4%降低至 3.3%，以避免出现过剩的强化相而发展成功的，其 K_{Ic} 提高了 31%，强度并不降低。

2. 晶粒组织　合金的晶粒组织，为晶粒大小及再结晶程度，对断裂韧性有很大影响。未再结晶的纤维组织，K_{1c}最高，晶粒长宽比低的再结晶组织次之，粗等轴晶粒的 K_{1c}最低， 如图 2-67 所示。

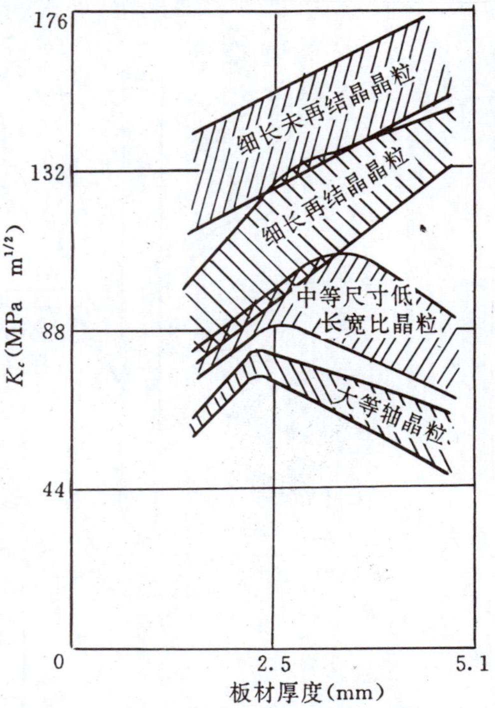

图 2-67　各种晶粒结构的超硬铝合金 K_c 值与板材厚度的关系

微量锰、铬、锆添加到铝合金中能提高合金再结晶温度及阻碍晶粒长大，使合金在固溶处理后能获得细小拉长的未再结晶晶粒组织，从而改善合金的断裂韧性。

3. 难熔硬相质点　在铝合金中添加微量 Mn、Cr、Zr 后，不可避免地出现 $Al_{12}Mg_2Cr$、$Al_{20}Mn_3Cu_2$、$ZrAl_3$ 等难溶硬相质点。这些质点应尽量使其细化。当它们呈弥散质点均匀分布时，不仅阻碍合金的晶粒长大，还能细化时效组织，促使合金均匀变形，减小沿晶断裂，有利于断裂韧性的提高。

微量 Mn、Cr、Zr 在铸锭中一般以过饱和形式固溶于基体之中。在铸锭均匀化及热加工时弥散析出，其尺寸取决于均匀化退火及压力加工制度，进行铸锭低温均匀化退火时，它们呈弥散质点析出，并均匀分布，进行高温均匀化退火时则聚集粗化，对提高韧性不利。

4. 沉淀相　沉淀相的尺寸和分布对断裂韧性有重要影响。一般以获得均匀弥散的共格和半共格沉淀相，对断裂韧性有利。晶界无沉淀带及粗大的非共格沉淀，特别是粗大的晶界沉淀相对断裂韧性十分不利，因为它们可能成为裂纹源。为此，铝合金进行热处理时，淬火加热温度应尽可能高，保温时间应充分，以使强化相最大限度地固溶于基体之中；淬火速度要快，以避免在晶界析出第二相。Al-Cu-Mg 系合金，在自然时效状态断裂韧性较高，除非着重要求抗蚀性，否则不宜采用过时效处理。Al-Zn-Mg-Cu 系合金采用分级时效工艺时抗断裂及抗腐蚀的综合性能较好。过时效一般降低断裂韧性，如图 2-68 所示。

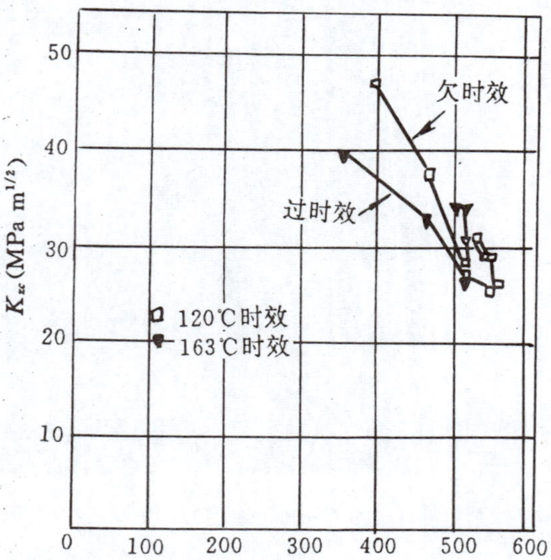

图 2-68　人工时效对 7075 合金断裂韧性及屈服强度的影响

综上所述，改善铝合金断裂韧性的主要措施，是提高合金的纯度，严格限制铁、硅杂质含量和净化晶界；添加微量锰、铬或锆，以提高合金的再结晶温度，从而获得未再结晶组织，适当降低合金组元浓度以减少合金中过剩的强化相数量；改进热处理制度以细化难溶硬相质点和获得弥散均匀分布的时效沉淀相，减小晶界无沉淀带及晶界沉淀相。当然改进和严格控制合金的熔炼铸锭工艺，减少金属氧化夹杂及其它非金属夹杂也具有十分重要的作用。

在铝合金中添加微量钪(Sc)能显著提高合金的强度、断裂韧性、耐热性、耐蚀性及可焊性，是一个新的发展方向。

复习思考题

1. 铝合金的主要合金化原则是什么：在高强及耐热铝合金的发展中，这些原则是如何运用的。

2. 淬火获得的过饱和固溶体具有什么性质？它们对时效过程有何影响？

3. 阐述铝-铜合金过饱和固溶体的沉淀过程及影响因素。

4. 铸造铝合金的变质处理机制是什么？常用变质剂有哪些，并说明其优缺点。

5. 试比较铝-硅和铝-铜系列铸造铝合金在机械性能和铸造工艺性方面的特点，并说明其原因。

6. 硬铝合金中的Cu:Mg比值对合金相组成及性能有何影响，为什么？

7. 如何通过合金化及热处理来改善超硬铝的韧性与应力腐蚀抗力。

8. 试说明铝合金的热处理工艺特点及注意事项。

9. 试说明铝合金过烧的形成原因及其对合金性能的影响。

10. 铝合金断裂韧性受哪些因素影响？为什么？

本章主要参考文献

[1] Mondolfo L. F., Aluminum Alloys: Structure and Properties, Butterworths, London. 1976.

[2] Polmear 1. J., Light Alloys, Edward Arnold Ltd. 1981.

[3] Альтман, М. б, и др., Применение Алюминиевых Сплавов. Справочное Руководство, Металлургия, 1973.

[4] Giarda A, Aluminum Alloys in the Aircraft lndustry. Symposium. Technicopy Limited. England. 1978. p57.

[5] Park. J. K., Metall. Trans. vol. 154(1984) Nop8. p1531.

[6] 林肇琦，《有色金属材料学》，东北工学院出版社，1986。

[7] 北京航空材料研究所编，《航空材料学》，上海科技出版社，1985。

[8] Chen. C. Q, Aluminum Alloy'90, lnter. Academic Publishe, 1990.

[9] 张宝昌，铝-锂合金物理冶金的进展，《机械工程材料》，1989，No2。

第三章 镁及镁合金

镁合金是航空工业中应用较多的一种轻有色金属，其比重(约1.7 g/cm³)比铝还小，比强度和比刚度较高，减震能力好，能承受较大的冲击振动负荷。此外，镁合金具有优良的切削加工和抛光性能，易于进行铸造和热加工，可生产各类铸件、锻件以代替铝合金使用。

镁合金的主要缺点是在潮湿大气中抗蚀性差，缺口敏感性较大。

在航空工业中，镁合金可用于制作各种框架、壁板、起落架的轮毂、发动机的机匣、机架、仪表电机壳体和操纵系统中的支架等零件。

镁合金在宇航工业、光学仪器、无线电技术、采矿工具、纺织机械和运输部门中也获得应用，其主要优点是能减轻设备装置的重量。

纯镁，还能作为一种化学活性材料，在化学、冶金及军事等工业中得到广泛应用。

§3-1 镁合金的基本特性

镁具有密排六方结构，在25℃，$a=0.3202$ nm，$c=0.5199$ nm，$c/a=1.6235$及配位数等于12时，原子半径为0.162 nm，原子体积为13.99 cm³/克原子。

镁的主要物理性能数据见表3-1，其特点是比重小，比热和膨胀系数较大(超过铁的一倍，也高于铝)，而弹性模量在常用航空金属中则是最低的。

表 3-1 镁的主要物理性能数据

比重 (g/cm³)	熔点 (℃)	膨胀系数 (10^{-6}/℃)	导热系数 (W/(m·℃))	比热 (J/kg·℃)	弹性模量 (GPa)
1.74	651	26.1	145	101.7	44.6

由于镁属六方晶体结构，主滑移面为基面，滑移系少。虽然镁单晶在取向有利时，伸长率可达100%，但对多晶镁，室温和低温塑性仍较低，容易脆断。温度提高到150～225℃时，则棱柱面$(10\bar{1}0)$和棱锥面$(10\bar{1}1)$也参与滑移，因而高温塑性较好，可进行各种形式的热变形加工。镁除以滑移方式进行塑性变形外，孪晶也起重要作用，主要孪晶面是$\{10\bar{1}2\}$和$\{10\bar{1}3\}$。

镁及镁合金机械性能的另一特点是屈服强度较低，压力加工制品的性能具有比较明显的方向性。表3-2为铸镁和变形镁的典型机械性能数据。

表 3-2 工业纯镁的机械性能

加工状态	σ_b(MPa)	σ_s(MPa)	δ(%)	ψ(%)	HB(MPa)
铸态	115	25	8	9	300
变形状态	200	90	11.5	12.5	360

镁的化学活性很强，电动序在常用金属中占最低一位，所以镁的抗蚀性很差。镁在空气中也能形成有保护性的氧化膜，但这种膜很脆，不致密，远不如铝合金氧化膜坚实，故防护性很差。镁在潮湿大气、淡水、海水及绝大多数酸、盐溶液中易受腐蚀，因此在镁合金的生产、加工、贮存和使用期间，应采取适当防护措施，如表面氧化处理或涂漆等。镁合金在与其他金属接触时，会发生接触腐蚀。为此，在和铝合金(Al-Mg 合金除外)、钢、铜合金及镍基合金组装时，接触面上应垫以浸油或浸石腊的硬化纸。

镁合金在氢氟酸、铬酸、碱和矿物油(如汽油、煤油等)中比较稳定，可用作输油管道。

镁中主要杂质是镍、铁、铜、硅、锡。其中镍、铜、铁，特别是镍的危害性最大，急剧降低镁的抗蚀性。镍的熔点和比重远超过镁，但它与铁、钴、铬等金属不同，很容易在液态镁中溶解。因此，规定熔炼镁合金坩埚必须用含镍量很低的钢材制造，以防污染。

铁对镁的抗蚀性也有不利影响，含铁量从0.003%增加到0.026%时，抗蚀性下降为原来的1/5，但铁在镁中溶解度很低，因此熔镁坩埚和其它用具可用钢材制作。

§3-2 镁的合金化及其热处理原理

一、主要合金元素及其作用

按合金元素与镁的作用性质，镁的二元相图可分为三类：

(1) 在液态及固态只能有限互溶的合金系，如镁与碱金属钠、钾、铷、铯及高熔点过渡族元素钒、铌、铀等组成的二元系属于这种情况。

(2) 在液态及固态均可完全互溶的合金系，如 Mg-Cd。

(3) 在固态有限溶解并具有共晶或包晶转变的二元系。绝大多数元素属于这种情况，也是工业镁合金的主要合金系。

镁的合金化原则与铝合金十分相近，它们都是利用固溶强化和时效处理所造成的沉淀硬化来提高合金的常温和高温性能。因此，所选择的合金元素在镁基体中应有较高的固溶度，且固溶度随温度有较明显的变化，并在时效过程中能形成强化效果显著的第二相。此外，也要考虑合金元素对抗蚀性和工艺性的影响。

根据上述原则，目前实际应用的镁合金，无论是铸造合金或是变形合金，都集中在以下几个合金系：

Mg-Al-Zn 系，如 MB2，MB3，ZM5

Mg-Zn-Zr 系，如 ZM1，MB15

Mg-RE-Zr 系，或 Mg-RE-Mn 系，如 ZM3，MB8

这里，Mg-Al-Zn 和 Mg-Zn-Zr 系是发展高强镁合金的基础，其中铝、锌是主要合金元素，它们与镁均构成共晶系相图(见图3-1和图3-2)。Mg-Al 系共晶温度为437℃，$L \rightarrow \delta(Mg)+\gamma$，共晶成分为32.3%Al，$\gamma$ 相为 $Mg_{17}Al_{12}$，具有与 α-Mn 相同的立方晶体结构，$a=1.0469 \sim 1.0591$ nm。铝在镁中的溶解度在437℃时为12.6%，并随温度下降而迅速减小，室温下约为1.5%。经固溶时效处理后，γ 相弥散析出，有一定的强化作用。

Mg-Zn 二元相图较复杂，其中某些转变至今尚未完全确定。从图3-2可以看出，富镁端于343℃进行共晶转变：$L \rightarrow \alpha + Mg_7Zn_3$，330℃时，发生共析转变：$Mg_7Zn_3 \rightarrow \alpha + MgZn$。MgZn 化合

物具有六方结构，$a=0.533$ nm，$c=1.716$ nm，熔点为349℃。在共晶温度下，锌在镁中的溶解度为8.4%，室温下则小于1.0%。在 Mg－Zn 系中强化相为 MgZn，它对合金性能的影响与 $Mg_{17}Al_{12}$时 Mg－Al 系的影响相似，但 MgZn 在 Mg－Zn 系中强化效果更大一些。

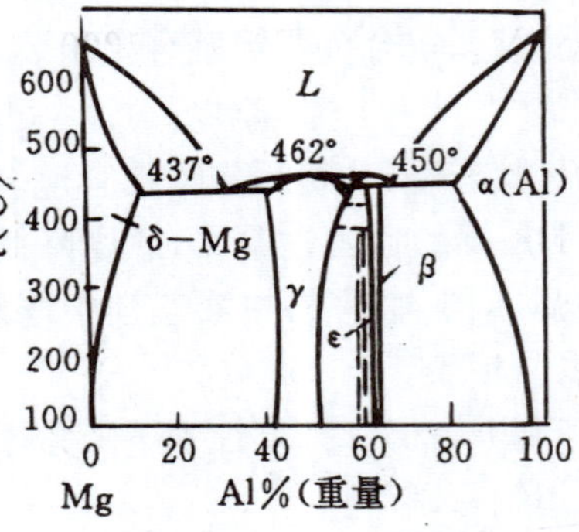

图 3-1　镁-铝相图

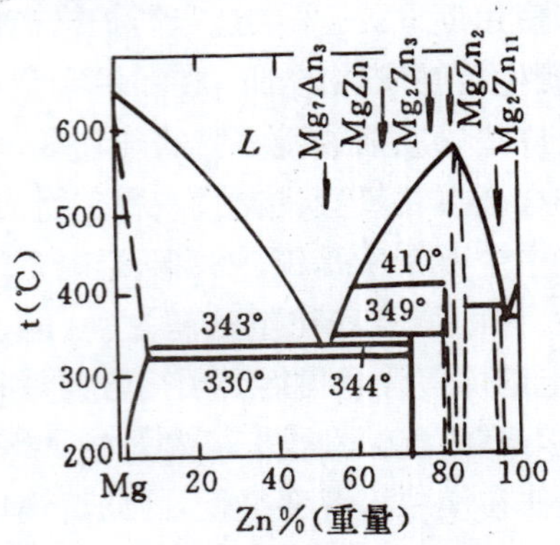

图 3-2　镁-锌相图

锆在镁合金中为辅助元素。Mg－Zr 组成包晶系，包晶温度为654℃，反应为 L→α(Zr)→α（见图3-3）。锆在镁中的溶解度在654℃时为3.6%，300℃时降到0.3%。锆在合金中的主要作用是细化晶粒。熔融镁合金在冷凝过程中，首先结晶出 α－Zr，它与镁具有相同的晶体结构，能起非自发晶核作用，使合金组织明显细化。同时，锆在镁中还有相当的固溶强化效果，故可全面改善合金的强度和塑性，工业镁合金中大多数含有一定量的锆。

锆的另一重要作用是对合金的净化作用。镁中的杂质铁在熔炼过程中与锆化合成 Zr_2Fe_3 及 $ZrFe_2$，因比重较大而沉积在坩埚底部，这样就提高了合金的纯度，改善了机械性能及抗蚀性。

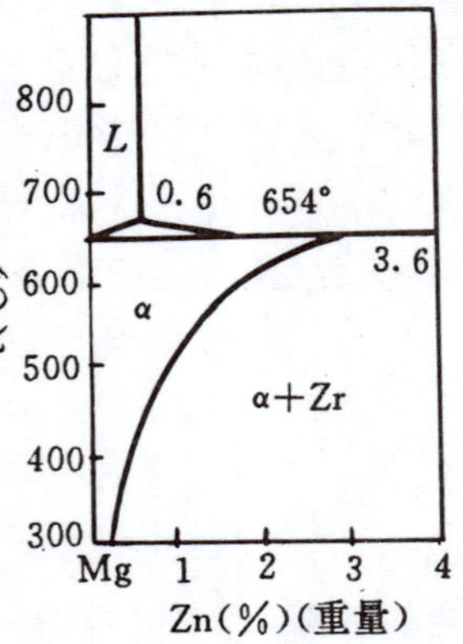

图 3-3　镁-锆相图

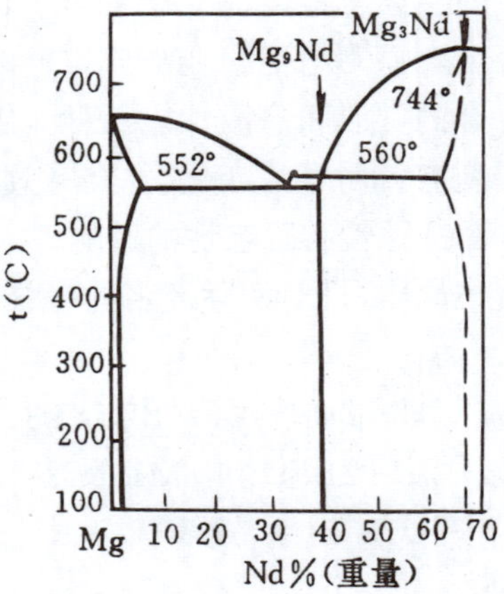

图 3-4　镁-钕相图

Mg－RE－Zr 和 Mg－RE－Mn 属于耐热镁合金，可在150～250℃范围内工作，而上述高强镁合金通常使用温度不高于150℃。

稀土元素(RE)在镁合金中常用的有钕(Nd)、铈(Ce)、镧(La)及其混合稀土(MM)。它们与镁构成类似的共晶系和相近的相组成。以 Mg－Nd 为例(见图3-4)，在近镁端552℃进行共晶转变：L→α＋Mg_9Nd。Mg_9Nd 具有极复杂的晶体结构。钕在镁中溶解度随温度而变化，540℃时为3.2%，室温下为0.08%。

含稀土族元素的镁合金之所以具有较好的耐热性是因为 Mg－RE 系中 α 固溶体及化合物相的热稳定性较高。Mg－RE 系的共晶温度比 Mg－Al 及 Mg－Zn 系高得多。在200～300℃的使用温度下，原子扩散速度较低，镁中加入三价稀土元素被认为可提高其电子浓度，增强原子结合力。另外，Mg_9Nd 相本身的热稳定性超过 Mg_7Al_{12}及 MgZn；Mg－RE 系在200～300℃固溶度变化较小，时效相析出比较均匀，相界面附近浓度梯度较低。这些因素都有助于阻止高温下晶界迁移和减小扩散蠕变。

稀土元素除可改善合金的耐热性外，对降低合金氧化速率也有帮助。同时，Mg－RE 系合金还有良好的铸造工艺性和热变形能力，加之我国稀土元素资源丰富，因此在工业应用中很有发展前途。

在稀土金属中，钕的综合作用最佳，可保证在高温及常温下同时获得强化；铈或铈混合稀土，对改善耐热性效果较好，但常温强化效果低；镧的作用则在这两方面均不如钕和铈。

Mg－RE－Zr 系中，Zr 的主要作用仍为细化晶粒，这样可减少铸造合金的壁厚效应(即铸件壁厚对其性能的影响)，使铸件机械性能接近单根铸造试样的性能。另外，如前所述，锆在镁合金熔炼过程中对杂质有净化作用，故可改善合金的抗蚀性。

Mg－RE－Mn 系中的锰，有一定的固溶强化效果，同时降低合金的原子扩散能力，提高耐热性，并有增加合金抗蚀性的作用。

二、镁合金的固态相变特点

和铝合金相同，镁合金的基本固态相变形或是过饱和固溶体的分解，它也是时效硬化的理论根据。由于其基本规律在铝合金一章中已有详细阐述，此处不再重复。下面仅就某些主要镁合金系各自的相变特点，作扼要补充说明。

1. Mg－Al 系　Mg－Al 系合金在共晶温度以下，平衡组织应为 δ 固溶体＋$Mg_{17}Al_{12}$化合物。由于铝在镁中的固溶度随温度下降有明显变化，从437℃的12.6%降到室温下的约1%，故利用淬火处理可获得过饱和 δ 固溶体。大量试验证明，在随后的时效过程中，过饱和 δ 固溶体不经过任何中间阶段直接析出非共格的平衡相 $Mg_{17}Al_{12}$，不存在预沉淀或过渡相阶段。但 $Mg_{17}Al_{12}$相在形成方式上有两种类型，即连续析出和非连续析出。在一般情况下，这两种析出方式是共存的，但通常以非连续析出为先导，然后再进行连续析出。这表明前者在能量上处于有利地位，易于形成。

非连续析出大多从晶界或位错处开始，$Mg_{17}Al_{12}$相以片状形式按一定取向往晶内生长，附近的 δ 固溶体同时达到平衡浓度。由于整个反应区呈片层状结构，故有时也称为珠光体型沉淀(图3-5)。反应区和未反应区有明显的分界面，后者的成分未发生变化，仍保持原有的过饱和程度。因此，在 X 射线衍射图上同时出现两种固溶体的衍射线条，即反应区内具有平衡成分的 δ 固溶体和反应区外的尚未发生成分变化的 δ 固溶体。

从晶界开始的非连续析出进行到一定程度后，晶内产生连续析出。$Mg_{17}Al_{12}$相以细小片状形式沿基面(0001)生长。与此相应，基体含铝量不断下降，晶格常数连续增大，由于此时晶格常数变化是连续的，故有此名。图3-6为工业 Mg－Al－Zn 合金的典型时效组织。

连续及非连续析出在时效组织中所占相对量与合金成分、淬火加热温度、冷却速度及时效规范等因素有关。在一般情况下，非连续析出优先进行，特别是在过饱和程度较低，固溶体内存在成分偏析及时效不充分的情况下，更有利于发展非连续析出；反之，在含铝量较高，铸锭经均匀化处理及采用快速淬火与时效温度较高时，则连续析出占主导地位。

由于 Mg－Al 及 Mg－Al－Zn 系合金在时效过程中直接析出平衡相，且弥散度较低，故时效硬化作用不十分显著，尤其是非连续析出占较大比例时，强化作用更弱，见表(3-3)。由表还可看出，时效主要是提高合金的屈服强度。

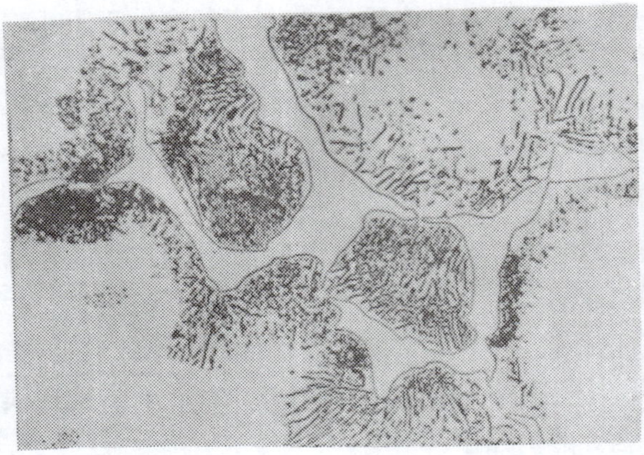

图 3-5　Mg－Al－Zn 合金铸态组织（共晶体及非连续析出）　×500

图 3-6　工业 Mg－Al－Zn 系合金典型时效组织　×250A－非连续析出；　B－连续析出

表 3-3　淬火速度对 Mg－9Al－2Zn 合金时效组织及性能的影响

从410 ℃到190℃之间的冷却时间	连续析出和非连续析出量之间的比例	时效规范		δ(%)	$\sigma_{0.2}$	σ_b
		时间(h)	温度(℃)		(MPa)	
190 s	0.40	18	175	2	169	281
65 s	0.65	18	175	1.8	176	294
5 s	0.88	18	175	2.2	211	312
0.5 s	0.96	18	175	3.5	209	338
各种冷却速度①	—	—	—	2	110	280

① 指淬火状态性能。

2. Mg－Zn 系　Mg－Zn 系合金的时效过程比较复杂，存在预沉淀阶段。在110℃以下，观察到 G. P. 区→β′→β(MgZn)。在110℃以上，不形成 G. P. 区，而是 α→β′→β(MgZn)。β′为亚稳定过渡相，具有与拉维相 $MgZn_2$同样的结构，稳定性较高。在250℃时效时，可保持到5 000小时。

Mg－Zn 系合金时效为连续析出，β′相尺寸很小，呈片状，并与基面平行。在长期时效后，利用电子显微镜可观察到 β′相的形态及分布特征。

Mg－Zn 系合金的时效强化效果超过 Mg－Al 系，且随含锌量的增加而提高。但 Mg－Zn

系合金晶粒容易长大，故工业合金中常添加少量锆，以细化晶粒，改善机械性能。

3. Mg－RE 系　Mg－RE 系合金时效强化相为 Mg_9RE 或 $Mg_{12}RE$。在稀土元素中，钕在 α 固溶体中溶解度较大(约4％)，铈、镧、镨则较低(最大固溶度分别为0.74％，1.9％和2.0％)，故 Mg－Nd 系合金的时效强化效果最显著。

对于 Mg－RE 系合金的时效序列，目前尚有分歧意见。一些著作认为，在这类合金的过饱和固溶体分解过程中，不存在明显的预析出阶段，直接形成 Mg_9Nd 或 Mg_9Ce 等平衡相；另外有一些试验结果则表明存在中间过渡相，沉淀序列为过饱 α 固溶体→G. P. 区→β″→β′→β (Mg_9Nd)，过渡相与基体之间保持共格关系。图3-7表示 Mg－Nd 合金时效等温转变曲线。

Mg－RE 系的时效产物弥散度高，与硬化峰值相对应的时效组织在普通光学显微镜下难以分辨，只是晶界处有较深的浸蚀色，是由于强化相优先在晶界析出所致。

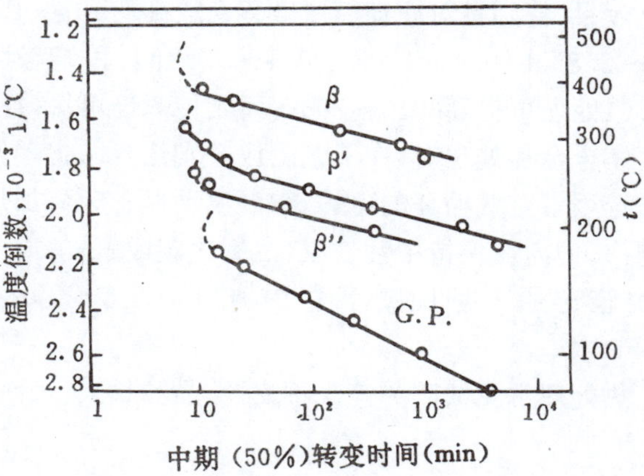

图 3-7　Mg－0.5％(原子)Nd 合金的等温转变曲线(50％转变量)

工业 Mg－RE 合金中常常添加少量锌，除有补充固溶强化作用外，还能增加时效硬化效应。此时，强化相 Mg_9RE 中固溶了一部分锌，成为 $(MgZn)_9RE$。

4. Mg－Mn 系　单独的 Mg－Mn 系合金应用较少，但锰是大多数工业镁合金中常见的辅助元素，它对改善合金耐热性及抗蚀性具有良好作用。

Mg－Mn 系合金在时效期间，不经过预析出阶段，直接形成 α－Mn。α－Mn 具有立方晶格，强化效果较差，但热稳定性却较高。

三、镁合金热处理的主要类型

镁合金的热处理方式与铝合金基本相同，但镁合金中原子扩散速度慢，淬火加热后通常在静止或流动空气中冷却即可达到固溶处理目的。另外，绝大多数镁合金对自然时效不敏感，淬火后在室温下放置仍能保持淬火状态的原有性能。值得注意的是，镁合金氧化倾向比铝合金强烈，当氧化反应产生的热量不能即时散发时，容易引起燃烧。因此，热处理加热炉内应保持一定的中性气氛。镁合金常用的热处理类型有：

(1) T1，铸造或铸锭变形加工后，不再单独进行固溶处理而是直接人工时效。这种处理工艺简单，也能获得相当的时效强化效果。对 Mg－Zn 系合金，因晶粒容易长大，重新加热淬火会造成粗晶粒组织，时效后的综合性能反而不如 T1状态。

(2) T2，为了消除铸件残余应力及变形合金的冷作硬化而进行的退火处理。例如，Mg－Al－Zn 系铸造合金 ZM5，退火规范为：350℃加热2～3h，空冷，冷却速度对性能无影响。对某些热处理强化效果不显著的镁合金，如 ZM3，T2则为最终热处理状态。

(3) T4，淬火处理。可用以提高合金的抗拉强度和延伸率。ZM5合金常用此规范。

为了获得最大的过饱和固溶度，淬火加热温度通常只比固相线低5～10℃。镁合金原子扩散能力弱，为保证强化相充分固溶，需要较长的加热时间，特别是砂型厚壁铸件。对薄壁铸件或金属型铸件加热时间可适当缩短，变形合金则更短，这是因为强化相溶解速度除与本身尺寸有关外，晶粒度也有明显影响。例如，ZM5金属型铸件，淬火加热规范为415℃8～16h，薄壁（<10 mm）砂型铸件加热时间延长到12～24h，而厚壁（>20 mm）铸件为防止过烧应采用分段加热，即360℃3h＋420℃21～29h。淬火加热后一般进行空冷。

（4）T6，淬火＋人工时效。目的是提高合金的屈服强度，但塑性相应有所降低。T6状态主要应用于Mg－Al－Zn系及Mg－RE－Zr系合金。高锌的Mg－Zn－Zr系合金，为充分发挥时效强化效果，也可选用T6处理。

（5）T61，热水中淬火＋人工时效。一般T6为空冷淬火，T61则采用热水淬火，可提高时效强化效果，特别是对冷却速度敏感性较高的Mg－RE－Zr系合金，例如МЛ10合金（Mg－2.2～2.8Nd－0.4～1.0Zr－0.1～0.7Zn）。和铸态性能相比，T6处理使强度提高40%～50%，而T61处理可提高60%～70%，而延伸率仍可保持原有水平。

镁合金热处理时，在工艺上应特别注意防止零件在高温加热过程中发生氧化与燃烧。加热炉常选用带空气循环的电炉，炉温波动≤±5℃，加热体与零件之间应安置屏蔽罩，一般用不锈钢制作。炉内需保持中性气氛（二氧化碳或氩气）或含0.5%～1%二氧化硫的大气气氛。二氧化硫由管道通入炉膛或事先在炉内按0.5～1kg/m^3的比例放置黄铁矿（FeS_2）或黄铜矿（$CuFeS_2$）。

热处理常见缺陷为淬火不完全、晶粒长大、表面氧化、过烧及变形等。

§3-3 工业镁合金

一、Mg－Mn系合金

Mg－Mn系合金有MB1和MB8两个牌号，其主要化学成分及性能见表3-4。

表3-4 MB1和MB8合金的主要成分及规定的机械性能

牌号	合金元素(%)		状态	性能		
	Mn	Ce		σ_b(MPa)	$\sigma_{0.2}$(MPa)	δ(%)
MB1	1.3～2.5	—	板材，退火	170	90	3.0
MB8	1.3～2.2	0.15～0.35	板材，热轧	205	110	10.0

Mg－Mn系属不可热处理强化的镁合金，其主要优点是具有优良的抗蚀性和可焊性，但铸造工艺性较差，故只用于生产变形合金。MB8是MB1合金的改型。合金中加入了少量铈，以细化晶粒和改善机械性能。目前MB8已取代MB1合金应用。

Mg－Mn合金的塑性加工产品有明显的各向异性。MB1的横向强度一般比纵向高，但MB8则恰好相反，纵向强度比横向高，σ_b约差20%～28%，$\sigma_{0.2}$相差40%～50%。挤压产品的变形度愈大，挤压温度愈低，各向异性愈明显。但MB8二次挤压后，各向异性减轻，经过再结晶退火可以消除取向的影响。MB1合金没有这种效应。

MB1合金的退火组织是α＋β(Mn)相。MB8合金的铈含量很少，组织与MB1基本相同，不容易发现Mg_9Ce质点。

MB1合金的退火制度：340～400℃，3～5h，空冷；MB8合金为280～320℃，2～3h，空冷。MB8合金的退火温度不能过高，如超过400℃，晶粒变粗，机械性能降低，抗蚀性也变坏。

MB1和MB8的工艺塑性好（包括冲压、挤压和轧制性能），抗蚀性较高，应力腐蚀倾向小，容易焊接，是应用较多的变形镁合金。板材可制造飞机蒙皮、壁板和内部零件；模锻件可制造外形复杂的构件；管材多用于汽油和滑油系统等要求抗蚀性好的管路。

二、Mg－Al－Zn 系合金

Mg－Al－Zn 系合金包括变形镁合金 MB2，MB3，MB5，MB6，MB7及铸造合金 ZM5。后者是实际生产中应用最广泛的铸造镁合金，表3-5列出了这类合金的主要成分及机械性能。

表 3-5　Mg－Al－Zn 系镁合金的主要成分及机械性能

牌　号	合金元素(%)			状　态	机械性能		
	Al	Zn	Mn		σ_b(MPa)	$\sigma_{0.2}$(MPa)	δ(%)
MB2	3.0～4.0	0.2～0.8	0.15～0.50	板材，退火	235	125	12.0
MB3	3.7～4.7	0.8～1.4	0.30～0.60	板材，退火	245	145	12.0
MB5	5.5～7.0	0.5～1.5	0.15～0.50	锻件，退火	260	—	8.0
MB6	5.0～7.0	2.0～3.0	0.20～0.50	挤压棒，T4	300	—	10.0
MB7	7.8～9.2	0.2～0.8	0.15～0.50	挤压棒，T4	300	—	8.0
ZM5	7.5～9.0	0.2～0.8	0.15～0.50	单铸，铸态	145	—	2.0
				T4	225	—	5.0
				T6	225	—	2.0

铝在镁中有较高的固溶度，按铸态性能，含6%Al 可获得最佳综合性能，但在 T4状态，高于7%Al 才能保证充分的强化，而且铸造时，金属流动性随含铝量增加而提高，故 ZM5合金铝含量定为7.5%～9.0%，同时加入1%左右的锌，以获得更好的强度与塑性匹配。合金中添加少量锰可改善抗蚀性。

ZM5合金可进行各种类型的热处理，但以 T4和 T6状态最常用。图3-8为 ZM5合金的铸态组织，基体为δ固溶体。在非平衡结晶条件下，晶界存在少量分离型 $\delta+Mg_{17}Al_{12}$共晶体，晶内有点状α－Mn。铸件冷却过程中还会形成一些非连续析出物。在淬火状态下（T4），非平衡共晶体和非连续析出相将溶入基体而获得单一的δ固溶体组织，时效后发生连续和非连续两种沉淀过程，见图3-9。

ZM5合金淬火加热温度为415～420℃，保温时间与铸件壁厚有关，厚壁铸件应延长保温时间，且采用分段加热，以避免过烧。加热后一般采用空冷，条件允许时也可用热水淬火（时效后强度可提高10%～15%），但不宜冷水淬火，以防开裂。时效制度通常为175 ℃16h 或200℃8小时。

在 MB2～MB7五种变形镁合金中，MB2和 MB3合金化程度低（铝含量低于5.0%），不能热处理强化。此时强度虽低，但工艺塑性好，应力腐蚀倾向小，应用于制造各类板金构件和锻件。MB2的退火制度为：280～350℃，3～5h，空冷；MB3的退火规范为：250～280℃，0.5h，空冷。

MB5，MB6，MB7合金中的含铝量依次提高，后两者已具有热处理强化能力，强度较高，但工艺性、可焊性及应力腐蚀抗力均下降，主要用于生产受力较大的锻件，如摇臂、支架等。

图 3-8 ZM5合金铸态组织（α＋晶界白色块状 $Mg_{17}Al_{12}$＋片层状连续析出物） ×500

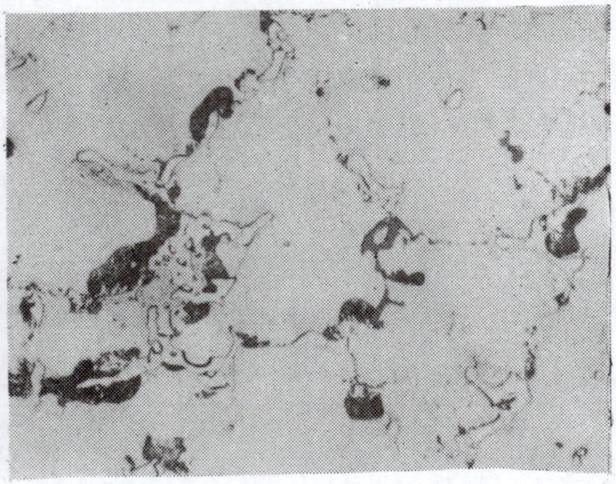

图 3-9 ZM5合金时效状态组织 ×200

三、Mg－Zn－Zr 系合金

Mg－Zn－Zr 系合金属高强镁合金，包含的合金牌号较多，计有铸造合金 ZM1、ZM2、ZM7、ZM8及变形合金 MB15、MB22、MB25等。其主要成分及技术条件规定的机械性能见表3-6。

表 3-6 Mg－Zn－Zr 系合金的主要成分及机械性能

牌号	合金元素（%）				状态	机械性能（不小于）		
	Zn	RE	Zr	Ag		σ_b (MPa)	$\sigma_{0.2}$ (MPa)	δ (%)
ZM1	3.5～5.5	—	0.5～1.0	—	T1	235	—	5
ZM2	3.5～5.0	0.7～1.7	0.5～1.0	—	T1	185	—	2.5
ZM7	7.5～9.0	—	0.5～1.0	0.6～1.2	T4	265	—	6
					T6	275	—	4
ZM8	5.5～6.0	2.0～3.0	0.5～1.0	—	T6	275	180	5
MB15	5.0～6.0	—	0.3～0.9	—	T1	315	245	6.0
MB22	1.2～1.6	2.9～3.5	0.4～0.8	—	热轧板	245	155	7.0
MB25	5.5～6.4	0.7～1.7	≥0.45	—	热轧棒	345	275	7.0

Mg－Zn 二元相图如图3-2所示，锌在镁中有较高的溶解度，有明显的时效硬化效应。Zn含量达2%～6%的 Mg－Zn 合金即有较高的强度，但仍低于 Mg－Al－Zn 合金。若加入0.8%

Zr 作晶粒细化剂，Mg -6Zn 合金的强度和塑性均能显著提高，见表3-7。

表 3-7　Zr 对 Mg - Zn 合金机械性能的影响

牌　号	状　态	σ_b(MPa)	$\sigma_{0.2}$(MPa)	δ(%)
Mg -6Zn	铸态	175	70	5.0
Mg -6Zn	380℃14h＋180℃20h	210	158	1.5
Mg -6Zn -0.8Zr	铸 态	273	140	10.0
Mg -6Zn -0.8Zr	T6	324	203	10.0

Mg - Zn - Zr 合金的机械性能与含锌量的关系如图3-10所示。锌含量升高到6%，强度达极大值，更多的锌并不能继续提高强度，而塑性则强烈降低，故工业用 Mg - Zn - Zr 合金的含锌量均 在 3.5% ～ 6.5%之间。

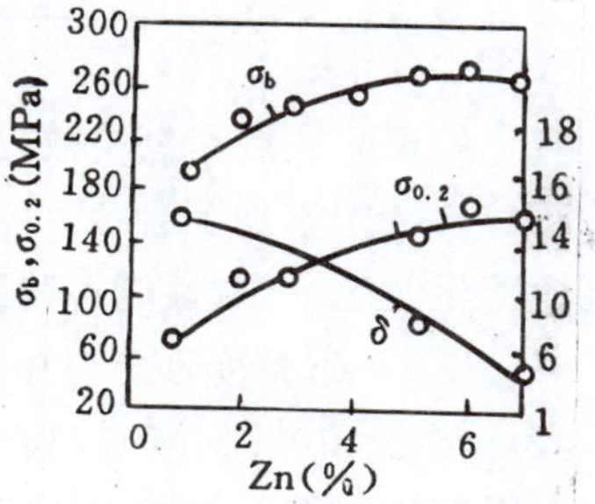

图 3-10　锌对 Mg -0.7%Zr 合金性能的影响（铸造状态直接进行人工时效）

ZM1是简单的三元 Mg - Zn - Zr 合金，含 3.5% ～ 5.5%Zn 和0.5%～1.0%Zr，组织是 α＋MgZn 相，还有少量 Zn - Zr 化合物（Zn_2Zr_3或 ZnZr）。一般采用 T1处理，不经淬火，直接在175±5℃时效28～32h 或195℃时效16h。

ZM1合金的强度，尤其是屈服强度比 Mg - Al - Zn 系合金（ZM5）高，且铸件性能对壁厚不敏感，显微疏松倾向小，适用于铸造强度要求高，耐高冲击负荷的零件。

ZM1的主要缺点是铸造工艺性较差，氧化和热裂倾向大，焊接性能也不如 Mg - Al - Zn 系合金。为了弥补这些缺点，在 ZM1合金中添加稀土元素，由此又发展了 ZM2和 ZM8等合金。

ZM2是在 ZM1中加0.7%～1.7%Ce 的合金。加稀土元素后合金中形成 Mg - Zn - Ce 或 Mg_9Ce 相，以离异共晶形式分布于晶界上，因而改善了合金的铸造性能。在一定范围内，稀土元素加入量愈多，铸造工艺性愈好。但过量的稀土元素会从合金基体中夺取大量的锌，降低时效后的强度和塑性。

分布在晶界上的 MgZnRE 化合物热稳定性高，固溶处理时也不发生溶解，这对合金的室温强度和塑性有不利影响，但有助于提高抗蠕变性能，故 ZM2和 ZM8合金有更高的耐热性，适于铸造在150～200℃工作的发动机匣、整流舱和电机壳体等。

ZM2多在 T1状态工作，规范为325 ℃5～8h。T1处理对提高抗拉强度作用不大，但能增加 $\sigma_{0.2}$值（由铸态的120 MPa 提高到150 MPa）。

ZM8合金同时提高了锌和混合稀土元素的含量，充分发挥了强度高和铸造工艺性好的优点。该合金可进行 T6处理，更适合氢化处理。后者是为了解决稀土元素对镁合金室温性能不利影响而发展的一种新热处理工艺。氢化处理的原理是把 ZM8或 ZM2合金于480℃的氢气氛中固溶处理，此时氢沿晶界向内扩散，同偏聚在晶界上的 MgZnRE 化合物中的稀土元素 RE 发生反应。当 RE 从 MgZnRE 化合物相中被夺去后，被还原的锌原子即复溶于 α 固溶体，促使锌的过饱和度升高。最终时效后，晶粒内部生成细针状沉淀相（β″或 β′ 相），强度显著提高，塑性和疲劳性能也得到改善，见表3-8。

表 3-8　ZM8合金氢化处理前后的机械性能

处理条件	σ_b(MPa)	$\sigma_{0.2}$(MPa)	δ(%)
铸　态	160	129	2
480℃H_2中加热24h，空冷	292	127	11.1
H_2化处理后150℃时效24h	316	223	7.1

氢化处理的缺点是氢扩散较慢，厚壁铸件所需保温时间较长，并需要专门的渗氢设备。

ZM7合金中添加了合金元素银，银在镁中有较大的固溶度，不改变合金组织，但促进和加强沉淀硬化效应，机械性能可得到进一步提高。

Mg－Zn－Zr 系变形合金中，生产和应用历史较久的是 MB15合金（含5.0%～6.0%Zn，0.3%～0.9%Zr 和0.1%Mn），其组织与 ZM1合金相似，即 $\alpha+\gamma$(MgZn)。该合金时效处理时过饱和 α 固溶体的沉淀顺序是 $\alpha\rightarrow\gamma''\rightarrow\gamma'\rightarrow\gamma$，具有较高的沉淀硬化效应。为避免固溶处理时的高温加热造成晶粒粗大，在实际应用中更多的是选用 T1状态，即170℃，10h（对棒材或型材）或160℃，24h（对锻件）。

MB15合金的主要缺点是工艺塑性差，不易焊接，主要用于生产挤压制品和锻件，用于制造承受一定载荷的翼肋、座舱滑轨、机身长桁和操纵系统的摇臂等零件。

MB22及 MB25是在 Mg－Zn－Zr 合金基础上添加适量的稀土元素钇，以改善合金的工艺性能，并增强耐热性，主要用于生产厚板、型材和锻件，制造飞机内部构件。

四、Mg－RE－Zr 系合金

Mg－RE－Zr 系合金在铸造镁合金中，改善耐热性最有效和最具有实用价值的元素是稀土金属，它可增强镁合金的原子间结合力、减小原子扩散速度。稀土金属与镁形成的化合物具有较高的热稳定性。例如，Mg－Nd 系中的 Mg_9Nd 从室温加热加200℃，硬度下降20%，而相同条件下，$Mg_{17}Al_{12}$和 MgZn 相硬度却下降50%～60%。

Mg－RE 合金不仅具有较高的耐热性，同时铸造工艺性也很好。此外，稀土元素还可降低镁在高温下的氧化倾向。因此，可认为这类合金在性能上是比较全面的，略嫌不足的是室温强度稍低，特别是铈或其混合稀土元素强化作用较差，为此常需再添加其他组元，如 Zn 和 Zr，以获得补充强化。锆尚有减小铸件的壁厚效应，提高组织均匀性和性能稳定性的作用，并可取得净化有害杂质元素的效果。由此从 Mg－RE－Zn－Zr 系发展成现今的耐热铸造镁合金，具体合金牌号有 ZM3、ZM4、ZM6及 ZM9等。

ZM3及 ZM4合金基本成分类似，均加入3%的铈混合稀土元素，但后者含锌量更高一些，以提高常温强度，见表3-9。ZM3及 ZM4合金的组织为 α 固溶体与镁稀土化合物。因铈在镁中固溶度小，时效强化作用不显著。特别是 ZM3，一般仅在铸态下应用，必要时，为了消除铸件内应力，可采用325℃3～5h的退火处理。ZM4合金大多选用T1状态，规范是：200～250℃，5～12h。这两种合金在200～250℃具有较好的耐热性，可制作在此温度下的结构件。

表3-9 Mg-RE-Zn-Zr系合金的主要成分及典型性能

牌号	合金元素%				状态	20℃		250℃	
	RE	Nd	Zn	Zr		σ_b (MPa)	δ (%)	σ_b	$\sigma_{0.2}/100$ (MPa)
ZM3	3.0	—	0.5	0.5	T2	145	3	145	25
ZM4	3.0	—	2.5	0.6	T1	150	4	130	30
ZM6	—	2.5	0.5	0.6	T6	260	5	170	38
ZM9	Mg-Y-Zn-Zr				T1	220	8	145	51

ZM6合金中的稀土元素选用钕(Nd)，它在镁中有较高固溶度和时效硬化能力，因此，该合金可制作250℃以下工作且受力较大的构件。ZM6通常在T6状态下应用。ZM9属新型Mg-Y-Zn-Zr系合金，具有更高的热强性，特别当Y/Zn比在1.5左右时，耐热效果最好。该合金工作温度可达300℃，一般在稳定化时效处理后使用，规范是315℃，16h。

复习思考题

1. 镁合金的特点是什么？
2. 试述镁合金的主要类型及成分组织特点。
3. 何谓连续沉淀和非连续沉淀？
4. 试述稀土金属在镁中的作用。
5. 试述镁合金的主要热处理方式和工艺特点。

本章主要参考文献

[1] Emley, E. F., Principles of Magnesium Technology, Pergamon Press, London, 1966.
[2] Альтман, м. б. и. др, Магниевые Сплавы, П, Металлургия, москва, 1978.
[3] Brooks, C. R., Heat Treatment structure and Properties of Nonferrous Alloys. Amarican Society for Metals, 1982.
[4] 《航空材料手册》

第四章 钛及钛合金

钛及钛合金具有许多优点。首先是其比强度高于其他合金;其次是具有较高的抗蚀性,特别是在海水和含氨介质中,抗蚀性尤其突出。另外,钛及钛合金的耐热性也比铝合金和镁合金高,目前实际应用的热强钛合金工作温度可达400～500℃。从50年代开始,在较短的时间内,钛工业获得了迅速发展,尤其在航空航天工业中,应用范围及数量日益增长,并正在迅速取代某些铝合金、镁合金及钢等制造各种构件。此外,钛及钛合金在机械工程、生物医学、海洋工程、化工、冶金、建材及一般民用工业中的应用也有逐年增长之势。

钛在地壳中的储量仅次于铝、铁、镁而居第四位。在我国,钛的资源十分丰富,虽然开展钛及钛合金的研究与应用工作起步较晚,但已取得了可观的进步。预计到2000年,供国内工业生产用的海绵钛产量可居世界前列。

我国在航空工业中应用钛合金始于60年代初期。目前钛及钛合金已广泛应用或准备应用于制造飞机上的隔热罩、整流罩、导风罩、蒙皮、框类、支臂构件及发动机中的压气机盘、叶片及机匣等。

因为钛的化学性十分活泼,熔点高,冶炼制取工艺复杂及价格昂贵等方面的问题,使钛及钛合金的发展与应用受到了一定限制。随着科学技术的不断进步,这些问题正在不断被解决。钛及钛合金由于其所具有的优异特性,必将发展成为能够得到普遍应用的重要结构材料。

§4－1 纯 钛

一、纯钛的特性

钛的原子序数为22,主要物理性能见表4－1。钛的主要特点是熔点高,导热性差。与铁、镍相比,密度较低,膨胀系数较小,弹性模量也较低。

表4－1 纯钛与几种常用金属的物理特性

物理性质	Ti	Mg	Al	Fe	Ni	Cu
密 度 (g/cm^3)	4.54	1.74	2.7	7.8	8.9	8.9
熔 点 (℃)	1 668	650	660	1 535	1 455	1 083
沸 点 (℃)	3 260	1 091	2 200	2 735	3 337	2 588
膨胀系数(10^{-6}/℃)	8.5	26	23.9	11.7	13.3	16.5
热导率($10^2 W/(m \cdot K)$)	0.146 3	1.465 4	2.177 1	0.837 4	0.594 5	3.851 8
弹性模量E(GPa)	113	43.6	72.4	200	210	130

固态钛在882.5℃具有$\alpha \rightleftharpoons \beta$同素异构转变,将882.5℃称为纯钛的β转变温度或β相变

点。在 882.5℃以下为 α 钛，具有密排六方晶格，$a=0.295$ nm，$c=0.468$ nm；自 882.5℃直到熔点温度为 β 钛，具有体心立方晶格，900℃时的晶格常数为 $a=0.331$ nm。

钛的化学活性极高，高温下能同许多元素发生强烈反应而受污染，不能用常规方法熔铸，只能用真空电弧炉熔铸。

纯钛在较多的介质中有很强的耐蚀性，尤其是在中性及氧化性介质中的耐蚀性很强。钛在海水中的抗蚀性优于不锈钢及铜合金，在碱溶液及大多数有机酸中也很耐蚀。纯钛一般只发生均匀腐蚀，不发生局部和晶界腐蚀现象，其抗腐蚀疲劳性能也较好。

钛极易吸氢而产生氢脆，但可利用这一特点，制成以钛为主要成分的贮氢材料。

钛在 550℃以下空气中能形成致密的氧化膜，并具有较高的稳定性。但温度高于 550℃后，空气中的氧能迅速穿过氧化膜向内扩散使基体氧化，这是目前钛及钛合金不能在更高温度下使用的主要原因之一。

体心立方的 β 钛具有良好塑性。α 钛虽为密排六方，但其轴比 c/a 小于理论值 1.633。除 {0001} 外，$\{10\bar{1}0\}$ 及 $\{10\bar{1}1\}$ 也参与滑移，使 α 钛的滑移系增多，故其也有相当的塑性，可冷变形强化。但钛的屈服强度与抗拉强度接近，屈强比（σ_s/σ_b）可达 0.7～0.9。加之其 E 值较小，变形回弹大，因而钛的压力加工性能不如钢。

钛的导热性差，摩擦系数大（$\mu=0.42$），切削加工时易粘刀，刀具温升快，因而切削加工性能较差，应使用特定刀具切削。另外，钛的耐磨性能也较差，具有较高的表面缺口敏感性，对加工及使用均不利。

纯钛的组织与热加工及热处理条件有关，在 α 相区温度变形退火，可得到等轴 α 组织；从 β 相区温度退火，可得到片状 α 组织；如从 β 相区淬火，β 相可发生马氏体相变，生成针状马氏体 α′ 组织。工业纯钛的等轴 α 及针状马氏体 α′ 的组织形态如图 4-1 所示。

(*a*) 变形退火后的等轴 α　　　　(*b*) β 相区淬火的针状 α′

图 4-1　工业纯钛的组织形态

二、杂质对纯钛的影响

高纯钛的塑性很好，强度不高，其等轴 α 组织的 $\sigma_b=216\sim255$ MPa，$\sigma_{0.2}=118\sim167$ MPa，$\delta=50\%\sim60\%$，$\psi=70\%\sim80\%$，$a_k\approx2.45$ MJ/m²。当纯钛中存在杂质元素时，随其纯度下降，强度显著升高，塑性却大大降低。

按在晶格中存在形式区分，杂质元素与钛可形成间隙式或置换式两种固溶体。杂质含量较多时，也会形成脆性化合物。

形成间隙固溶体的杂质主要有氧、氮、氢及碳等。这些杂质可造成严重的晶格畸变，强烈阻碍位错运动，提高硬度。另外，氢的扩散能力较强，应变时效现象比较明显，而且容易以TiH化合物形式析出，引起氢脆，严重损害钛的韧性。因此，间隙式杂质对钛的塑性危害很大。

形成置换式固溶体的杂质主要有铁、硅等。这些杂质造成的晶格畸变不如间隙式杂质严重，对塑性及韧性的影响程度也小于间隙式杂质的影响。在有的合金中，甚至还将置换式杂质作为合金元素加入。

钛中的杂质（尤其是间隙式杂质），不但使塑性及韧性降低，而且对疲劳性能、蠕变抗力、热稳定性及缺口敏感性等也有很大危害。现有的和发展中的高强钛合金，主要依靠添加各种合金元素来强化基体，其先决条件之一是钛基体必须具有较高的纯度，以保证具有足够的塑性储备。

三、工业纯钛简介

高纯钛仅在科学研究中应用。工业中应用的纯钛均含一定量的杂质，称为工业纯钛。

如前所述，杂质对钛的力学性能影响很大，有时可将钛中的杂质近似地看作合金的强化元素。工业纯钛实际上是钛与杂质元素形成的合金。

纯钛的牌号为TA0、TA1、TA2及TA3。TA0为高纯钛，其余三种为工业纯钛。牌号不同，杂质含量亦不同。四种纯钛的成分与力学性能见表4-2。

表4-2　纯钛的化学成分与力学性能

牌号	材料类型	杂质含量(≤)(%)						力学性能		
		Fe	Si	C	N	H	O	σ_b(MPa)	δ_5(%)	a_k(MJ/m^2)
TA0	板材	0.04	0.03	0.03	0.01	0.015	0.05	250～290	56～64	2.5
TA1	板材	0.15	0.10	0.05	0.03	0.015	0.15	350～500	30～40	—
	棒材							350	25	0.8
TA2	板材	0.30	0.15	0.10	0.05	0.015	0.20	450～600	25～30	—
	棒材							450	20	0.7
TA3	板材	0.40	0.15	0.10	0.05	0.015	0.30	550～700	20～25	—
	棒材							550	15	0.5

β相变点对成分很敏感，随杂质含量不同，工业纯钛的β相变点在865～920℃范围内变化。

除杂质元素造成的固溶强化外，工业纯钛还可采用冷变形强化。当冷变形度为30%～40%时，其σ_b可达到800 MPa以上，δ仍能保持在10%～15%，这已超过超硬铝合金的性能水平。

工业纯钛只进行退火热处理。需要保持冷变形强化效果时，采用去应力退火；需要恢复塑性时可采用再结晶退火。

工业纯钛具有较高的强度、良好的塑性及焊接性，可制成板、棒、管、线、带材等半成品，用于制造结构件及在350℃以下工作的飞机蒙皮、隔热板等。

§4－2 钛的合金化

一、钛中合金元素的分类与作用

钢中的合金元素分为奥氏体稳定元素及铁素体稳定元素两大类。与此类似，可将加入钛中的合金元素分为三类，即α稳定元素、中性元素和β稳定元素。

1. α稳定元素　提高钛的β转变温度的元素，称为α稳定元素。

α稳定元素在周期表中的位置离钛较远，与钛形成包析反应。这些元素的电子结构、化学性质等与钛差别较大，能显著提高合金的β转变温度、稳定α相，故称α稳定元素。

典型的α稳定元素为铝。钛-铝二元相图见图4－2。铝加入后，可强化钛的α相，降低钛合金比重，并显著提高合金的再结晶温度和热强性。另外，添加铝可提高β转变温度，使β稳定元素在α相中的溶解度增大。因此，铝在钛合金中的作用类似于碳在钢中的作用，几乎所有的钛合金中均含铝。

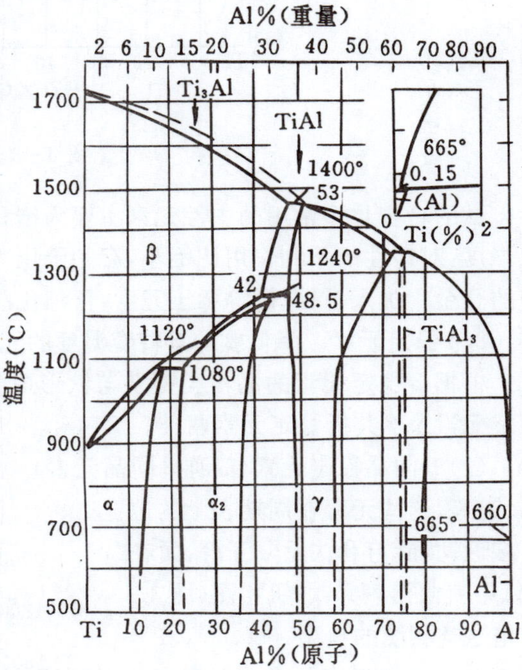

图4－2　钛-铝相图

但铝对合金耐蚀性无益，还会使压力加工性能降低。

铝原子以置换方式存在于α相中。当铝的添加量超过α相的溶解极限后，会出现以Ti_3Al为基的有序$α_2$固溶体，使合金变脆，热稳定性降低。因此，钛合金中对铝的最高含量有限制。随着材料科学的发展，业已发现Ti－Al系金属间化合物的比重小、高温强度高，抗氧化性强及刚性好，这些优点对宇航工业具有极大的吸引力。因此，国内外已对以Ti_3Al甚至TiAl化合物为基的合金及复合材料进行了很多研究，在采用细化晶粒及适当合金化方法来降低Ti－Al系金属间化合物室温脆性的研究方面，已取得重大进展，使Ti－Al系金属间化合物类合金成为迅速发展的高技术领域内的新型材料之一。

除铝外，镓、锗、氧、氮、碳也是α稳定元素。镓属稀贵元素，其应用仍处于研究阶段。氧、氮、碳一般作为杂质元素，很少故意作为合金中的添加元素使用。

为了衡量α稳定元素在钛合金中稳定α相的程度，提出了铝当量的概念，即

$$铝当量=\%Al+\frac{1}{3}\%Sn+\frac{1}{6}\%Zr+10\%O$$

钛合金中的铝当量过高时，会形成有序的$α_2$相，使合金变脆。因此，钛合金中的铝当量一般应小于9。

2. 中性元素　对钛的β转变温度影响不明显的元素，称为中性元素。

中性元素在α、β两相中均有较大的溶解度，甚至能够形成无限固溶体，如与钛同族的锆、铪。钛-锆相图如图 4-3 所示。另外，锡、铈、镧、镁等，对钛的β转变温度影响也不明显，亦属中性元素。中性元素加入后主要对α相起固溶强化作用，故有时也可将中性元素看作α稳定元素。

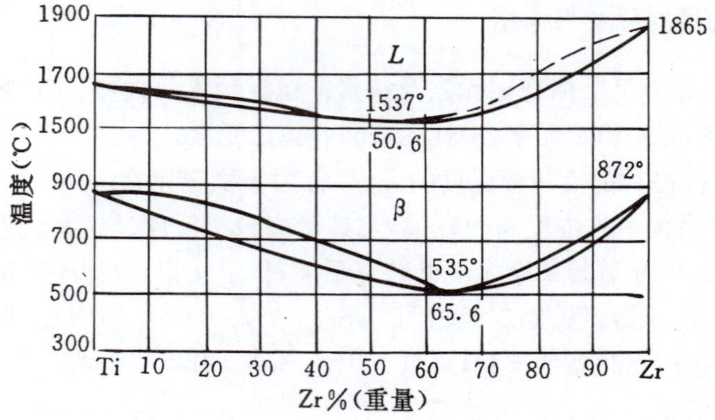

图 4-3　钛-锆相图

钛的合金化中常用的中性元素主要为锆和锡。这些元素在提高α相强度的同时，也提高其热强度，对塑性的不利作用比铝小，有利于压力加工及焊接性能，但其强化α相的效果低于铝。有的合金中加入了铈、镧等稀土元素，可细化晶粒，并能提高高温拉伸强度及热稳定性。

3. β稳定元素　降低钛的β转变温度的元素，称为β稳定元素。

根据β稳定元素的晶格类型及与钛形成的二元相图特点，又可将β稳定元素分为β同晶稳定元素及β共析稳定元素两类。

(1) β同晶稳定元素(简称β同晶元素)　这类元素具有与β钛相同的晶格类型，如钒、钼、铌、钽等。这些元素在周期表上的位置靠近钛，能与β钛无限互溶，而在α钛中有限溶解。钛-钒相图(图 4-4)是这类相图的典型。

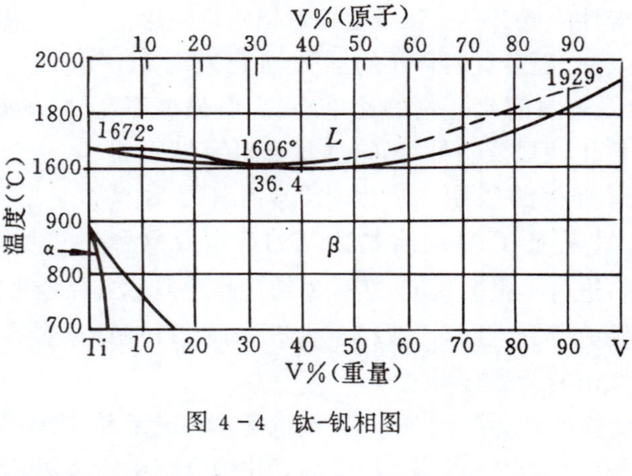

图 4-4　钛-钒相图

由于这类元素的晶格类型与β钛相同，能以置换方式大量固溶入β钛中，所产生的晶格畸变较小，在提高强度的同时，还能使固溶体保持较高的塑性。另外，用β同晶元素强化的β相，组织稳定性较好，温度变化时，β相不会因β同晶元素的存在而发生共析或包析反应生成脆性相。因此，β同晶元素在钛合金中被广泛应用。

(2) β共析稳定元素(简称β共析元素)　这类元素在α和β钛中均为有限溶解，但在β钛中溶解度比在α钛中大，与钛形成具有共析反应的相图，如钛-锰相图(见图 4-5)。

根据β共析元素加入后β相发生共析反应的速度，又可将其分成慢共析元素和快共析元素。

能够使β相具有很慢的共析反应速度的β共析元素，称为慢共析元素。这种共析反应，在一般冷速下来不及进行，因而慢共析元素与β同晶元素作用类似。这类元素主要有锰、铬、铁等。

使共析反应速度很快的β共析元素称快共析元素。这类元素形成的共析反应在一般冷速下即可进行。因此，用快共析元素合金化的β相实际很难保留到室温。此类元素主要有硅、铜、镍等。

β共析元素铬、钨的晶格类型为体心立方，故也可将铬、钨归入β同晶元素一类。

钛的合金元素及杂质元素的分类概括于图4-6。

(3)临界浓度　β稳定元素加入后，可稳定β相，随其含量增加，β转变温度降低。当β稳定元素含量达到某一临界值时，较快冷却能使合金中的β相保持到室温。这一临界值称为“临界浓度”，用C_k表示。临界浓度可以衡量各种β稳定元素稳定β相的能力。元素的C_k越小，其稳定β相的能力越强。一般，β共析元素(尤其是慢共析元素)的C_k值要小于β同晶元素。各种β稳定元素的C_k值见表4-3。

(4)β稳定元素的作用　β稳定元素除有固溶强化作用外，主要使合金组织中具有一定量的β相或形成一些其它第二相，以进一步强化合金。β相冷却时发生同素异构转变或马氏体转变，使合金能够进行强化热处理。当加入的β稳定元素较多时，可获得以β相为基的、具有高强、高韧、抗腐蚀、易成形的β型钛合金。

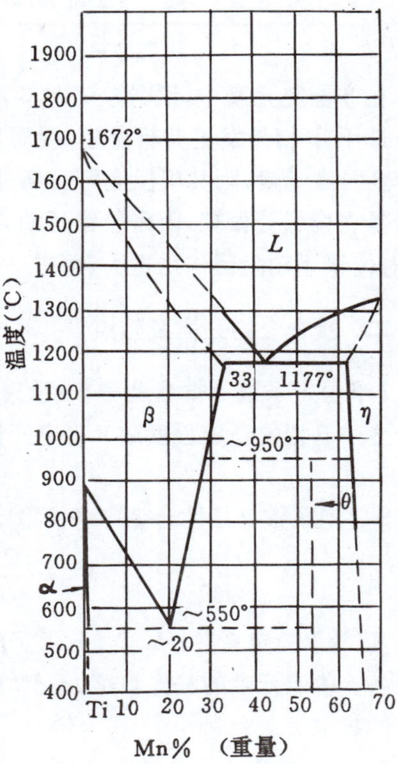

图4-5　钛-锰相图

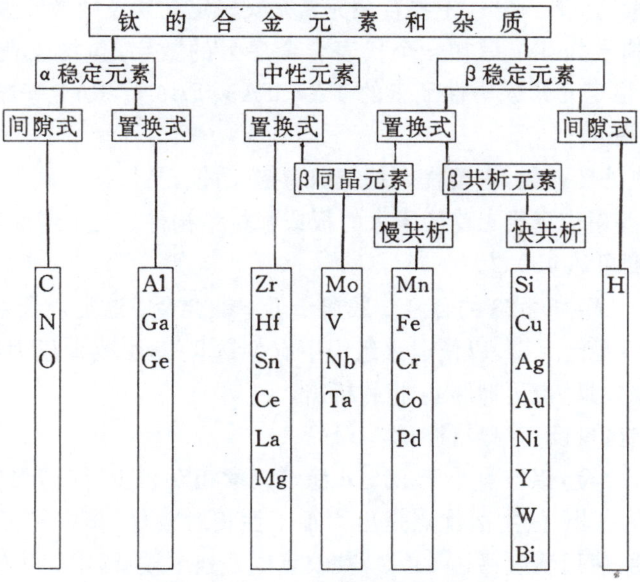

图4-6　钛的合金元素和杂质分类示意图

表 4-3　常用β稳定元素的临界浓度

合金元素	Mo	V	Nb	Ta	Mn	Fe	Cr	Co	Cu	Ni	W
C_k　%(重量)	11	14.9	28.4	40	6.5	5	6.5	7	13	9	22

在β稳定元素中，锰、铁、铬对β相的稳定效果最大，但它们是慢共析元素，在高温长时工作条件下，β相易发生共析反应，因而合金组织不稳定，蠕变抗力差。但如同时加入钼、钒、钽、铌等β同晶元素，则共析反应可受到进一步抑制。由于钒的比重相对最轻，故最常用。快共析元素硅易在位错处偏聚，阻碍位错运动，提高蠕变抗力。特别是硅、锆共存时，能形成复杂的硅化物，对位错运动阻碍作用更大，可进一步提高蠕变强度。铋的作用与硅类似，但应用不广泛。

二、钛合金的分类及特点

1.β稳定系数　钛合金中β相的数量及稳定程度与β稳定元素含量有直接关系。为了衡量钛合金中β相的稳定程度或β稳定元素的作用，并便于钛合金的分类，提出了β稳定系数的概念。

β稳定系数是指钛合金中各β稳定元素浓度与各自的临界浓度比值之和，即

$$K_\beta=\frac{C_1}{C_{k_1}}+\frac{C_2}{C_{k_2}}+\frac{C_3}{C_{k_3}}+\cdots+\frac{C_n}{C_{k_n}}$$

式中K_β为β稳定系数；C_1、C_2、…、C_n分别为合金中所含各β稳定元素的浓度；C_{k_1}、C_{k_2}、…、C_{k_n}分别为各β稳定元素的临界浓度。显然，钛合金的K_β值越大，其β稳定元素总含量越高，β相数量也可能越多。

2. 工业钛合金的分类　根据K_β值及退火（空冷）后的组织，可粗略地将工业钛合金分为α、近α、α＋β及β型四大类。

(1) α钛合金　K_β值接近零的合金为α钛合金。这类合金几乎不含β稳定元素，退火组织基本为等轴α，铝当量为5%～6%，主要合金元素是α稳定元素及中性元素。

我国α钛合金牌号为TA后加一个代表合金序号的数字，包括工业纯钛TA1、TA2及TA3，以及含不同α稳定元素或中性元素的TA4、TA5、TA6及TA7等，随序号增大，合金元素含量增多，强度升高。

此类合金不能热处理强化，主要优点是组织稳定、耐蚀、易焊接。缺点是强度低，压力加工性较差。α钛合金主要用作飞机上受力不大的板或管材结构件。工业纯钛使用温度可达250～300℃，TA7使用温度可达450℃。

(2) 近α钛合金　$K_\beta<0.23$的合金一般属于近α钛合金。这类合金主要靠α稳定元素固溶强化，另加少量的β稳定元素，以使退火组织中有少量β相，可改善压力加工性，并使合金具有一定的热处理强化效果，也可抑制α_2相的析出。

近α合金有低铝当量及高铝当量两类。

低铝当量的近α合金，铝当量小于2%，α稳定元素相对较少，固溶强化效果不显著，组织中含有约2%～4%的β相，故主要优点是压力加工性相对较好，具有与工业纯钛相似的焊接性及良好的热稳定性，使用温度可达400℃，其缺点也是强度较低，不能热处理强化。这类合金适合制造形状复杂的板材冲压及焊接件。

高铝当量近α钛合金的铝当量约6%～9%。因其含有较多的、有益于热强性的α稳定元素，故主要优点是具有比其他类型钛合金高的蠕变抗力，是最有希望用于500℃以上长时间工作的合金。这类合金的热稳定性和焊接性良好，压力加工性优于α钛合金，疲劳裂纹扩展抗力和断裂韧性也较好，其主要缺点是塑性较低。这类合金一般在退火状态下使用，有些合金还可进行强化热处理。这种合金可用于500℃以上工作的结构件，如航空发动机的压气机盘、叶片等。

我国近α钛合金尚无明确牌号。英国牌号有IMI230、IMI679、IMI829等；美国牌号有Ti-6242，Ti-11等。

(3) (α+β)钛合金　$K_\beta=0.23\sim1.0$的钛合金一般属α+β钛合金，也称两相钛合金。这类合金中的铝当量一般控制在8%以下。β稳定元素的添加量为2%～10%，主要是为了获得足够数量的β相，以进一步改善压力加工性和热处理强化能力。

(α+β)钛合金中β稳定元素的选择比较复杂，主要选用钒、钼等β同晶元素。慢共析元素铬、铁虽稳定β的能力比β同晶元素强，但在长时加热条件下产生的共析反应易生成$TiCr_2$或TiFe等脆性化合物，降低合金韧性。故慢共析元素只在某些合金中少量加入。在一些合金中，也辅加少量快共析元素硅，以提高热强性。

低铝当量两相钛合金的铝当量小于6%。这类合金中一般含β稳定元素较多，β相数量及稳定程度较大。退火状态下β相在组织中约占10%～30%，淬火后的β相数量可达到55%。这类合金具有中等的强度、塑性、蠕变抗力和热稳定性，使用温度在300～400℃范围，可用于小型结构件或紧固件。

高铝当量两相钛合金的铝当量≥6%。这类合金中除含有较多的铝、锡或锆外，还含有适量的β稳定元素，尤其是钼和钒。有些合金中还添加了微量硅，是目前在400～500℃范围内实际应用最广的钛合金。

与近α钛合金相比，两相钛合金具有较高的强度和良好塑性，尤其是高铝当量的两相钛合金，其高温拉伸强度居所有类型钛合金之首，蠕变抗力及热稳定性也较好，但焊接性不如近α钛合金。

两相钛合金可在退火状态下使用，也可进行热处理强化，但淬透性较低，强化热处理后断裂韧性也降低。这类合金淬火时β相可发生马氏体转变，因而也称马氏体型α+β钛合金。

我国两相钛合金牌号为TC后加表示序号的数字，如TC2、TC4、TC11等。国外常见牌号有BT14、BT16、BT23、BT8、Ti-6246、Ti-6222、IMI550等。其中用途最广的是TC4(即Ti6Al4V)。

(4) β钛合金　$K_\beta>1$的钛合金一般为β钛合金。有些情况下还将β钛合金再细分为近β合金、亚稳β合金及稳定β合金三种。

$K_\beta=1\sim1.5$的β钛合金为近β合金。这种合金退火状态为α+β两相，所以有时也称为过渡型α+β合金，即可按两相钛合金看待。但在淬火时，β相可由高温保留至室温，或发生ω相变(见§4-3)，使组织中全部为淬火状态的亚稳β相或亚稳β+ω相。因此，又将其归类在β合金中。

$K_\beta=1.5\sim2.5$的β钛合金为亚稳β合金。这类合金平衡状态仍为α+β两相，β相含量超过50%，但在一般退火冷速条件下，β相即可保留至室温，使组织中全部为退火状态的亚稳β相。显然，亚稳β合金中β相的稳定性高于近β合金。

$K_\beta > 2.5$ 的β钛合金为稳定β合金。这类合金在平衡状态下，全部由稳定的β相组成，热处理不能改变其相组成。

以上三种合金虽各有特点，但为简略起见，统称为β钛合金。最常应用的β钛合金是近β和亚稳β钛合金。因此，以下介绍的β钛合金特点主要是指这两种合金。

β钛合金的铝当量一般较低，为2%～5%，其合金化特点主要是加入了较多的β稳定元素，通过水冷或空冷得到几乎全部的等轴亚稳β相组织(稳定β合金则得到全部稳定β相)。亚稳β相通过时效处理，可分解为弥散分布的α、稳定β或其它第二相，使合金强度有大幅度提高。在所有类型的钛合金中，这类合金的室温强度最高。

β钛合金通过水冷或空冷得到单一的体心立方β相组织，容易塑性变形，因而具有较好的冷成形性。这类合金通常采用淬火时效的强化热处理。由于其β稳定元素含量高，淬火过程中β相不易发生分解，故其淬透性高于马氏体型α+β两相钛合金。

β钛合金的缺点是含有较多的β共析元素，在长时加热条件下易析出脆性化合物，加之β相具有较高的自扩散系数，故热稳定性较低，并且时效后拉伸塑性、高温强度及蠕变抗力也较低。因此，这类合金的使用温度低于近α及两相钛合金，长时工作温度一般不超过250℃。另外，合金中所含较高浓度的β稳定元素易产生成分偏析，并使钛合金密度增加。这些缺点限制了β钛合金的大量应用。目前各国都在寻找更为合理的合金化系统，如提高铝当量，限制铬的加入量，寻找多元β稳定元素最优添加量等，以克服β钛合金的这些缺点。

β钛合金目前主要用于250℃以下长时工作或350℃以下短时工作的、要求成形性好的飞机结构件或紧固件。我国β合金的牌号是TB后加一个表示序号的数字，有TB1及TB2两种。国外牌号主要有BT22、β-Ⅲ、BT32、Ti1023、Ti153等。目前，前苏联研制的4201合金是唯一一个稳定β钛合金，其中含33%的Mo，有极好的工艺塑性，可冷轧成薄板，焊接性良好。这种合金的主要优点是耐蚀性好，但不能时效强化，而且合金密度也高。

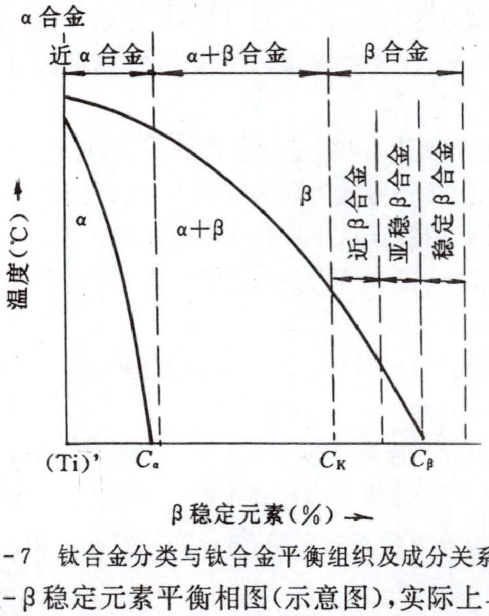

图4-7 钛合金分类与钛合金平衡组织及成分关系示意图

图4-7为一般的钛-β稳定元素平衡相图(示意图)，实际上与钛-β同晶元素相图(见图4-4)类似，也可看作钛与合金元素的多元相图的垂直截面。以上四类合金的成分范围已在图中示意，原点成分(Ti)′表示工业纯钛成分或钛与α稳定元素及中性元素的混合成分。

比较典型的钛合金牌号、成分、特点及主要用途简略总结于表 4－4。

表 4－4　典型钛合金的分类、牌号、特点及用途

分类		牌号	名义成分	K_β	铝当量(%)	热处理类型	工作温度(℃)	特　　点	主要用途
α钛合金		TA1	工业纯钛	0		退火	＜300	焊接性好，拉抻塑性高，热稳定性好，耐蚀，强度低	飞机蒙皮及受力不大的焊接件或锻件
		TA2	工业纯钛	0					
		TA3	工业纯钛	0					
		TA7	Ti5Al2.5Sn	0	5.8		＜450		
近α钛合金	低铝当量	IMI230	Ti2.5Cu	0.19		退火	＜400	工艺塑性略高于α钛合金，其他方面与α钛合金类似	类似于α钛合金
		OT4－0	Ti0.8Al0.8Mn	0.12	0.8				
		OT4－1	Ti1.5Al1.0Mn	0.15	1.5				
	高铝当量	IMI679	Ti2.25Al11Sn5Zr1Mo0.25Si	0.09	7.8	退火或强化热处理	450～600	有最高的蠕变抗力；焊接性及热塑性良好，耐热性好，拉伸塑性较低	压气机盘、叶片等
		IMI829	Ti5.5Al2.5Sn3Zr1Nb0.3Mo0.3Si	0.06	8.0				
		Ti－6242	Ti6Al2Sn4Zr2Mo	0.18	7.3				
		Ti－811	Ti8Al1Mo1V	0.16	8.0				
		Ti－6211	Ti6Al2Nb1Ta1Mo	0.19	6.0				
		BT18	Ti7.7Al11Zr0.6Mo1Nb	0.09	9.5				
		BT20	Ti6Al2Zr1Mo1V	0.16	6.3				
		IMI685	Ti6Al5Zr0.5Mo0.3Si	0.05	8.0				
		Ti－11	Ti6Al2Sn1.5Zr1Mo0.35Bi	0.10	6.9				
α＋β钛合金	低铝当量	TC1	Ti2Al1.5Mn	0.23	2.0	退火或强化热处理	300～400	中强，中耐热性，韧性较高	紧固件，小型锻件、压气机盘、叶片等
		TC2	Ti3Al1.5Mn	0.23	3.0				
		BT14	Ti4.5Al3Mo1V	0.33	4.5				
		BT16	Ti2.5Al5Mo5V	0.79	2.5				
		BT23	Ti5Al5V2Mo0.7Cr0.7Fe	0.77	5.0				
		Ti－451 (corona5)	Ti4.5Al5Mo1.5Cr	0.69	4.5				
		IMI550	Ti4Al4Mo2Sn0.3Si	0.36	5.9				

续表

分类		牌号	名义成分	K_β	铝当量(%)	热处理类型	工作温度(℃)	特点	主要用途
α+β钛合金	高铝当量	TC4	Ti6Al4V	0.27	6.0	退火或强化热处理	400～500	高温强度最高，耐热，焊接性不如近α钛合金，室温强度中等，淬透性差	压气机盘、叶片、导向器、隔圈、进气机匣等
		TC6	Ti6Al2.5Mo2Cr0.3Si 0.5Fe	0.63	6.0				
		TC10	Ti6Al6V2Sn1(Fe·Cu)	0.54	6.7				
		TC11	Ti6.5Al3.5Mo1.5Zr 0.25Si	0.32	7.8				
		Ti-6246	Ti6Al2Sn4Zr6Mo	0.55	7.3				
		Ti-6222	Ti6Al2Sn2Zr2Mo2Cr	0.49	7.0				
		BT8	Ti6.5Al3.3Mo0.3Si	0.30	7.8				
β钛合金	近β型	BT22	Ti5Al5Mo5V1Fe1Cr	1.14	5.0	强化热处理	<350	最高的室温强度，冷成形性好，良好的断裂韧性，淬透性好，密度大，耐热性差	紧固件及要求冷成形性好的结构件
		BT30	Ti11Mo6Sn4Zr	1.00	2.7				
		β-Ⅲ	Ti4.5Sn6Zr11.5Mo	1.05	2.5				
		Ti1023	Ti10V2Fe3Al	1.07	3.0				
		Ti153	Ti15V3Sn3Cr3Al	1.46	4.0				
	亚稳β型	TB1	Ti3Al8Mo11Cr	2.42	3.0				
		TB2	Ti3Al5V5Mo8Cr	2.02	3.0				
		BT32	Ti2Al8.5Mo8.5V 1.2Fe1.2Cr	1.77	2.0				
		Ti8823	Ti8Mo8V2Fe3Al	1.66	3.0				
	稳定β型	4201	Ti33Mo	3.00		退火			

§4-3 钛合金的相变

钛合金中的相变比较复杂，主要有同素异构转变、马氏体相变和ω相变等。

一、同素异构转变

如在§4-1中所述，在正常大气压力下，纯钛在约882.5℃发生同素异构转变，即

$$\alpha(\text{密排六方}) \xrightleftharpoons{882.5℃} \beta(\text{体心立方})$$

平衡冷却时，β相在882.5℃转变为α相，相变体积效应不大，约0.17%，两相之间的配置

符合 Burgers 位向关系：

$$\{110\}_\beta /\!/ \{0001\}_\alpha,\quad <111>_\beta /\!/ <11\bar{2}0>_\alpha$$

β相转变为α相的过程容易进行，相变阻力及所需过冷度均很小。例如，冷却速度增至10^4℃/秒时，转变温度仅由882.5℃降至850℃。另外，和铁的$\gamma \rightleftharpoons \alpha$转变不同，钛的$\beta \rightleftharpoons \alpha$转变不能细化晶粒，也不易消除织构。这个现象产生的原因还不十分清楚，仅从理论上初步认为，钛进行同素异构转变时，相的比容变化的理论计算仅约为铁的同素异构转变时的五十分之一，相变应力很小，不足以使新相大量形核。另外，钛进行同素异构转变时，各相之间又具有严格的晶体学取向关系和强烈的组织遗传性。以上因素均不利于利用钛的同素异构转变过程细化晶粒。

添加合金元素后，钛的同素异构转变开始温度(即β转变温度或β相变点)发生变化，转变不在恒温下进行，而是在一个温度范围内进行(因系统的自由度 $f>0$)。必须指出，β转变温度对合金成分极为敏感，主要取决于添加的合金元素种类与数量。甚至同一成分的合金，由于熔炼的炉次不同，β转变温度可能相差5～70℃。这是因为不同炉次的合金成分(特别是氧、氮等杂质浓度)波动所致。

β相中原子扩散系数较大，加热超过β转变温度后，β晶粒极易粗化。

钛及钛合金同素异构转变过程所具有的这些特点，在制订钛合金热加工工艺及实际操作过程中，应给予特别注意。

二、马氏体相变

将纯钛自882.5℃以上温度、或将合金元素含量低于临界浓度C_k的钛合金自β相区温度以足够冷却速度冷却(淬火)时，金相试件表面出现浮凸，组织中出现马氏体相，即在快冷过程中，钛及钛合金可发生马氏体相变。纯钛中的马氏体形态如图4-1(b)所示。

钛或钛合金中的马氏体相变是由于β相在快冷时来不及通过扩散转变成平衡的α相，只有通过β相中原子作集体有规律的近程迁移，发生切变相变，形成α稳定元素过饱和的固溶体，这种固溶体便称为马氏体。实质上，马氏体相变也是一种广义上的同素异构转变。

若钛合金中β稳定元素含量不高，则淬火时β相将由体心立方晶格通过切变转变为密排六方晶格。这种具有六方晶格的过饱和固溶体称六方马氏体，用α'表示。若β稳定元素含量较高，则晶格切变阻力较大，淬火时，β相由体心立方切变为斜方晶格。这种具有斜方晶格的过饱和固溶体称斜方马氏体，用α''表示。与钢中的马氏体转变类似，钛合金中的马氏体转变开始温度为M_s点，转变终止温度为M_f点。随β稳定元素含量增高，切变阻力变大，转变所需过冷度也增大，M_s与M_f点下降。当β稳定元素含量高于C_k时(如β钛合金)，合金的M_s点降至室温以下，即切变阻力已足够使β相淬火过冷至室温时也不发生马氏体转变。这种β相称过冷β或亚稳β。若β稳定元素浓度超过C_k很多并超过图4-7中的C_β成分时，则无论快冷或慢冷，β相均不发生任何转变。

钛合金中的六方马氏体α'有两种形态：合金元素含量较低时，M_s点高，α'在光学显微镜下为可分辨的块状集团，并且有表面浮凸效应。薄膜透射电镜下可观察到这些表面浮凸由集团所含板条状组织产生，每个集团内的马氏体板条互相平行，各集团之间由小角度晶界隔开。马氏体板条内主要是密集位错的精细结构，基本上不存在孪晶。块状马氏体α'的典型组织见图4-8。

随合金元素含量增加，M_s点下降，块状α'集团尺寸减小，甚至可以减小到变为单片的α'，

即每片 α′ 之间均有不同的位向关系，同时片内出现较多的孪晶。这种马氏体称为针状马氏体，其典型组织见图 4－9。

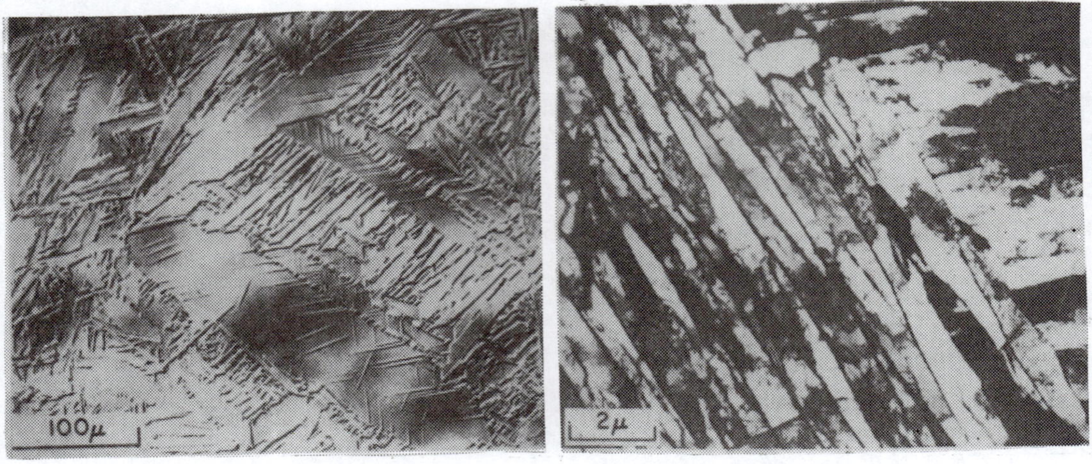

(a) 光学显微镜照片　　(b) 电子显微镜照片

图 4－8　块状 α′ 马氏体的组织形态（Ti－1.78Cu 合金，900℃水冷）

当合金元素含量更高时，在一些合金中可能会出现斜方马氏体 α″。因其 M_s 点更低，α″ 为更细的针状形态，内有密集的孪晶，其电镜组织见图 4－10。并非所有合金系中均会出现 α″，实验表明，在二元合金中，只有钛与合金元素原子半径之比小于 1.07 时，才可能形成 α″。

(a) 光学显微镜照片　　(b) 电子显微镜照片

图 4－9　针状 α′ 马氏体的组织形态（Ti－12V 合金，900℃水冷）

除淬火时 β 相可发生马氏体转变外，过冷 β 相在受力时也可能发生马氏体转变，称应力诱发马氏体，尤其在 β 稳定元素含量略高于 C_k 的某些 β 钛合金中，容易出现这种现象。应力诱发马氏体均为 α″ 晶体结构，亦为针状，如图 4－11 所示。

应当指出，钢中马氏体是过饱和的间隙固溶体，能强烈提高钢的硬度与强度。而钛合金中的马氏体是过饱和的置换固溶体，产生的晶格畸变较小，故其强度、硬度仅略高于 α 相，对合金只有较小的强化作用。当合金中出现斜方马氏体 α″ 时，强度、硬度特别是屈服强度甚至明显下降。

图 4-10 针状 α″马氏体形态(Ti8.5Mo0.5Si 合金,950℃水冷)

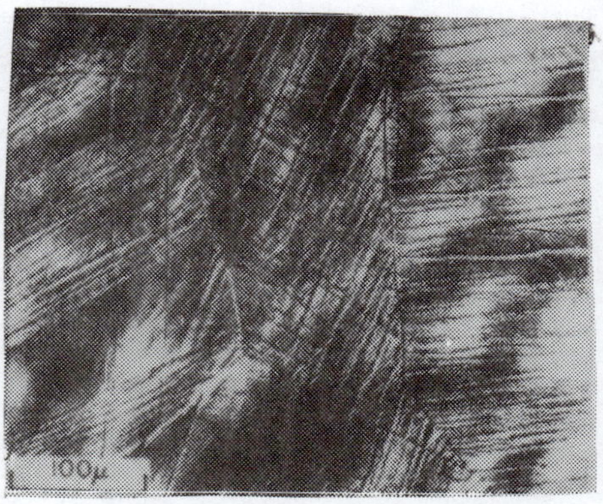

图 4-11 应力诱发马氏体组织形态(Ti14Mo3Al 合金)

三、ω 相变

成分位于 C_k 附近的合金,若将其 β 相从高温迅速冷却(淬火),可转变成 ω 相,当合金元素含量较低时,ω 相为六方结构,随着合金元素含量增加,逐步过渡到菱方晶系。ω 相总是与 β 相共生且共格,被认为是 β→α 转变的中间过渡相。

淬火时,β→ω 相变也属无扩散型相变,但与经典的马氏体转变不同,点阵改组时原子位移很少,金相试片上不出现表面浮凸。ω 相的粒子尺寸很小,仅约 2～4 nm,为高度弥散、密集分布的颗粒,体积分数可达 80%以上,其形态见图 4-12。

图 4-12 ω 相的电镜形态(暗场,β-Ⅲ合金,900℃淬火)

ω 相不仅在淬火时可由 β 相形成,淬火后的亚稳 β 在 550℃以下等温(回火或时效),也可转变为 ω 相,形核仍以切变方式进行,但随后的长大却靠原子扩散,这点不同于淬火 ω 相。这种等温时由亚稳 β 相转变而成的 ω 相称为等温 ω 相,或称时效 ω 相。

等温 ω 相的形成原因,是由于亚稳 β 在等温时发生了溶质原子偏聚,形成了溶质富集区和贫化区,当贫化区溶质浓度接近 C_k 时,即可发生 ω 转变。等温 ω 相一般有椭球形和立方体形两种形态,如图 4-13 所示,这主要与合金元素在 ω 相和 β 相共格界面造成的错配度高低有关。

ω 相是一种硬脆相。合金中出现 ω 相时,强度、硬度和弹性模量都显著增高,但塑性却急剧降低。当合金中 ω 相体积超过 80%时,即无宏观塑性,如 ω 相体积分量适当(约 50%左右),则合金可有强度与塑性的良好配合。

在时效或回火时,如合金中含铝,可促使 α 相在亚稳 β 相中的形核和长大。α 相长大要消耗母体(β+ω),从而降低 ω 相的稳定性,即降低 ω 相在回火过程中存在的温度及时间范围。钛合金中的杂质氧是强 α 稳定元素,也有抑制 ω 相形成的作用。一般的工业钛合金中都含较多的铝,在回火或时效工艺适当(如温度略高、时间略长)时,一般可使合金中的 ω 相充分分解。

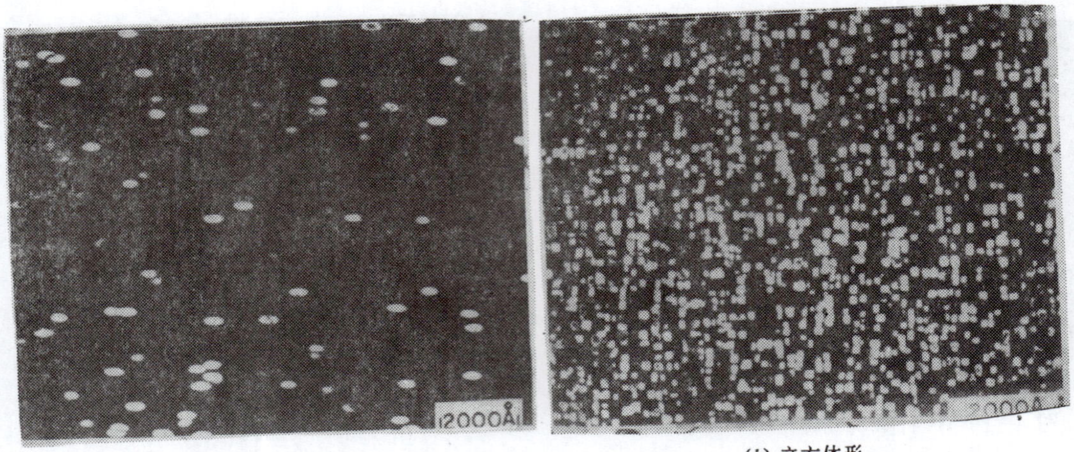

(a) 椭球形　　　　(b) 立方体形

图 4-13　等温 ω 相电镜照片(暗场)

四、钛合金慢冷却中的相变

对钛合金相变影响最大的是 β 稳定元素。图 4-14 示意地表示了钛-β 同晶元素相图。实际上,大部分钛合金多元相图的垂直截面图形都与图 4-14 相类似。

相图中的 t_0 点为纯钛的同素异构转变温度。若相图原点不是纯钛而是合金,则 t_0 点可扩展为一个温度区间,如图 4-7 所示。

图中的 t_0C_β 线表示 $\beta \rightarrow \alpha$ 转变开始温度线,即 β 相变点线。t_0C_α 线为 $\beta \rightarrow \alpha$ 转变终止线。

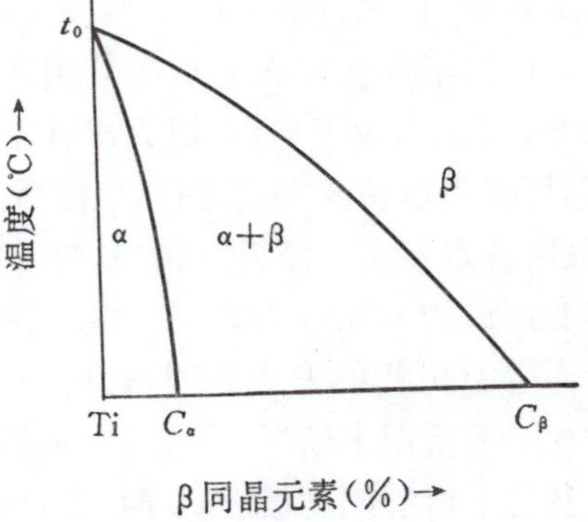

图 4-14　Ti-β 同晶元素二元系固态平衡相图示意图

钛合金慢冷(如退火中的炉冷或大型工件空冷)过程可用此图进行分析。β 稳定元素含量小于 C_α 的合金,无论从何种温度炉冷,组织均为单相 α,但空冷时,由于 $\beta \rightarrow \alpha$ 的相变来不及进行到底,合金组织中往往残留有少量的亚稳 β。

成分范围位于 $C_\alpha \sim C_\beta$ 的合金自 β 相区慢冷时,将从 β 相中不断析出 α 相。两相成分各沿 t_0C_α 及 t_0C_β 线变化,α 核心首先在 β 晶界形成,并沿晶界长大成为网状晶界 α,同时由晶界 α 处以片状 α 形态向 β 晶内生长,并平行排列,形成 α 片丛,每个片丛称为一个 α 束域。这种形态的 α 组织如图 4-15 所示。

当加热温度较低或冷速较快时,不同位向的 α 形核率较高,α 束域尺寸减小,有时甚至每片 α 都有不同位向,互相交错,称为编织或网篮状 α 组织,如图 4-16 所示。

在 α 片间存在剩余的 β 相薄层。β 稳定元素含量越多,剩余 β 相亦越多,β 相薄层越厚。

钛合金从(α+β)两相区慢冷时,由于冷却前组织中已存在 α 颗粒(称为初生 α),冷却过程中 α 相沿初生 α 颗粒边界析出,使初生 α 颗粒粗化。也可在初生 α 颗粒边界形核后向 β 相内生长,形成 α 束域。

在慢冷过程中,从 β 晶粒中析出的 α 束域组织,统称为 β 转变组织。但习惯上,β 转变组织往往特指在两相区温度加热并冷却时，由β晶粒转变所得到的组织。而自β相区冷却，由β晶粒转变所得到的组织，往往称为魏氏组织。

图 4－15　平直状α(IMI685 合金，β相区炉冷)

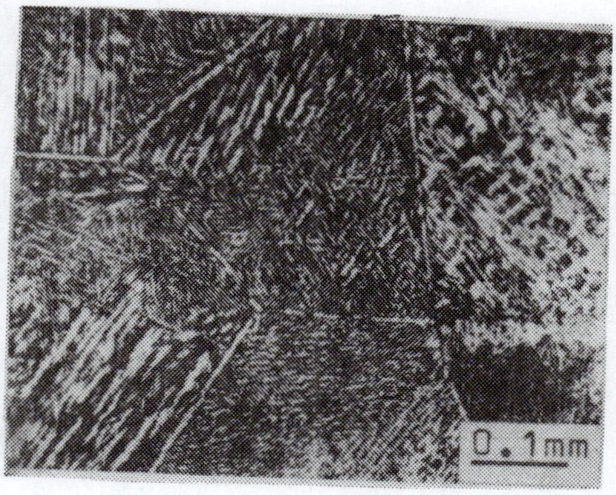

图 4－16　编织状α(IMI685 合金，β相区空冷)

β稳定元素含量大于 C_β 时，任何温度下慢冷或快冷，均为单相β组织。

五、钛合金的亚稳相图及快冷中的相变

如前所述，钛合金的非平衡冷却相变比较复杂，存在着β→α′、α″、ω及亚稳β的相变过程。

不平衡冷却条件下获得的相与组织取决于淬火加热温度及原始组织状态等因素，可用亚稳相图表示，见图 4－17。

与平衡相图(图 4－14)比较，亚稳相图中仅增加了 t_0C_k 及 t_0C_1 两条线，前者为马氏体相变开始线，也称 M_s 线，后者为马氏体相变终止线，也称 M_f 线。β稳定元素含量不同时，马氏体有 α′ 及 α″ 两种，在 C_k 附近，还有可能出现ω相变。因此，在亚稳相图的成分坐标上又增加了 C_0、C_2 及 C_3 各点，分别对应于快冷时开始出现 α″、ω及不再出现ω的β稳定元素含量界限。这样，在成分坐标上，被具有不同相变特性的各成分点 C_α、C_0、C_1、C_2、C_k、C_3 及 C_β 分隔为具有不同相变特性的各

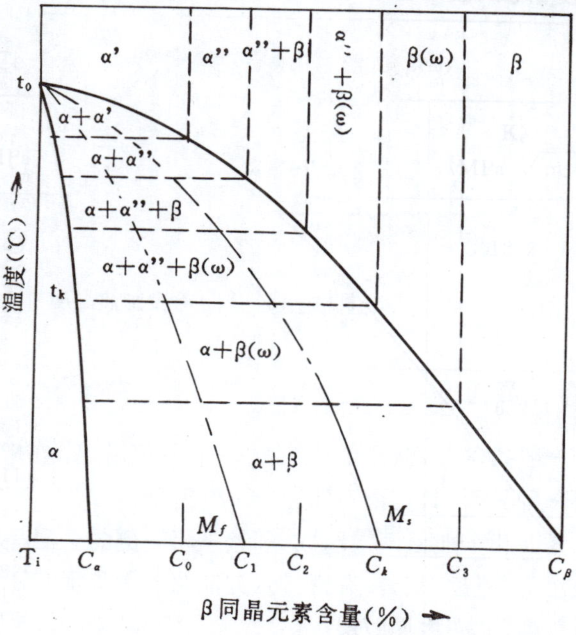

图 4－17　Ti－β同晶元素二元系亚稳相图示意图

成分区间。与此相对应，自 β 相区快冷，得到不同相变产物的成分区间以垂直虚线标示于 t_0C_β 线的上部。由图可见，β 稳定元素含量低于 C_0 的合金自 β 相区淬火得 α' 相；成分在 C_0C_1 之间的合金得 α'' 相；成分在 C_1C_2 之间的合金得 α'' 及残余 β 相，成分在 C_2C_3 之间的合金淬火过程中发生 ω 相变生成 ω 相与残余 β 相的弥散混合物，成分在 C_2C_k 之间的合金淬火产物中还有 α'' 相。

若将合金只加热到 $\alpha+\beta$ 两相区（即 t_0C_β 线以下）温度，则在该加热温度下，合金组织中存在 α 相。此时，与 α 相共存的 β 相的成分，根据杠杆定律应位于此温度水平线与 t_0C_β 线的交点上。快冷时 α 相不发生转变，只有 β 相发生转变。转变产物由 β 相的成分决定。因此，可作一系列水平线段，将 $\alpha+\beta$ 两相区分隔成不同的温度区间。分别自各区间内的温度淬火所得组织（或相组成物）示于各区间内（见图 4-17）。根据此图可预测任何成分的合金自任何温度淬火所得的组织。例如，此图表明，从略高于 t_k 温度淬火所得组织为 $\alpha+\alpha''+\beta(\omega)$。典型的两相钛合金组织与加热温度及冷却速度的关系如图 4-18 所示。

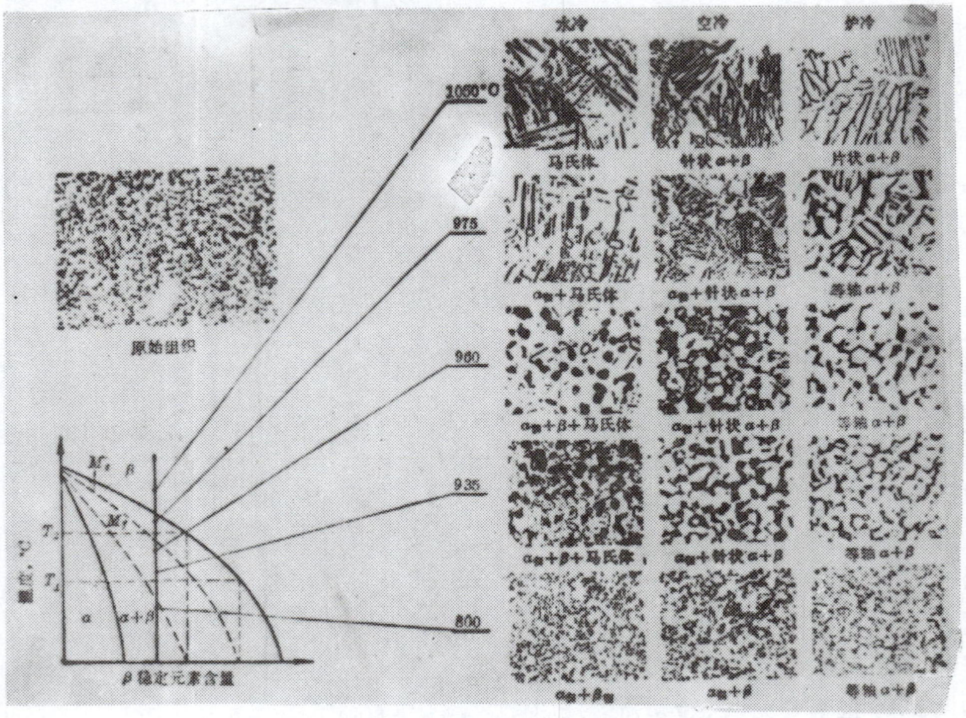

图 4-18 TC4 合金加热温度和冷却速度对组织的影响

六、界面相

一般条件下，钛合金往往由 α+β 两相组成。在电子显微镜下观察时，经常可在 β/α 交界上看到一种界面相，其形态如图 4-19 所示。

界面相一般由两层组成，邻接 β 相一侧的一层呈整块状，为面心立方。邻接 α 相一侧的一层呈密集“梳齿”状，具有密排六方晶格。因界面相不是单一的相，而是这两层不同晶体结构的相的总称，故亦称界面层。

界面相是连续冷却时在一定温度范围内形成的，其厚度与冷速有关。目前对界面相的转变机制及形成原因研究尚不充分，但可以认为它是 β→α 转变过程中的一种中间过渡相。

界面相对两相钛合金的性能有影响。当合金中初生α量相同时，材料屈服强度随界面相厚度增大而提高，而延伸率则随之下降。

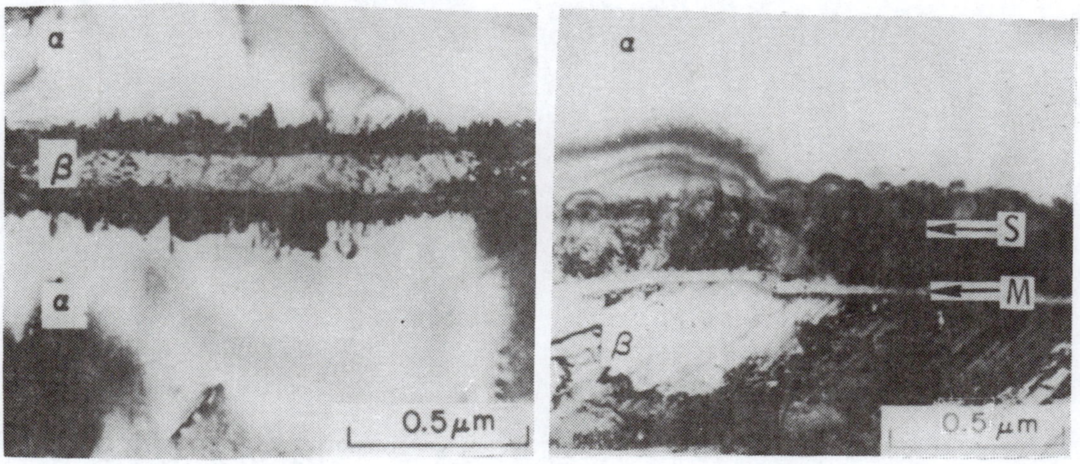

(a) 全貌　　(b) S为梳齿状层，M为整块状层

图 4-19　TC4合金中的界面相

七、α+β钛合金的基本组织类型与性能特点

钛合金的组织不但取决于相变过程，更与热加工（轧制、锻造、挤压等）过程有关，仅靠热处理不能显著改变其组织形态。因而，分析钛合金的组织变化，除应根据相图外，还必须考虑合金的热加工过程及材料的原始组织。

钛合金的最终性能主要由组织组成物决定。由于钛合金相变的复杂性及热加工过程的多样性，其显微组织类型较多。但就应用最广的两相钛合金而言，一般可归纳为魏氏组织、网篮组织、双态组织及等轴组织四大类，有时也把双态组织归入等轴组织一类之中。

1. 魏氏组织　当两相钛合金变形开始和终了温度都在β相区，变形量又不很大（一般小于50%）时，或将合金加热到β相区后较慢冷却时，都将得到魏氏组织。

魏氏组织的特征是具有粗大的原始β晶粒，在原始β晶界上分布有清晰的晶界α，原β晶内为片状α束域，α片间为β相。若在β相区较高温度加热、冷速较慢，则形成的晶界α较宽，α束域较粗大，片状α为平直状，如图4-15及图4-20所示。若从β相区较快冷却，则形成的晶界α较窄，甚至不出现，α束域尺寸减小，甚至每片的位向均不相同，片的宽度也变窄，互相交错，呈编织状，α片间的β相数量增多，如图4-16及图4-21所示。较薄工件，冷却速度较快时，其α束域内的片状α可能为马氏体针所替代。

图4-22为两相钛合金在β相区变形所得的魏氏组织形成过程示意图，它与亚共析钢魏氏组织形成过程类似。

2. 网篮组织　两相钛合金在β转变温度附近变形，或在β相区开始变形，但在两相区终止变形，变形量为50%～80%时，都将得到网篮组织。

网篮组织的特征是原始β晶粒边界在变形过程中被破坏，不出现或仅出现少量分散分布的颗粒状晶界α，原始β晶粒内的α片变短（即长宽比较小），α束域尺寸较小，各片丛交错排列，犹如编织网篮状，如图 4－23 所示。

图 4－20　平直状 α 魏氏组织
（TC4 合金，1020℃炉冷）

图 4－21　编织状 α 魏氏组织
（TC4 合金，1020℃水冷）

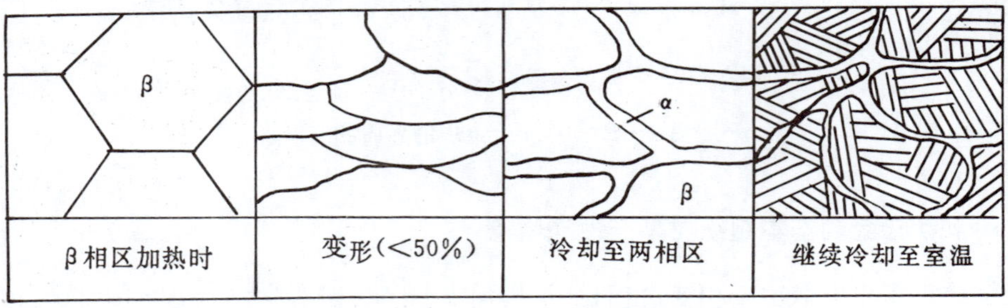

图 4－22　β 相区变形及冷却过程中魏氏组织形成示意图

魏氏组织和网篮组织中的 α 片形态类似，均统称为片状 α 组织。但两者的形成条件不同，性能也有很大差异，组织形态（如晶界 α 的形态、α 片的长宽比及 α 束域尺寸）也有一定差别。

两相钛合金变形在 β 相区开始、在两相区终止，所得到的网篮组织形成过程示意图见图 4－24。

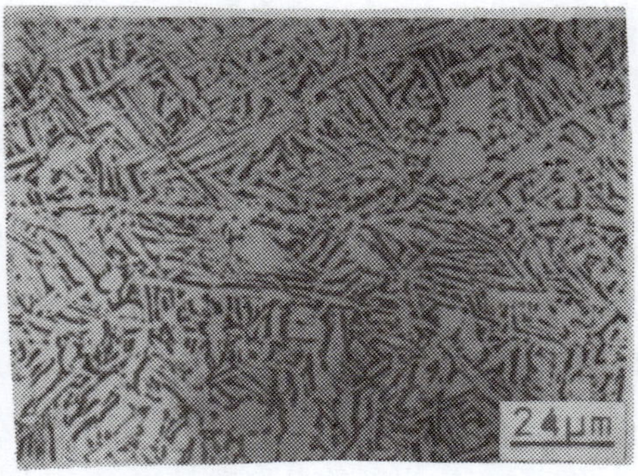

图 4－23　TC4 合金的网篮组织

3. 双态组织　两相钛合金在两相区上部温度变形，或在两相区变形后，再加热至两相区上部温度而后空冷，可得到双态组织。

双态组织的特征是在 β 转变组织的基体上，分布有互不相连的初生 α 颗粒，其数量小于 50％。双态组织指组织中的 α 有两种形态，一种为等轴状的初生 α，另一种为 β 转变组织中的片状 α，与初生 α 相对应，这种片状 α 亦称为次生 α 或二次 α，如图 4－25 所示。

若在两相区变形后于两相区上部温度淬火，也可得到双态组织，但 β 转变组织中的 α 条可能被板条状或针状马氏体所替代。

双态组织的形成过程如图 4－26 所示。

4. 等轴组织　两相钛合金在低于双态组织形成温度(约低于β相变点 30～50℃)的两相区变形，一般可获得等轴组织。

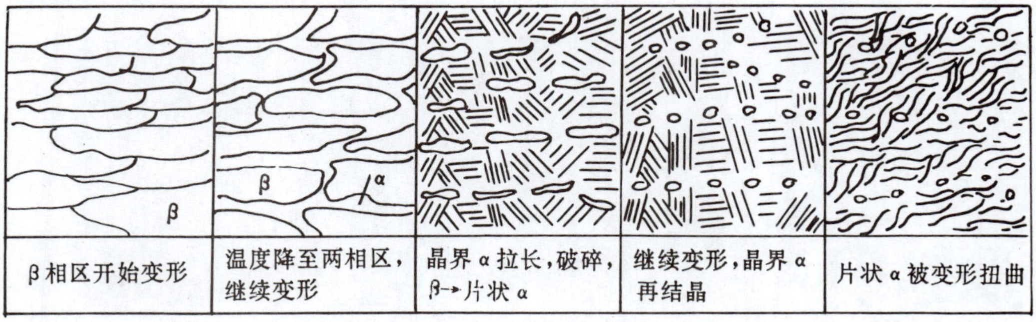

图 4-24　β相区开始变形、两相区终止变形的网篮组织形成过程示意图

等轴组织的特征是在均匀分布的、含量超过 50%的等轴初生α基体上，存在一定数量的β转变组织，如图 4-27(*a*)所示。变形温度越低，则初生α数量越多，其中的位错密度越大。当变形温度很低或变形量很大时，动态再结晶不充分或来不及进行，以致初生α及β转变组织沿变形方向伸长。若将这种拉长的组织进行两相区加热的再结晶退火，则初生α仍可变为等轴状。

图 4-25　TC4 合金的双态组织

当变形温度很低时，β相中的β稳定元素含量较高，比较稳定，冷却时β相内不会析出片状次生α，其最终形态为等轴初生α颗粒分布在β相基体之上。这种等轴的组织称为晶间β组织，如图 4-27(*b*)所示。若将初生α+β转变组织加热至两相区上部温度后，以极慢冷速冷却，则次生α不在β晶内形核析出，而是沿初生α边界析出，与初生α连在一起，也得到晶间β组织。

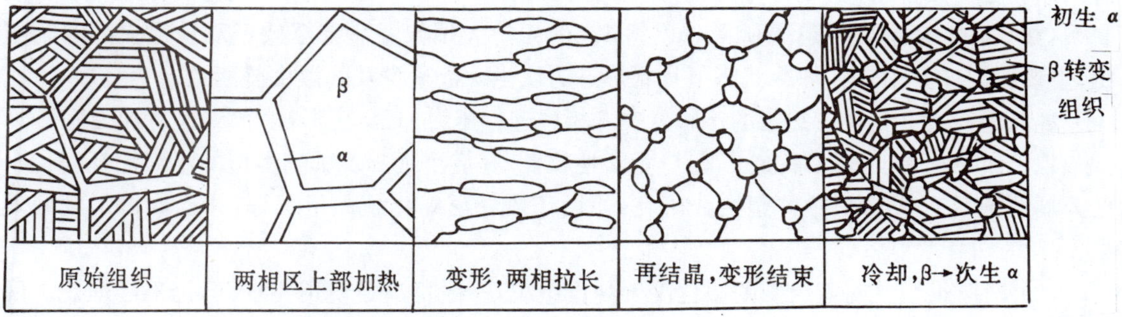

图 4-26　两相区上部变形的双态组织形成过程示意图

等轴组织中初生α数量最多，而双态组织中则是β转变组织数量最多。但当初生α量接近 50%时，究竟属双态组织还是属等轴组织，已无原则区别。因此，有的书中也将双态组织称为等轴组织。

等轴组织的形成过程与双态组织形成过程相似，可参考图 4-26，仅需注意等轴组织中初生 α 的相对量应增多即可。

上述所有组织，在其形成的温度范围内，施加的变形程度增大，可使组织的细化程度增加。

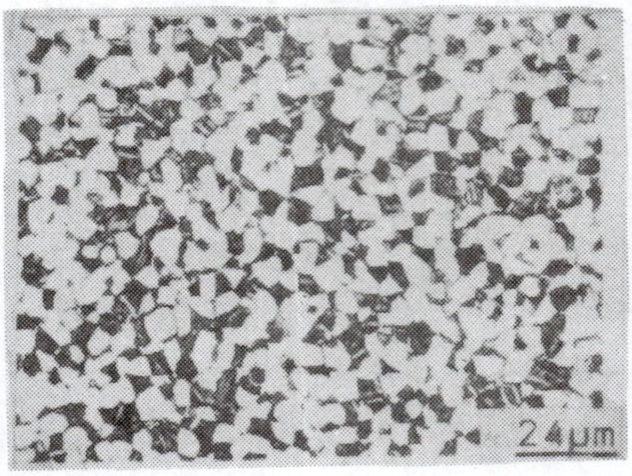

(*a*) 初生 α+β 转变组织

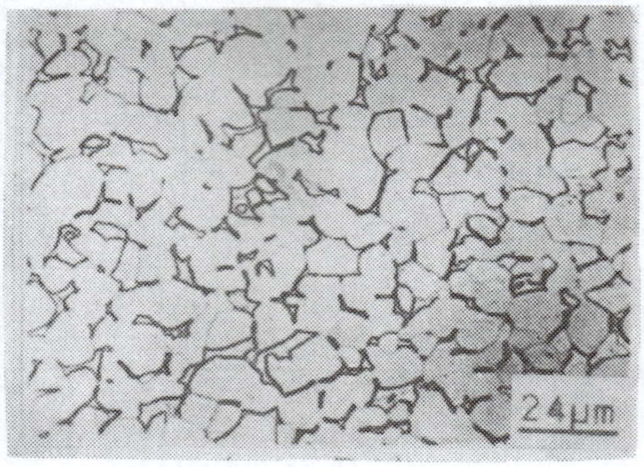

(*b*) 初生 α+晶间 β

图 4-27　TC4 合金的等轴组织

5. 各类显微组织的性能特点

(1) 魏氏组织　在原始 β 晶粒不十分粗大的情况下，魏氏组织的室温拉伸强度与其它类型的组织相差不多，有时略高。魏氏组织突出的弱点是塑性，尤其是断面收缩率远低于其它类型的组织。这是由于其原始 β 晶粒比其它类型的组织粗大、而且存在网状晶界 α 的缘故。另外，这种组织的疲劳性能也较低。

魏氏组织的主要优点之一是断裂韧性高，原因有二：一是由于晶界 α 的存在，使晶间断裂比例减小；二是在魏氏组织中，裂纹往往沿 α、β 相界面扩展，因各 α 束域取向不同，使裂纹扩展至束域边界后，继续扩展受到另一位向 α 束域的阻碍而被迫改变方向。这样，裂纹扩展遇到不同位向的 α 束域时，就要经常改变方向，使扩展路径曲折，增加了分枝及裂纹的总长度，从而使断裂时吸收的能量变大，因而断裂韧性增高。

魏氏组织的另一优点是在较快冷却(如空冷)状态下，其蠕变抗力及持久强度较高，这是因其原始 β 晶粒比较粗大所致。魏氏组织的持久强度与 α 束域中的次生 α 数量及弥散度有密切联系，如 TC11 合金炉冷退火所得魏氏组织 500℃持久拉伸寿命甚至低于双重退火的等轴组织，主要原因就是前者在炉冷状态下片状形态的次生 α 数量少及弥散度差所致。

魏氏组织是 β 相区热加工的产物。在 β 相区进行压力加工，变形抗力小，容易加工变形。

魏氏组织虽有上述许多优点，但毕竟塑性较低，其应用远不及其它类型的组织广泛。目前，已开展了改善魏氏组织拉伸塑性的研究，如循环热处理细化魏氏组织等，并已取得了较好效果。

(2) 网篮组织　网篮组织的塑性高于魏氏组织，一般可满足使用要求，但仍不够理想。网篮组织的疲劳性能高于魏氏组织，但断裂韧性却低于魏氏组织。一些大型锻件容易获得网篮组织。在实际应用中，对于高温长期受力部件，往往采用网篮组织代替魏氏组织。因为网篮组织的塑性、蠕变抗力及高温持久强度等综合性能较好。

(3) 双态组织和等轴组织　双态组织和等轴组织性能特点大致相同，仅随所含初生 α 数量不同而有一定差异。

这两种组织性能特点恰与魏氏组织相反，具有较高的疲劳强度和塑性。因而，在大多数场合，一般都希望获得这两种组织。

这两种组织的主要缺点是断裂韧性及高温性能不如魏氏或网篮组织，且必须在两相区进行压力加工才能得到，而在两相区压力加工时变形抗力大。

初生α颗粒数量对两种组织的性能有一定影响。一般地说，初生α数量增加时，强度变化不大，但断面收缩率增大。当初生α增加至一定数量后，断面收缩率增加已不明显。疲劳极限亦随初生α数量的增多而提高。但是，蠕变抗力及持久强度却随初生α颗粒的增多而下降。可见，双态组织与等轴组织在性能上的差别，是因初生α颗粒数量的差别所致。初生α颗粒数量对两相钛合金(如TC4合金)拉伸性能的影响见图4-28。

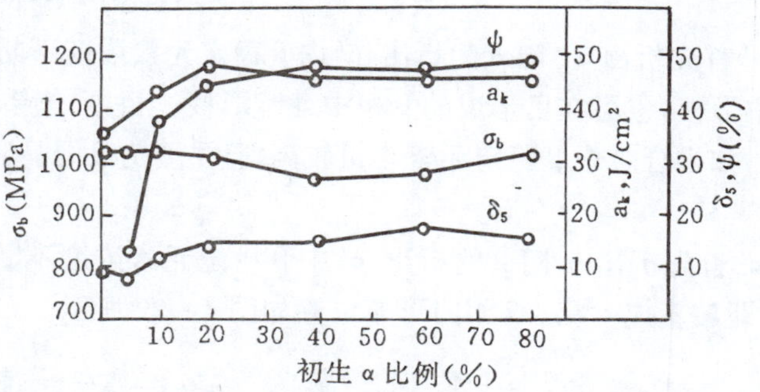

图4-28 初生α数量对TC4合金室温机械性能的影响

适当地控制初生α或β转变组织的相对数量，可以调整合金的各种性能。一般，当初生α颗粒为15%～45%范围内时，两相钛合金的综合性能好。若欲减少组织中初生α颗粒的数量，可在两相区上部温度退火，退火温度越高，初生α数量越少；若欲增加初生α颗粒数量，则单纯的热处理不能实现此目的，需要在两相区较低温度进一步变形加工，随后用控制热处理加热温度的方法控制初生α数量。

试验表明，等轴组织的断裂韧性K_{1c}随其β转变组织中α片的厚度增大而增加。这是因为在等轴组织中，当裂纹在β转变组织内扩展时，β转变组织中的α片较厚，其抵抗裂纹穿越并迫使裂纹遇到α片时拐弯的可能性增大，从而增加了裂纹扩展路径的曲折程度。故欲提高合金的K_{1c}时，可提高α+β相区内热处理的加热温度，使之接近β相变点，并适当延长保温时间和进行空冷，以增大α片的厚度。

表4-5总结了两相钛合金典型组织的性能特点。

表4-5 两相钛合金典型组织性能特点比较

组织类型	室温强度	室温塑性	冲击韧性	断裂韧性	疲劳极限	高温瞬时拉伸强度	高温瞬时拉伸塑性	持久强度	蠕变抗力
魏氏	最高	最低	最低	最高	最低	中	最低	最高	最高
网篮	较高	较低	中	较高	中	中	较高	较高	较高
双态	较低	较高	中	较低	中	较低	较高	较低	较低
等轴	较低	最高	最高	最低	最高	较高	较高	最低	最低

八、亚稳相的分解

在慢冷条件下(如炉冷)，钛合金相变按图4-14进行，室温下为稳定的α、β或α+β组织。

在较快冷却条件下(如水冷),相变则按图 4 - 17 进行,形成具有 α′、α″、ω 及亚稳 β 等相的组织。这些相在热力学上是不稳定的,一旦有条件(如加热),便要分解,合金的性能也随之变化。这些相的分解过程比较复杂,但最终产物均为平衡状态的 α、β。若合金中存在 β 共析元素,并且在分解过程中能够发生共析反应时,部分 β 相会发生 $\beta \rightarrow \alpha + Ti_xM_y$ 的反应,生成一些 Ti_xM_y 化合物相。

在亚稳相分解过程的一定阶段,可以获得弥散分布的 α、β 相,造成弥散强化效应,这便是大多数钛合金能够热处理强化(即淬火时效强化)的基本原理。

1. 六方马氏体 α′的分解　α′时效时的分解过程与 β 稳定元素含量有关。

如果合金中 β 稳定元素含量较少,*Ms* 点较高,则 α′的分解过程一般为:

$$\alpha' \rightarrow \alpha + \alpha' \rightarrow \alpha + \beta$$

即 α′首先析出 α。随 α 的析出,α′内 β 稳定元素浓度不断增大,最终改组为 β 晶格。α 相既可在 α′中形核,也可在已形成的 β 相中继续形核。相界、位错等处是 α 相形核的主要地点。

如果合金中 β 稳定元素含量较高,且主要为 β 同晶元素时,则 α′的分解过程一般为:

$$\alpha' \rightarrow \alpha' + \beta \rightarrow \alpha + \beta$$

即 α′首先析出 β,随 β 的析出,α′中 β 稳定元素浓度不断降低,最后其晶格常数变为与 α 的相同,即转变成 α 相。β 相的形核位置如图 4 - 29 所示。

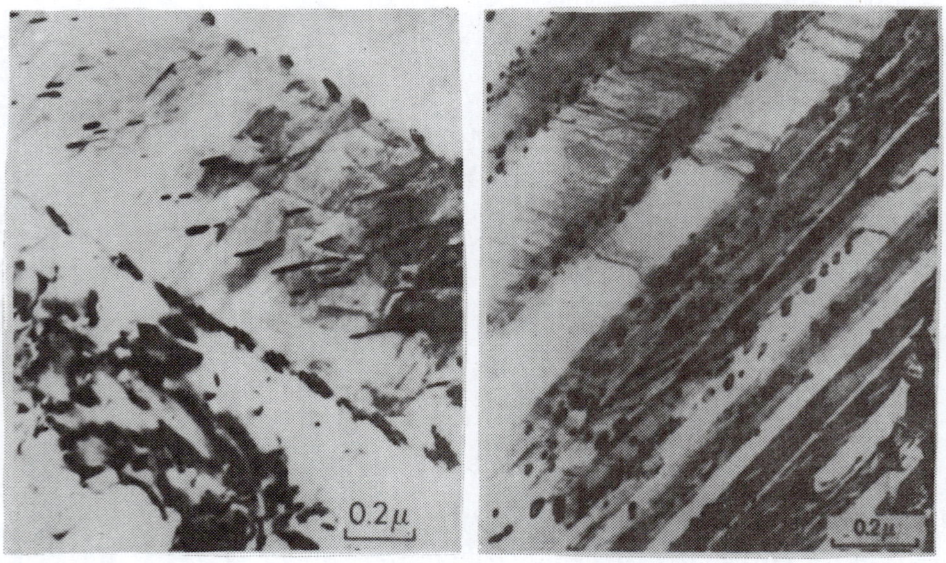

(*a*) 在 α′边界及晶内形核　　(*b*) 在位错上形核

图 4 - 29　TC4 合金的 α′时效时 β 相析出位置

当合金中 β 稳定元素含量较高,并存在 β 共析元素时,α′的分解过程可表示为:

含快共析元素时　$\alpha' \rightarrow \alpha' + \beta \rightarrow \alpha + \beta \rightarrow \alpha + Ti_xM_y$

或　$\alpha' \rightarrow \alpha' + Ti_xM_y \rightarrow \alpha + Ti_xM_y$

含慢共析元素时　$\alpha' \rightarrow \alpha' + \beta \rightarrow \alpha + \beta \xrightarrow{\text{(不一定进行)}} \alpha + Ti_xM_y$

共析反应生成的 Ti_xM_y 化合物形成过程是在含快共析元素的 α′分解的初期,与 β 相析出的同时,形成快共析元素的富化区(即过渡相),并与 α′共格(如图 4 - 30 所示),在继续时效过程中，这些过渡相再转变为半共格或共格的化合物。有些化合物（如硅化物 Ti_5Si_3）也可在相界及位错线上直接析出。

如果 α′ 中含有慢共析元素，则分解时倾向于首先析出 β。至于共析反应是否能发生，则取决于溶质浓度、时效温度及持续时间等因素。

2. 斜方马氏体 α″的分解　α″的分解更为复杂，可以归纳为以下几种方式：

α″→亚稳 β+α″（贫）→亚稳 β+α′→β+α

α″→α+α″（富）→α+亚稳 β→α+β

α″→α″（富）+α″（贫）→亚稳 β+α″（贫）→β+α

α″→亚稳 β → β（贫）→ ω → α ↘ α+β；亚稳 β → β（富）→ β ↗ α+β

根据 α″的成分、溶质性质、淬火组织中与 α″共存相及热处理状态的不同，α″的分解过程则不同。

4－30　Ti4Cu 合金 α′ 时效形成的共格富 Cu 区

3. 亚稳 β 相的分解　时效温度下，密排六方的 α 在体心立方的亚稳 β 中形核比较困难。因此，亚稳 β 必须经过一些中间过渡阶段才能析出平衡的 α 相。至于形成何种中间过渡相，则取决于合金成分和时效温度。最常见的过渡相是等温 ω 和 β′ 相。

等温 ω 相在§4－3 中已作过介绍。β′ 相是在 200～500℃时，由 β 稳定元素含量较高的合金亚稳 β 相中分离出来的另一种成分的体心立方过渡相，如图 4－31 所示。β′ 在 β 相基体内均匀分布，并与 β 相共格，但所含 β 稳定元素比 β 相少。

亚稳 β 相在时效时的分解过程一般为：

亚稳 β→β′ +β→α″ +β→α+β

或　　亚稳 β→β′ +β→ω+β→α+β

4. 其他相的分解　其分述如下：

（1）ω 相的分解　ω 相实际上也是 β 稳定元素在 α 相中的 一种过饱和固溶体，分解过程也比较复杂。由于合金中一般含有铝，使 ω 相不稳定而易于分解。淬火 ω 相在时效时与其他亚稳相一起分解成 α+β；而等温 ω 相则是亚稳 β 或 α″分解过程中的过渡相，当时效温度和时间合适时，最终也要分解为 α+β。

（2）过饱和 α 的分解　淬火后，一些 α 稳定元素、中性元素及一些快共析元素（如硅、铜等），有可能在 α 中过饱和。在时效过程中，过饱和 α 有可能发生 α→$α_2$ 的析出。$α_2$ 为有序相，名义成分为 Ti_3M，如 Ti_3Al、Ti_3Sn 等。$α_2$ 本身是一种脆性相，形态一般为椭球状、杆状或细颗粒状，分布在 α 基

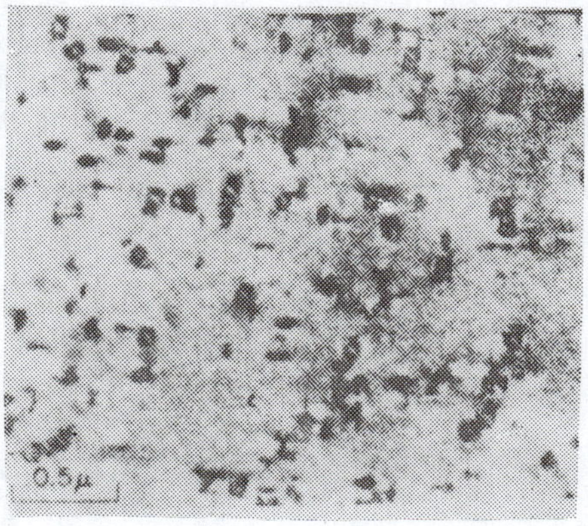

图 4－31　Ti－20％(At.)V－8％(At.)Zr 合金的 β′ 相形态

体内。

(3) 共析分解　钛与β共析元素组成合金系时，在一定成分或温度范围内发生$\beta \rightarrow \alpha + Ti_xM_y$的共析反应。共析反应速度除与所加入元素是快共析元素还是慢共析元素有关外，也与元素浓度、反应温度及杂质元素有关。在共析反应容易进行的条件下，快冷过程中即可发生，此时甚至得不到过冷的亚稳β相。在含慢共析元素且共析温度又比较低的条件下，即使在共析温度保温几周时间，反应还不能开始。

共析分解产物Ti_xM_y一般会使合金脆化。如合金在高温下长时工作，则逐渐分解出来的Ti_xM_y会使合金逐渐脆化，使合金的热稳定性降低。但若能合理地控制共析分解产生的硅化物的数量与分布，可对合金的蠕变抗力有利。

§4-4　钛合金的热处理

在不同的加热、冷却条件下，钛合金中会出现各种相变，得到不同的组织。适当的热处理可控制这些相变并获得所希望的显微组织，从而改善合金的力学性能和工艺性能。

一、钛合金热处理的特点

钛合金热处理的特点在前面有关部分已作过介绍，在此仅作概括说明。

(1) 马氏体相变不引起合金的显著强化。这个特点与钢的马氏体相变不同。钛合金的热处理强化只能依赖淬火形成的亚稳相(包括马氏体相)的时效分解。

(2) 应避免形成ω相。形成ω相会使合金变脆，正确选择时效工艺(如采用高一些的时效温度)，即可使ω相分解为平衡的α+β。

(3) 同素异构转变难于细化晶粒。

(4) 导热性差。导热性差可导致钛合金，尤其是α+β合金的淬透性差，淬火热应力大，淬火时零件易翘曲。由于导热性差，钛合金变形时易引起局部温升过高，使局部温度有可能超过β相变点而形成魏氏组织。

(5) 化学性活泼。热处理时，钛合金易与氧和水蒸汽反应，在工件表面形成具有一定深度的富氧层或氧化皮，使合金性能变坏。钛合金热处理时容易吸氢，引起氢脆。

(6) β相变点差异大。即使是同一成分，但冶炼炉次不同的合金，其β转变温度有时差别很大(一般相差5～70℃)。这是制定工件加热温度时要特别注意的特点。

(7) 在β相区加热时β晶粒长大倾向大。β晶粒粗化可使塑性急剧下降，故应严格控制加热温度与时间，并慎用在β相区温度加热的热处理。

以上特点，在钛合金热处理工艺的制定与实施过程中，必须给予充分注意。

二、退火

退火的主要目的是提高塑性，消除应力，稳定组织，保证一定的机械性能。

常见的钛合金退火方式有普通退火、再结晶退火、去应力退火、β退火、等温退火、双重退火及真空除氢退火等。各种方式的退火温度范围见图4-32。具体的退火温度可查阅有关手册。退火过程的组织变化可按图4-14分析。

对于两相钛合金，在退火过程中会发生β→α相变，退火温度较低或冷却速度较慢时，容易

得到 α+晶间 β 组织。

退火常用的冷却方式为：炉冷到一定温度后空冷；空冷；分级冷却（在加热保温后，将工件迅速转入另一温度较低的炉中保温一定时间后空冷）；两次（或三次）加热，每次加热后均空冷（即双重或三重退火）。

两相钛合金中，β 稳定元素含量越少，退火冷速对合金组织、性能的影响越小。

亚稳 β 钛合金中的 β 相比较稳定，空冷即可阻止 α 相的析出。炉冷时，α 相有少量析出，分布不均匀，性能不如空冷时的单一 β 相组织好。

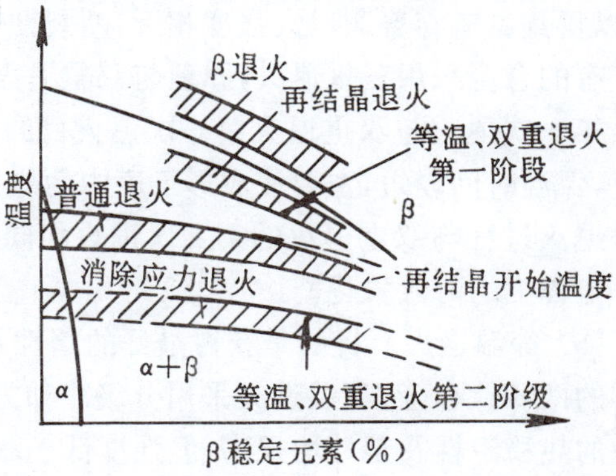

图 4-32　钛合金各种方式退火温度范围示意图

大多数钛合金的 β 转变温度高于其再结晶温度，只有一些 β 稳定元素含量很高的合金例外。

再结晶温度与变形度有关。两相钛合金的再结晶过程比单相钛合金复杂。这是因为 α、β 两相都要发生再结晶，因两相的特性及变形量不同，故再结晶过程不完全相同。此外，β 相对 α 相的再结晶有一定的阻碍作用。一般，合金的变形度要达到 20% 以上才能使合金中的 α、β 均沿变形方向伸长，再结晶退火时，两个相才均能发生再结晶。退火空冷时，在再结晶的 β 相中析出次生 α，成为 β 转变组织。

钛合金的临界变形度为 2%～10%。

(1) 去应力退火　目的是部分消除合金在机加、冲压、弯边、焊接和其他工艺过程中出现的内应力。进行这种退火时，退火温度较低，组织中空位浓度下降，发生部分多边化，形成亚结构。退火后，合金屈服强度略有降低，其他性能基本不变。

退火保温时间取决于工件的变形加工历史、所需消除应力的程度和工件的截面尺寸。对机加件一般为 0.5～2h，焊接件为 2～12h。

(2) 普通退火　目的是使钛合金半成品基本消除应力，并具有较高的强度和符合技术条件要求的塑性。普通退火温度一般与再结晶开始温度相当或略低。这种退火是一般冶金产品出厂时常用的热处理，故也称工厂退火。

这种退火的实质是使经过热变形的半成品组织发生完全多边化和部分再结晶及热变形后得到的一些亚稳 β 相发生分解，从而使半成品既能完全消除内应力，又能适当保持强化状态，并具有符合要求的塑性。通过调整退火温度和时间，可控制半成品的强度和塑性。

(3) 再结晶退火　目的是彻底消除加工硬化，调整组织中初生 α 比例和稳定组织。退火温度应高于或接近再结晶终了温度。根据工件厚度保温一定时间（小于 5 mm 时保温少于半小时，大于 5 mm 后，随厚度增加，适当增加保温时间，但一般不超过两小时）后，炉冷至一定温度时出炉空冷。

该过程的实质是将变形晶粒通过再结晶变为等轴晶粒。退火后的性能取决于晶粒尺寸、初生 α 相数量及再结晶程度等。一般情况下，再结晶退火后的材料强度低于普通退火，但塑性高于普通退火。

(4) 双重退火和三重退火　目的是改善合金的断裂韧性、稳定组织，并获得良好的强度和塑性配合。此类退火一般适用于高温下工作的钛合金。

所谓双重退火，即是对合金进行两次加热和空冷。第一次加热温度相当于再结晶终了温度，使组织发生再结晶并具有合适体积分数的初生α，然后空冷。第二次再加热到低于再结晶温度的某一温度（约低于β相变点300～500℃），保温较长时间，使第一次退火空冷得到的亚稳β相（对不太厚的工件，甚至可得到马氏体相）充分分解，从而可产生一定程度的时效强化效果，以得到具有与普通退火强度相近、断裂韧性高及高温下稳定的组织。

有的合金采用三重退火，原理与双重退火类似，只是将第二次退火再分两次完成。三重退火的第一次退火与双重退火第一次退火目的及工艺相同，第二次退火温度略低于再结晶开始温度，保温时间较短，主要使成形工序中的热校形易于进行，并有使组织进一步稳定的作用；第三次退火过程与双重退火的第二次退火相同（保温时间略短），目的仍是进一步稳定组织和造成一定程度的时效强化。

(5) 等温退火　目的是获得最好的塑性及热稳定性，适合于含β稳定元素较多的、高温下工作的两相钛合金。等温退火采用分级冷却方式，可使β相充分分解，并有一定聚集。经退火后组织的热稳定性及塑性均很高，但强度低于双重退火。有时，等温退火可用双重退火代替。

(6) β退火　目的是得到具有较高断裂韧性和蠕变抗力的魏氏组织。这种退火只适用于要求高温蠕变性能好的某些钛合金。β退火工艺是将工件加热至比β相变点高20～30℃的温度，保温后空冷或油冷，然后在约500～600℃加热保温较长时间。可见，β退火与β相区的固溶时效相近。因β相区加热会严重损害合金的塑性，故此工艺应慎用，尤其应严格控制加热温度，以免β晶粒过度长大。

(7) 真空退火　目的是降低钛合金中的氢含量。钛合金极易吸氢而引起氢脆。当氢含量超过规定值时，可用真空退火除氢。真空退火温度为600～890℃，保温1～6h，要维持0.013 Pa的真空度。在这种条件下，合金中的TiH化合物发生分解，氢可从合金中逸出。

三、强化热处理

钛合金的退火往往伴随加工硬化效果的丧失，相当于一种软化处理。双重退火虽有弱强化作用，但与加工硬化状态或强化热处理状态相比，所获得的强度仍然较低。

如前所述，钛合金中具有不同的相变，可以利用这些相变产生强化，如淬火（或固溶）时效。

1. 钛合金强化热处理的特点　钛合金的强化热处理除具有本节中所述的共同特点之外，与钢和铝合金的强化热处理比较，又有一些独特之处。

由图4-7及图4-17可见，近β及亚稳β钛合金加热后快冷，或两相钛合金加热到低于t_k温度快冷，则冷却过程中不发生相变，仅得到亚稳β组织。若对亚稳β组织时效，则可获得弥散相使合金强化。这种情况类似于铝合金的固溶时效强化机制。因此，钛合金的这种强化热处理也可称为固溶时效处理。钛合金的固溶时效强化机制与铝合金的主要区别在于后者固溶时，得到的是溶质过饱和的固溶体，而钛合金得到的是β稳定元素欠饱和的固溶体；铝合金时效时靠过渡相强化，而钛合金时效时是靠弥散分布的平衡相强化。

两相钛合金从高于t_k或近α钛合金从高于M_s温度快冷时，β相发生无扩散相变，转变为马氏体。回火时，马氏体分解为弥散相，使合金强化。钛合金的这种强化过程类似于钢中的淬火回火。因此，也可将钛合金的这种强化热处理称为淬火回火。钛合金的淬火回火与钢的主要区别在于后者的马氏体可造成强化或硬化，而回火是为了降低马氏体硬度，提高韧性。钛合金则相反，马氏体不引起显著强化，强化主要靠回火时马氏体分解所得的弥散相，这与亚稳 β 的时效强化机制相同。由此可见，钛合金的强化热处理既可称为固溶时效处理，也可称为淬火回火处理，有时也笼统地称其为淬火时效。这三者之间并无原则区别。

强化热处理适用于 $\alpha+\beta$ 及亚稳 β 钛合金。有的近 α 钛合金有时也采用强化热处理，但因其组织中 β 相数量较少，则马氏体分解弥散强化效果低于 $\alpha+\beta$ 及亚稳 β 钛合金。

2. 合金成分对热处理强化效果的影响　一般情况下，淬火所得亚稳相的时效强化效果由强到弱的次序为：亚稳 β，α''，α'。

合金中 β 稳定元素越多，淬火后的亚稳 β 相数量就越多，时效强化效果也就越大。β 稳定元素含量达到 C_k 时，时效强化效果最大。含量进一步增加时，因亚稳 β 相时效时析出的 α 数量减少，强化效果反而下降。图 4－33 示意地说明了这一影响规律。

同样原因，一般 C_k 越低的 β 稳定元素，热处理强化效果越大。

几种 β 稳定元素同时加入时，综合强化效果大于单一元素的强化效果。表 4－6 中列出了几种工业用钛合金的热处理强化效果。

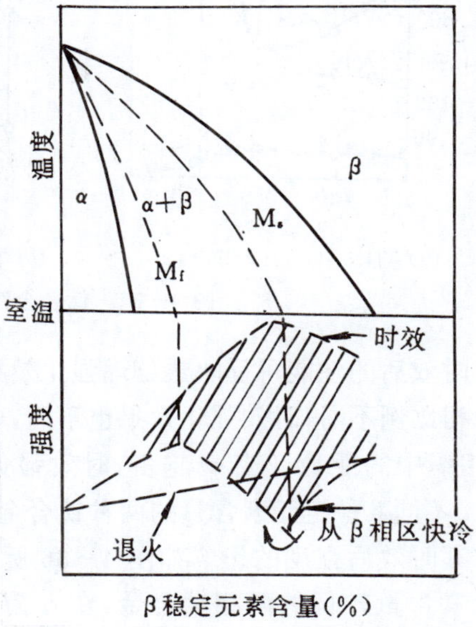

图 4－33　钛－β 同晶元素含量与热处理强化效果关系示意图

表 4－6　几种钛合金的热处理强化效果

合金成分	σ_b (MPa)		热处理强化效果（%）
	退火态	淬火时效态	
Ti6Al4V	95	110	16
Ti6Al3Mo0.3Si	100	120	20
Ti5.5Al3Mo1V	90	120	33
Ti13V11Cr3Al	88.5	133	50

3. 热处理工艺参数对热处理强化效果的影响　β稳定元素含量较少的两相钛合金，淬火温度超过 t_k 后，淬火态的强度增加，这是因组织中出现了强度略高的 α′ 之故，如图 4－34(*a*)所示。β稳定元素含量较高的合金，淬火温度升高时，由于组织中出现了硬度较低的 α″ 相，故淬火后强度并不增加，如图 4－34(*b*)所示。含β稳定元素更多的β钛合金，在β相变点附近淬火时，强度出现最低值，如图 4－34(*c*)所示。这是由于在此条件下淬火应得到单一亚稳β组织，故其强度必然低于β相变点以下淬火得到的 α＋亚稳β组织。

两相钛合金在 t_k 温度附近淬火，$\sigma_{0.2}$ 出现最低值，如图 4－34(*a*)、(*b*)所示。这是由于在拉伸应力作用下，C_k 成分附近的亚稳β相中形成了应力诱发马氏体之故。此时合金具有良好的冷成形性。

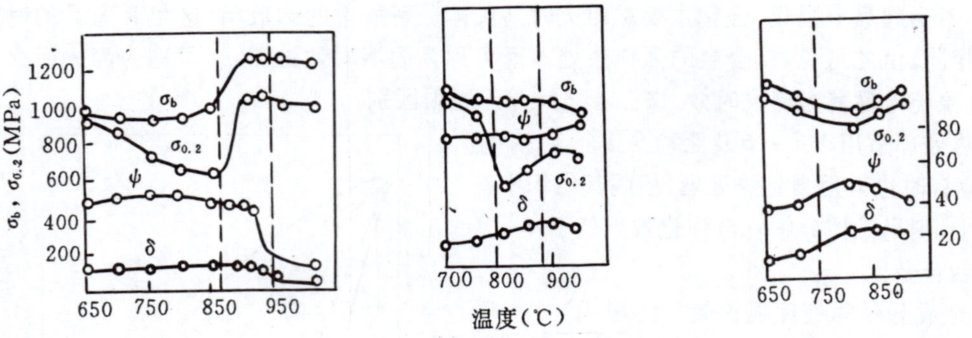

(a) Ti4.5Al3Mo1V(BT14)　　(b) Ti2.5Al5Mo5V(BT16)　　(c) Ti3Al7Mo11Cr(BT15)

图 4－34　钛合金淬火后拉伸性能与淬火温度的关系

时效后的性能可反映热处理强化效果。淬火温度对所得各亚稳相比例的影响见图 4－35。亚稳相比例不同，时效强化效果也不同。一般条件下，组织中的亚稳β或α″越多，时效强化效果越明显。不同β稳定元素含量的两种钛合金，淬火温度对其时效后强度的影响如图 4－36 所示。β稳定元素含量较低的两相钛合金，在 t_k 附近淬火，时效强化效果最好(图 4－36(*a*))；而β稳定元素含量较高的两相钛合金，在略低于β相变点附近淬火时，时效强化效果最好(图 4－36(*b*))，因为在这种淬火条件下，组织中可得到较多的 α″或亚稳β。因此，两相钛合金一般宜在 t_k 与β相变点温度之间淬火。

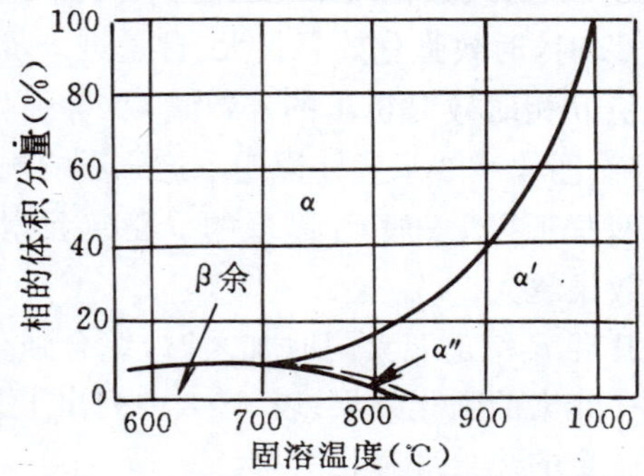

图 4－35　TC4 合金不同温度淬火相组成

β钛合金的淬火温度一般在β相变点附近。淬火温度过高，β晶粒易粗化。也可根据性能需要，在两相区选择淬火温度。

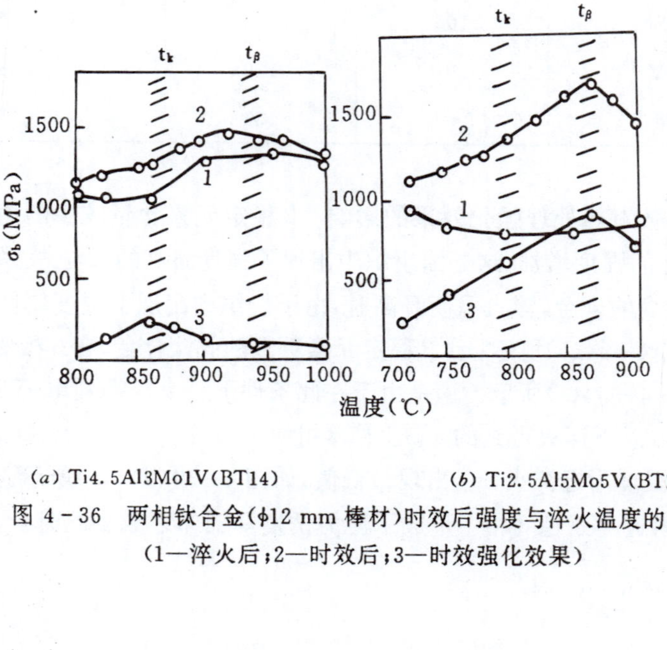

(a) Ti4.5Al3Mo1V(BT14)　　(b) Ti2.5Al5Mo5V(BT16)

图 4－36　两相钛合金(ϕ12 mm 棒材)时效后强度与淬火温度的关系

(1—淬火后；2—时效后；3—时效强化效果)

淬火加热保温时间应根据淬火温度、合金化程度并参照退火保温时间确定。

β稳定元素含量越高，淬透性越好。如亚稳β钛合金空冷即可达到淬火目的，淬透直径可达150 mm以上。其他钛合金淬火介质应为冷水，但淬透性仍较低，如TC4合金的淬透直径仅约25 mm。

淬火时出炉到进入淬火剂之间的工件转移时间一般要少于10 s，以防止在转移过程中β相部分分解，降低热处理强化效果。

板材的淬火比较复杂。一般应采用无氧化加热或高纯惰性气氛保护，以防止板材表面产生大面积富氧层。淬火时还应采取措施，以保证翘曲最小。截面尺寸较小的钛合金零件可考虑采用真空炉加热并淬火。

达到最好强化效果的时效温度与淬火温度有关。具体的时效工艺应根据不同温度淬火后的时效曲线或有关性能指标来确定。大多数两相钛合金在450～550℃时效强度最高。时效温度高于600℃后，强度明显下降，塑性增加不多。尽管如此，钛合金有时仍采用较高温度的过时效，以改善断裂韧性和热稳定性。

易形成ω相的钛合金，应选择高一些的时效温度（如500℃以上），使ω相分解。不易形成ω相的合金，可选用低一些的时效温度，此时，亚稳相分解析出的平衡相分布更为弥散。

有的钛合金中β稳定元素含量不高，在t_k以上淬火时，组织中有较多的α'相，在t_k以下淬火，则组织中有较少的亚稳β相，若时效规范合适，用这两种淬火温度均可获得相同的强化效果。这是因为较少的亚稳β相时效产生的强化，与较多的α'时效产生的强化相当。采用较低的淬火温度，淬火后组织中有较多的初生α，可使合金的疲劳性能及塑性高于淬火温度较高时的情况。因此，对这类合金，要特别注意淬火温度与时效温度的合理匹配。

时效时间对机械性能的影响不如时效温度的影响明显，一般为2～20h。β稳定元素含量高的合金，时效时间应长一些。

钛合金最常用的是一次时效。与铝合金的分级时效类似，有的钛合金也采用两次时效。第一次时效温度较低，目的是为了产生大量新相核心，使第二相均匀、弥散析出，以获得较高的强度。第二次时效温度较高，使第二相颗粒部分聚集，亚稳相进一步分解，改善塑性和组织稳定性。

综上所述，钛合金热处理参数对热处理强化效果的影响比较复杂，其中最主要的参数是淬火温度及时效温度。在制定热处理规范时，必须根据以上基本原理，认真参阅有关手册及资料。对于新型合金或热处理工艺不成熟的合金，必须经过一定的实验来确定热处理规范。

四、形变热处理

除淬火时效外，形变热处理（也称热机械处理）也是提高钛合金强度的有效方法。

形变热处理是将压力加工变形和热处理结合起来的一种工艺（见图4-37）。在这种工艺过程中，变形终了时立即淬火，使压力加工变形时晶粒内部产生的高密度位错或其他晶格缺陷全部或部分地保留至室温，在随后的时效过程中，作为析出相的形核位置，使析出相高度弥散，并均匀分布，从而显著增强时效强化效果。在时效前预先对合金进行冷变形，也可在组织中造成高密度位错及大量晶格缺陷，随后进行时效，可获得同样效果。

对两相钛合金进行形变热处理，σ_b可比一般的淬火时效处理提高5%～10%左右，σ_s提高约10%～30%。比较可贵的是，对许多钛合金来说，形变热处理在提高强度的同时，并不损害塑性,甚至还会使塑性有一定提高,还可提高疲劳、持久及耐蚀等性能。但有时会使热稳定性下降。

常用的钛合金形变热处理工艺有高温形变热处理和低温形变热处理两种。影响其强化效果的主要因素是合金成分,变形温度、变形程度、冷却速度及时效规范等。

两相钛合金多采用高温形变热处理,变形终止后立即水冷。变形温度一般不超过β相变点。变形度为40%~70%。目前此工艺已用于叶片、盘形件、杯形件及端盖等简单形状的薄壁锻件,强化效果较好。

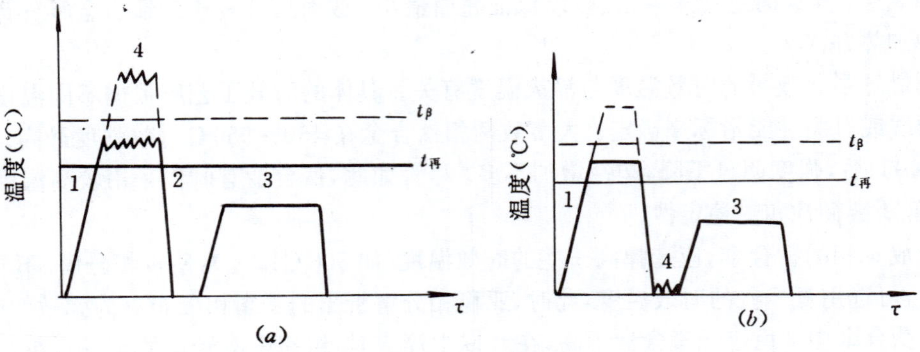

(a) 高温形变热处理　　(b) 低温形变热处理

图 4-37　钛合金常用的形变热处理工艺过程示意图

(1— 加热;2— 水冷;3— 时效;4— 冷或低温变形;t_β—β 相变点;$t_再$ — 再结晶温度)

β钛合金可采用高温或低温形变热处理,也可将两者综合在一起。β钛合金淬透性较好,高温变形终止后可进行空冷,高温变形温度对其影响不如对两相钛合金的敏感。因此,在生产条件下,β钛合金更容易采用高温形变热处理工艺。

五、钛合金的β及近β加工

两相钛合金的热变形通常是在两相区温度进行,并在两相区热处理,以得到双态或等轴组织,综合机械性能较好。

但是,两相区变形时,合金变形抗力大,尤其在生产形状复杂、体积大的锻件时,有较大的困难。

在β相区变形称为β加工,在稍低于β相变点变形称为近β加工。在β或近β加工时的加热温度下,钛合金的组织几乎为单一的、塑性较好的β相,其变形抗力仅为两相区变形抗力的一半以下,故可比较容易地生产形状复杂的大型锻件,并能提高锻件尺寸精度,减少模具磨损,节约设备吨位。

β加工得到的组织一般是魏氏或网篮组织,终锻温度较低时也可能得到初生α颗粒很少的双态组织。近β加工得到的是等轴α颗粒比例较少(约10%~15%)的双态组织。这些组织具有断裂韧性、蠕变抗力及裂纹扩展抗力高的突出优点。当采用合适的变形温度、较快的变形速率、较大的变形程度及锻后较快的冷却工艺时,β加工得到的魏氏组织不很粗大,甚至可以得到网篮或有少量初生α颗粒的双态组织,其疲劳抗力也可能接近两相区加工所得组织的疲劳抗力,尤其是缺口疲劳抗力甚至优于两相区加工的组织。采用近β加工所得组织的塑性也稍高。

β加工所得组织的主要缺点是塑性较低，称为“β脆性”。

一般认为，出现β脆性的原因主要是由于魏氏组织具有粗大的原始β晶粒及粗大片状α和晶界α。这种组织在发生应变时，片状的α和β相难于在局部范围内协调变形，相界强烈阻碍滑移，因而易萌生裂纹。而两相区变形得到的组织，则具有较多的等轴初生α颗粒、局部变形协调能力强、局部应变比较均匀和可在初生α颗粒内产生较大的应变等优点，故塑性较好。

β脆性的大小与合金成分也有一定关系。一般，β稳定元素含量越高，β脆性越大。钼在合金中引起的β脆性大于钒。

进行两相钛合金β加工时，加热温度不应超过β相变点30℃以上，并应尽可能采用快速、大变形量加工，变形终止后，要以较快速度冷却，以利于获得较细的魏氏或网篮组织，β原始晶粒也不致过分粗大。变形后的热处理可采用双重退火或等温退火，以尽量改善塑性。另外，为进一步降低β脆性，β加工后采用循环热处理也是一种很有前途的方法。例如，对TC4合金锻件魏氏组织采用β相区淬火预处理＋循环热处理＋双重退火热处理，与仅用双重退火相比，魏氏组织中α片变为短条状，位向更为散乱，晶界α消失(如图4－38所示)，断面收缩率由15%提高到27%，而强度基本不变。但循环热处理工艺周期较长，不适用于大型锻件，且反复加热也会增加表面氧污染及吸氢等问题，故其实际应用有一定局限性。

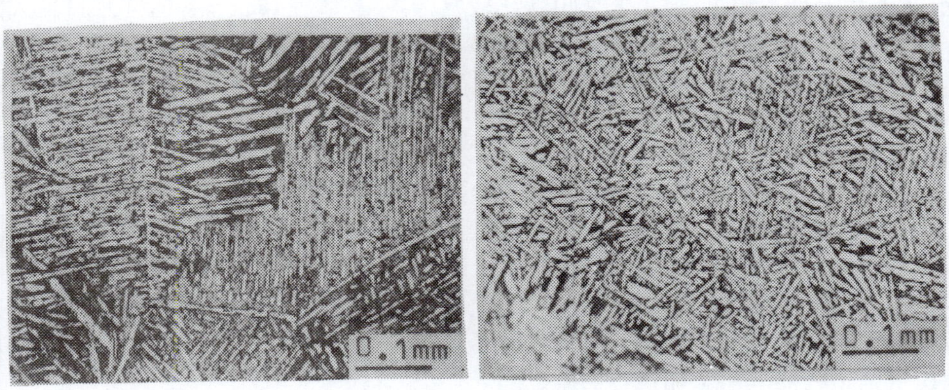

(*a*) 原始魏氏组织　　(*b*) 循环热处理后魏氏组织

图4－38　TC4合金锻件魏氏组织循环热处理(940℃⇌790℃，循环15次)前后的显微组织

两相钛合金的β及近β加工是钛合金加工工艺的一个重要发展方向。使用这种加工时，由于容易出现β脆性，而且对变形温度和变形过程要求严格，生产上不易控制，使用不当，会使塑性指标达不到技术要求。但由于这种工艺的突出优点，从60年代中后期，便获得了一定的应用。近些年来，国外已在如航空发动机叶片、盘，战斗机水平尾翼转轴及直升机、运输机的某些轴类件上，应用了β及近β加工工艺。

六、钛合金的化学热处理及表面改性

钛合金的耐磨性较差，比钢约低40%。钛合金在氧化性介质中耐蚀性较强，但在还原性介质(如盐酸、硫酸等)中的耐蚀性却较差。为了改善这些性能，可采用化学热处理及表面改性等处理方法。

1. 化学热处理　钛合金的化学热处理有渗氮、渗氧、渗碳、渗硼、渗金属等。

这些化学热处理类似于钢的化学热处理，即采用一定手段，将待渗元素转换成活性原子或离子状态，在热能或电场作用下，向工件表面渗透，并扩散至一定深度，形成一定厚度的渗层，以提高钛合金的表面硬度、耐磨性及抗蚀性。各种化学热处理的具体方法及规范可参阅有关资料。

钛合金化学热处理的方法很多，也有许多先进的工艺与设备可以应用。主要存在的问题是表面质量往往不理想，一般会使表面脆化，工艺不够成熟，有些工艺也比较复杂，不易掌握。因此，目前应用还不广泛。

2. 表面机械强化　为提高钛合金的抗疲劳性能，往往采用表面机械强化方法，如湿喷丸处理、滚筒振动强化、压缩空气喷丸强化和超声波处理等，目的是使工件表面产生冷作硬化，造成残余压应力，使疲劳裂纹不易生成。

3. 表面改性　利用特殊手段改变钛合金表面特性的方法及工艺，也是目前相当活跃的研究和应用领域。例如，通过等离子喷涂(镀)、激光或电子束熔敷、离子注入、离子镀、电镀、物理气相沉积(PVD)及化学气相沉积(CVD)等方法，将碳、氮、氧、钼、钒、铝、镍、铬、银、SiC、TiN及 Al_2O_3 等元素或化合物，与钛或钛合金表面结合在一起，形成硬化层或涂(镀)层，可以提高钛合金的耐磨性、耐蚀性及其它性能。

表面改性技术种类较多，但工艺及设备比较复杂，不易掌握，成本较高，并且目前大多数方法还不够成熟，正处于研究发展阶段。有些方法已在化工工业的钛合金轴承、齿轮、轴类及医用钛人工骨骼方面有所应用。

§4-5　钛合金的工艺性能、常见缺陷和使用中的问题

一、钛合金的工艺性能

1. 压力加工性能　钛及钛合金可以采用锻造、轧制、挤压、冲压等多种形式的压力加工成形，但其压力加工性能一般不如低合金钢。

要注意控制坯料的原始组织对加工后半成品组织的影响。如坯料是粗大魏氏组织，则在压力加工中，变形量要超过50%，才有可能使之充分细化。生产具有等轴组织的成品或半成品时，尤其应注意这一特点。

变形温度应根据β相变点确定，并应严格控制。α、近α及两相钛合金一般在两相区上部温度变形，以获得双态或等轴组织，β加工目前尚未广泛应用。β钛合金中，β稳定元素含量高，β相变点低，为了减小变形抗力，一般采用β相区温度变形。变形后空冷或水冷，所得组织基本为亚稳β，不形成粗大魏氏组织，但也应注意控制变形温度不能超过β相变点过多，以免引起β晶粒粗化。

近β或亚稳β钛合金固溶后，组织基本为亚稳β，有较好的冷成形性。某些β钛合金冷变形时，组织中易产生应力诱发马氏体，对冷成形更为有利。

为防止吸氢及表面氧污染，钛合金高温加热的时间应尽量短，并尽可能减少重复加热次数。

2. 超塑性　超塑性是指具有合适的组成相比例、较细晶粒及较细亚结构的合金，在一定

温度及较慢的应变速率下，能表现出极高塑性的现象。合理地利用合金的超塑性，能生产出高精度的复杂锻件和钣金件。

大多数钛合金具有一定的超塑性性能。例如，TC4 合金若具有细小等轴组织，在 925℃以 6.5×10^{-4}/s 应变速率拉伸，其延伸率可达 500%。

影响钛合金超塑性的组织因素主要是晶粒大小及初生 α 的含量；工艺因素主要是变形温度、变形速率等。目前，有关钛合金超塑性的研究正在广泛开展，一些具有优良超塑性的新型钛合金也正在不断地被开发出来。

3. 焊接性能　因氢、氧、氮等气体元素极易进入焊缝，造成污染及脆化，或者形成气孔，故钛合金焊接应在惰性气体保护下或真空中进行。焊件及焊丝在焊前应仔细清理，焊丝可用真空退火除氢。

一般而言，β 稳定元素含量越少，焊接性能越好。例如，α 钛合金在所有类型钛合金中焊接性能最好。若焊接方法、规范适当，两相钛合金或 β 钛合金也会得到性能良好的焊缝。焊缝的塑性一般低于基体，尤其是 β 稳定元素含量较多的钛合金，更应注意避免焊缝严重脆化。

α 和近 α 钛合金焊后仅需去应力退火。因焊缝区冷速较快，两相钛合金焊后组织中会出现较多的亚稳相，如 α″或亚稳 β 相等，用去应力退火不能使亚稳相充分分解，必须进行稳定化退火，其工艺与合金典型退火相同。

β 钛合金的焊缝区基本由亚稳 β 相组成。因此，焊后退火的实质是焊缝区亚稳 β 相的时效分解。制订焊后时效工艺时，应注意防止出现等温 ω 相，使焊缝变脆。

4. 铸造性能　钛合金难熔且化学活性高，在熔融状态下能与几乎所有的耐火材料和气体起反应，大大增加了铸造的困难。因此，钛合金铸造工艺的发展所遇困难比钢、铝、镁的都多。

钛合金在铸造过程中，其熔化和浇注都必须在惰性气体保护下或真空中进行。常用设备有真空自耗电弧凝壳炉等，应使用强制冷却的铜坩埚，不能用普通耐火材料制成的坩埚。可采用石墨捣实型等铸钛造型系统，也可用离心法浇铸。

大部分变形钛合金均可用于铸造，如 TC4、TA7 等已在铸造方面得到了推广。对新型专用铸造钛合金的研制也日益受到重视。

铸件热处理与同牌号合金变形件的热处理相同。采用循环热处理可以显著改善铸态魏氏组织的塑性。如 TC4 合金铸件经循环热处理后，其延伸率可提高 90%左右，低周疲劳寿命提高两倍以上。

5. 切削性能　钛合金导热性差，摩擦系数大，切削时温升很高，且易粘刀，使刀具磨损快，故切削加工比较困难。

实践证明，采用钨钴类硬质合金刀具，以较慢的切削速度、较深的吃刀量及合适的冷却液，在保持刀具锋利的条件下，可以得到比较满意的切削质量。

二、钛合金中的常见缺陷

在钛合金的生产或加工中，经常出现某些缺陷，影响合金性能，若缺陷比较严重，则合金无法使用，现将几种常见缺陷简要介绍如下：

1. 化学成分偏析　熔炼过程不当会造成成分偏析，即 α 稳定元素或 β 稳定元素分布不均匀。当偏析区内 α 稳定元素铝、氧、氮及碳含量高于基体时，会使偏析区 α 相数量增多，硬度增大，塑性大幅度下降，容易在偏析区首先开裂（见图 4－39）。间隙元素偏析的危害性尤甚。由于偏析区与基体的成分、组织不同，故抗蚀性不同，浸蚀后发亮，被称其为亮条（或亮带）。

在α+β钛合金中，β稳定元素偏析时，偏析区的β相变点将降低。在两相区加热时，偏析区与正常区比较，初生α比较少，甚至无初生α颗粒，冷却后偏析区全部为β转变组织，称为β斑（见图4-40）。这种不均匀组织对合金疲劳强度和断裂韧性不利。

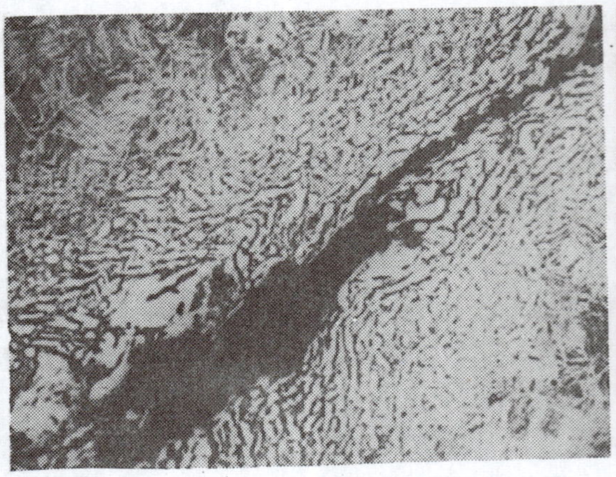

图 4-39　TC4 中的高铝高钒偏析区（位于裂纹两侧）

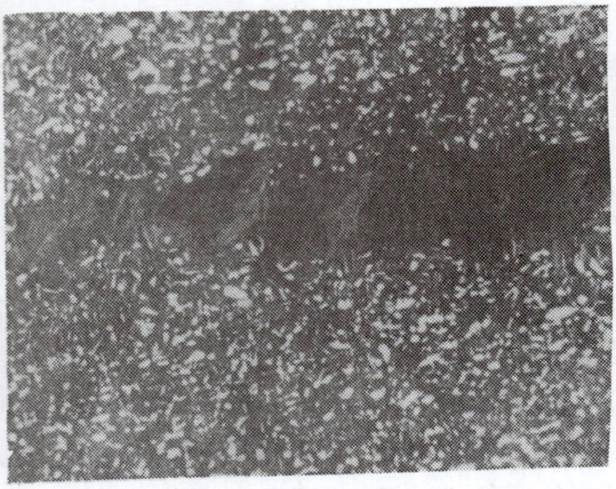

图 4-40　TC10 中的β斑（图中暗色块状区域）

2. 组织不均匀　合金压力加工时变形程度不均匀、原材料组织不均匀或因钛合金导热性差造成工件内部与表面温差大等原因，会造成合金最终的组织不均匀，如图4-41所示。图中一部分为等轴组织，另一部分为网篮组织，但两部分组织化学成分相同。组织不均匀会降低合金塑性，但不如成分偏析的影响大。

3. 夹杂　冶炼过程中因海绵钛被污染或工艺不当等原因，会使合金中出现氮化钛、氧化钛等化合物夹杂。这些化合物夹杂脆性大，能促进裂纹形成和扩展，使合金变脆。

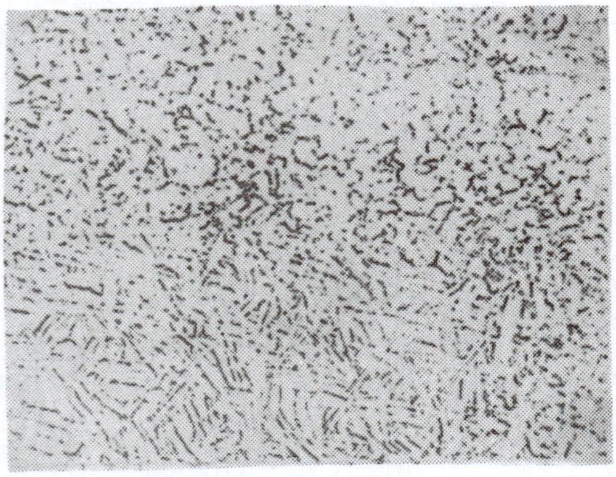

图 4-41　TC4 锻棒中的不均匀显微组织

三、钛合金使用中的问题

1. 疲劳断裂　疲劳性能的优劣在钛合金使用中具有重要意义。例如航空发动机叶片的破坏，大多数与材料的疲劳性能有关。

疲劳性能与合金组织、表面加工质量、表面强化状态、残余应力及热处理制度有关。这些影响因素在钛合金产品的制造过程中应特别注意，如控制不当，会严重损害疲劳抗力，容易发生疲劳断裂。

对钛合金部件进行表面抛光，提高光洁度，或进行喷丸处理，均可有效地提高部件的疲劳极限。

2. 微动损伤　当零部件之间采用机械方法连接时，在长期工作中，由于两接触面经常发生微量的相对滑动，而造成的表层损伤，称为微动损伤。若损伤是由粘着磨损所引起，则称为微动磨损；若损伤是由交变载荷而导致的疲劳裂纹早期萌生、扩展及断裂，则称为微动疲劳。

微动损伤实际上是由两接触面不断发生磨擦而引起。因钛合金耐磨性差，故对微动损伤比较敏感。虽然微动损伤本身不造成零部件明显的宏观破坏，但却使疲劳极限降低。如对Ti1023合金的研究表明，微动损伤可使其疲劳极限下降50%。可见，微动损伤是钛合金使用中应着重注意的问题之一。

微动损伤的主要机制根据条件不同可以是表面脱层，也可以是粘着，或两者兼而有之。对于交变应力作用的微动疲劳机制，一般以表面脱层为主。

提高钛合金表面耐磨性的各种方法都是提高微动损伤抗力的有效手段，例如电镀、化学镀镍、化学热处理、表面涂层、离子注入、表面机械强化等。另外，改进设计、尽量减小接触面积、避免发生微动及加入润滑剂或衬垫以减小摩擦系数等，也是减小微动磨损的重要方法。

3. 热盐应力腐蚀　除纯钛外，所有钛合金都对热盐应力腐蚀敏感。钛合金对热盐应力腐蚀最敏感的温度是288～427℃。在上述温度范围内，随温度和应力增加，材料服役寿命缩短。

热盐应力腐蚀程度取决于合金成分、应力水平、温度、时间和介质中盐的浓度。β同晶元素钼、钒、铌和钽的含量增加，可减少钛合金对热盐应力腐蚀的敏感性，其中以钼最为有效。此外，合金中若含较多的锆，也有可能减少热盐应力腐蚀敏感性。

§4－6　常用钛合金概述

一、TA7(Ti5Al2.5Sn)

TA7是应用最广泛的α钛合金，此种成分的合金各国均有生产。

TA7不能热处理强化，只进行再结晶或去应力退火。TA7的再结晶开始温度为580℃；β相变点约1 020～1 030℃；再结晶退火温度板材为700～750℃，棒材和锻件为800～850℃；消除应力退火温度为550～600℃。

TA7合金退火后具有中等强度，$\sigma_b=750\sim950$ MPa，$\sigma_{0.2}=650\sim850$ MPa，$\delta=10\%\sim15\%$，$\psi=25\%\sim40\%$，其蠕变抗力、热稳定性也较好。长期工作温度可达450℃，短时工作温度可达800～850℃。

TA7具有较好的焊接性。焊缝区强度与塑性接近基体金属，抗蚀能力与纯钛相似。该合金工艺塑性较低，板材冲压成形必须在加热状态下进行，一般要加热到700℃左右才有足够的工艺塑性。

美国还生产一种低间隙元素(杂质)含量的Ti5Al2.5Sn合金，主要用于制造－196℃以下的低温工作液氢贮箱和高压容器。这种合金在－253℃仍然可保持良好塑性($\delta=12\%$)，而普通的Ti5Al2.5Sn合金已明显脆化，在－253℃时其δ仅为4%。

二、TC4(Ti6Al4V)

TC4属于典型的两相钛合金，用量最大，可以用于制造航空发动机压气机叶片、盘及某些紧固件等。在其他工业部门中，TC4合金也有广泛应用。

TC4合金具有良好的工艺塑性。其常规热变形在两相区进行，变形量必须大于50%，才能将粗大的原始魏氏组织改造成等轴组织。

变形加工后的TC4合金，根据不同需要，可采用去应力退火(600℃保温，空冷)、普通退火

(700～800℃保温，空冷)、再结晶退火(940℃保温后炉冷至480℃空冷)及双重退火(940℃保温空冷＋700℃保温空冷)等热处理工艺。去应力退火及普通退火所得组织为非再结晶或部分再结晶组织，强度较高；再结晶退火后得等轴 α＋晶间 β 组织，塑性较好；双重退火后得到等轴 α＋β 转变组织，接近双态组织形态，具有较好的综合性能(σ_b＝900～1000 MPa，δ＝10%，ψ＝35%～45%)。

TC4 合金进行强化热处理，强度可提高 20%～30%。一般认为，在 850～950℃淬火，450～600℃时效，可以获得初生 α 量适当的显微组织和较好的综合性能。TC4 的淬透性较差，采用强化热处理的零件横截面直径一般不大于 40 mm。

TC4 合金具有较好的焊接性，焊缝区强度不低于基体的 90%，塑性也与基体金属相近。

该合金的抗蚀性接近纯钛，可在 400℃下长时间工作，短时工作温度可达 700～750℃。当合金中氧、氮含量控制在低水平时，还能在－196℃保持良好塑性，可用于制作低温高压容器。

三、TC11(Ti6.5Al3.5Mo1.5Zr0.25Si)

TC11 属两相钛合金，主要特点是在 500℃以下工作时，具有比其他两相钛合金高的热强性，500℃长时工作寿命约500小时。退火状态的TC11合金可以制造在450℃工作时间达 6 000h 的零件。

TC11 合金常用的热处理工艺为双重退火，规范为 950℃保温空冷＋530℃保温空冷，其强度 σ_b 可达到 1 200 MPa，ψ＝40%～50%。当合金在 500℃工作时，一般采用双重退火热处理。

采用强化热处理(925℃水冷，500～600℃时效)或高温形变热处理(两相区变形水冷，570℃时效)，可使 TC11 强度提高，但塑性有所降低。

研究表明，对 TC11 合金进行近 β(β 相变点以下 10～15℃)变形水冷＋双重退火，可使其高温性能及低周疲劳性能得到很大改善，并且不损失室温塑性及热稳定性，使用温度可提高到 520℃。对此合金进行 β 热处理，虽然断面收缩率较低，但其断裂韧性及裂纹扩展抗力却最高。可见，TC11 合金的 β 和近 β 加工有较大的实用价值。

TC11 合金在航空工业中可用于制造压气机盘、叶片、高温工作的环形件和紧固件等。

四、典型的 β 钛合金

TB2(Ti3Al5V5Mo8Cr)是国产亚稳 β 钛合金。该合金在固溶处理状态下有良好的工艺塑性，也具有较好的焊接性能。氩弧焊焊缝区的室温力学性能与固溶处理状态基体金属的性能相近。为得到良好塑性，固溶温度选在稍高于 β 相变点(如 800～850℃)。固溶后可进行板材的冲压或铆钉的冷镦。时效制度应保证不出现 ω 相，并能获得良好的综合机械性能。这种合金可以采用合适的分级时效制度时效。

Ti1023(Ti10V2Fe3Al)也是一种近 β 钛合金，是近年来由美国研制成功的。这种合金综合了两相钛合金和亚稳 β 钛合金的优点，既有良好的拉伸性能，又具有高的淬透性和断裂韧性，长时工作温度可达 316℃，适于制造具有高强高韧性能的棒材、厚板等。

Ti153(或称 Ti15333)，成分为 Ti15V3Sn3Cr3Al，是近年来发展的一种亚稳 β 钛合金，我国正处于仿制阶段。该合金除具有一般 β 钛合金的高强、高韧、高淬透性及优良的冷加工工艺性外，与其他 β 钛合金相比，其熔炼工艺较简单，比重较低，成分也比较均匀，适合生产板、带、线材等。此合金在稍高于 β 相变点温度(如 800℃)固溶、510～540℃时效 8h，可获得较好的性能。另外，也可采用分级时效及低温形变热处理工艺，来改善时效组织的均匀性，提高综合性能。

§4-7 钛合金的发展

钛合金由于具有一系列优点，已成为十分重要的新型金属材料，发展十分迅速，包括我国在内的许多国家，都投入了人力、物力和财力来研究和发展钛合金。

但是，钛合金存在着诸如成本高、长时工作温度一般不超过 550℃、易被氧污染、变形抗力高、耐磨性差、不易切削、弹性模量低及在还原性介质中不耐蚀等缺点。通过一定的方法来解决这些问题，便是钛合金发展所涉及的主要研究内容。

采用合金化优化方法是解决上述问题最常用的手段之一。具有不同合金系的新型钛合金正在不断地被研制出来。已渐趋成熟的β钛合金如Ti153及Ti1023，两相钛合金Ti451(Ti4.5Al5Mo1.5Cv，相当于美国的 Corona5)等，在综合性能或工艺性能上均有明显的优越性。一些可用于 590～600℃高温的钛合金如 IMI834(Ti5.6Al4Sn3.5Zr0.7Nb0.5Mo0.35Si)及 Ti1100(Ti6Al2.8Sn4Zr0.4Mo0.45Si)也正在不断完善。

研制 600℃以上工作的钛合金的一个热点是研制以 Ti_3Al 和 TiAl 化合物为基的钛合金。目前的主要问题是需要解决室温脆性及高温塑性加工技术。目前，俄、美在这方面已有突破，所研制的合金性能可达到：$\sigma_b=1010$ MPa，$\delta=5\%$，$\psi=7\%$，强度可维持到 800℃，准备用于制作飞机发动机叶片。我国在以 Ti_3Al 化合物为基的钛合金研究方面，也取得了较大进展。

利用钛的马氏体相变可逆性及易吸氢的特点，通过一定的合金化方法，已发展了一些重要的功能材料，如形状记忆合金和贮氢材料。形状记忆合金将在第六章中论述。

采用精密铸造、粉末冶金等方法生产钛合金零件，与用变形加工方法相比，可大大降低原材料消耗。配合应用合适的热等静压方法，可使铸件及粉末冶金制品的性能得到明显提高。粉末冶金也是发展超细晶钛合金的重要手段，其制品还具有化学成分均匀，无织构及力学性能各向同性等优点。美国已将这种方法应用于生产喷气发动机的一些零件。另外，应用粉末冶金和快速凝固方法生产 Ti_3Al 和 TiAl 化合物合金的研究也已取得进展。

为克服钛合金压力加工困难的缺点，并进一步改善合金的高温性能和断裂韧性，β及近β加工仍在发展。此外，人们的注意力也转向了等温锻造，尤其是超塑性成形方面。

钛合金铸件、锻件中粗大魏氏组织细化的研究，取得了明显进展，主要是采用了循环热处理及渗氢-除氢处理。循环热处理是将具有粗大魏氏组织的工件反复加热和冷却，利用这种循环热过程中α相及β相的比容差变化和α相的溶解及析出相变使α片细化。渗氢-除氢处理(也称氢化处理)是将氢作为暂时合金元素渗入魏氏组织中，通过热处理，利用钛-氢之间的共析反应，使α片细化，然后进行真空除氢处理 。两种方法均可改善魏氏组织的塑性，提高疲劳性能。

为了改善钛合金耐磨、耐蚀性能，已经研究出多种表面处理技术。氧化、电镀、渗氮及等离子喷涂等已用于工业生产，碳化、硼化也在研究中。同时，还发展了离子注入和激光处理等新技术。

钛基及钛铝化合物基复合材料也是目前令人极感兴趣的研究内容。钛基复合材料基体一般为 TC4 和 Ti153，采用 SiC 纤维增强或 TiC 粒子增强，可显著提高弹性模量和使用温度。钛铝化合物为基的复合材料可在更高温度下使用，这种材料一般以 Ti3Al 或 TiAl 为基，以 SiC、TiB_2、TiC 等化合物纤维或颗粒增强。美国已用 SiC 纤维增强的 Ti_3Al-Nb 基复合材料制成了涡轮发动机轴、叶片及盘件等。目前，有关复合材料的研究主要集中在材料的制取、加工工艺、降低成本及解决室温脆性等方面。

另外，一些具有专门用途或专门特点的钛合金正在不断被开发或研制出来。例如有金属基复合材料基材专用钛合金、低裂纹敏感钛合金、高强度可淬高成形性钛合金、耐蚀钛合金、难燃钛合金、低成本钛合金(主要用于常规武器及民用)及易切削钛合金等。

正是钛合金所具有的优越性，使得关于它的研究异常活跃。由于现代工业及科技发展的需要，钛合金的研究和生产必将继续取得快速进展。

复习思考题

1. 说明下列每对名词之间的区别：

(1) β同晶元素与β共析元素；(2) 双态组织与晶间β组织；(3) 双重退火与等温退火；(4) 初生α与次生α；(5) β转变组织与魏氏组织

2. 说明下列概念为什么是错误的理由：

(1) 钛合金中只要组成相的相对量不变，则性能便不会变化。

(2) α′与α均由β转变而来，也均为密排六方，因此这两个相实际上是相同的。

(3) 将魏氏组织在两相区退火，所得组织为等轴组织。

(4) 淬火后，组织中的α″越多，材料强度越高。

(5) 近α钛合金的使用温度一般低于近β钛合金，这是因为前者含β稳定元素少。

3. 根据 Ti－Mn 及 Ti－V 相图(图 4－4 及图 4－5)，说明 Mn 的 C_k 值低于 V 的 C_k 值(见表 4－3)的原因。

4. 根据合金化基本原理，大致判断 Ti5Al2.5Sn、Ti6Al2Sn4Zr2Mo0.25Si、Ti6Al4V 及 Ti3Al5Mo5V8Cr 四种合金何者含β稳定元素多？何者α稳定元素和中性元素多？何者 K_β 最大？何者铝当量最大？何者室温强度最高？何者耐热性最好？何者淬透性最好？何者压力加工性最好？并简述其原因。

5. 简略说明钛合金的α′、α″、ω、应力诱发马氏体及亚稳β的特点及形成条件。

6. 钛合金中主要有哪几类典型组织？形成条件是什么？显微组织特点如何？主要性能特点如何？

7. 说明两相钛合金热处理的特点及其与硬铝热处理特点的主要区别。

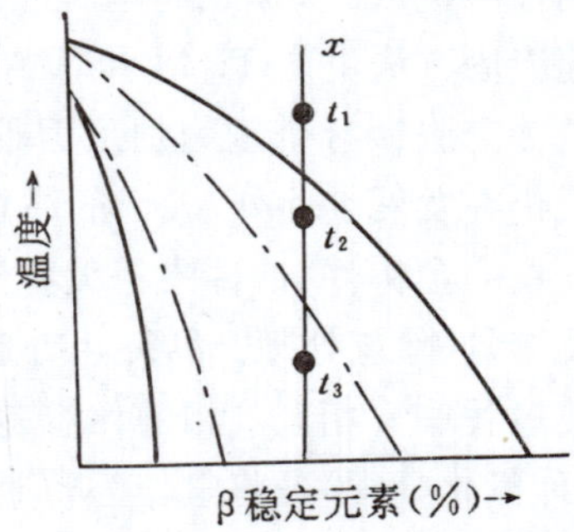

图 4－42

8. 成分为 x 的合金在相图中的位置见图 4－42，原始组织为初生α＋晶间β，请回答下列各问：

(1) 分别从 t_1、t_2、t_3 温度水冷所得组织是什么？并画出光学显微组织示意图。

(2) 分别从上述三种温度空冷后的组织是什么？各自的性能有何特点？

9. 某 TC4 合金制成的叶片经性能测试，发现塑性指标低于技术要求，请根据本课所学知识，至少说出五种有可能引起塑性不合要求的原因。

本章主要参考文献

[1] 有色金属及其热处理编写组,《有色金属及其热处理》第四章,国防工业出版社,1981

[2] 王金友等,《航空用钛合金》,上海科学技术出版社,1985

[3] 林肇琦,《有色金属材料学》,东北工学院出版社,1986

[4] 张宝昌,钛合金发展现状和趋势,《稀有金属材料与工程》,1985;No. 4

[5] Hammond C, Nutting J. The Physical Metallurgy of Superalloys and Titanium Alloys, Metal Science, 1977; No. 10

[6] 张宝昌,钛合金的β加工述评和展望,《机械工程材料》,1987,No. 6

第五章　铜及铜合金

§5－1　工业纯铜

铜是人类历史上应用最早的金属，至今也是最广泛应用的金属材料之一。主要用作导电、导热并兼有耐蚀性的器材及配制各种铜合金，是电气仪表、化工、造船、机械等工业部门的重要材料。

在航空工业中，铜及铜合金主要用于航空仪表及附件的生产，如导电元件、弹性元件、管道和抗磨零件（如轴承、衬套、小齿轮等）。

一、纯铜的性能特点

纯铜又称紫铜。其所以能获得广泛应用，是因为它具有下列重特性：

1. 导电性高、导热性好　铜的导电导热性仅次于银而居于第二位。广泛用作各种导线、电缆、电气开关等导电器材和冷凝器、散热器、热交换器、结晶器内壁等。特别是作导电器材，其用量占铜材总用量的一半以上。

杂质对铜的导电和导热性能影响颇大。一切杂质元素或故意加入的合金元素都会降低铜的导电、导热性能，但降低的程度随元素不同而异，如图5－1所示。由图可以看出，磷、钛、铁、钴、硅、砷、锑、锰、铝、铍等元素强烈降低纯铜的导电性。因此，从导电性出发，应尽量减少这些元素的含量。另一方面，微量银、镉、铬、锆、镁对纯铜导电性 的降低较小。因此，有时为了提高导线的强度、硬度、可在纯铜中加入微量的上述元素，起固溶强化作用（加锆、铬时还能获得沉淀强化效果）。

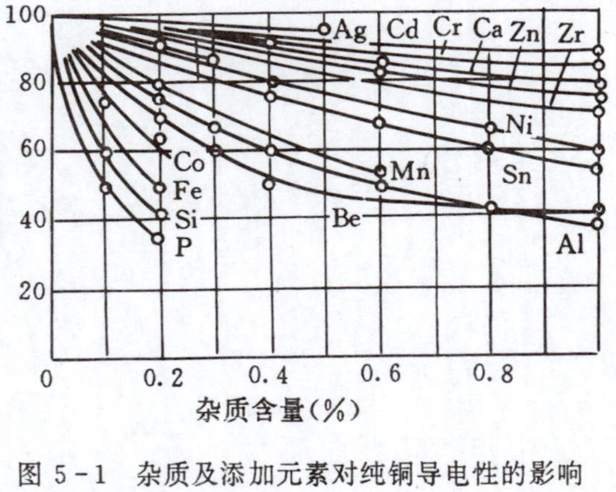

图5－1　杂质及添加元素对纯铜导电性的影响

冷变形对铜的导电性影响不大，例如，纯铜经冷变形80%，其导电率降低不到3%。因此，有些铜导线可在冷作硬化状态下使用。冷作硬化是提高铜及铜合金强度的常用方法。

2. 化学稳定性高，抗蚀性好　由于铜的标准电极电位比氢高，铜在许多介质中化学稳定性都很好。

铜在大气中抗蚀性良好。暴露在大气中的铜，能在表面生成缘色保护膜（$CuSO_4 \cdot 2Cu(OH)_2$）使腐蚀速度降低。但是铜对NH_4OH、NH_4Cl、碱性氰化物、氧化性矿物酸和含硫气体的抗蚀能力低。

铜在淡水及蒸汽中抗蚀性浪好。因此，铜被广泛用于制造冷、热水的配水设备、热水泵及废热锅炉等。

铜在自然条件(运动速度不大)的海水中腐蚀速度不大。加入 0.15～0.3%As 能提高铜在海水中的抗蚀能力。

由于铜的电动序高,与其它金属接触时,能使被接触的金属腐蚀加快。因此,结构件中铜或铜合金与其它金属接触时,需镀锌使被接触金属得到保护。

3. 无磁性　铜是反磁性物质,磁化系数极低,故铜及铜合金常被用来制造不允许受磁性干扰的磁学仪器,如罗盘、航空仪器、炮兵瞄准环等。

4. 塑性变形能力高　铜具有面心立方晶格(晶格常数 a=0.360 75 nm)与其它一切具有面心立方晶格的金属一样,具有很高的塑性变形能力,可用压延、挤压或拉伸等压力加工方法,制成各种半成品。铜在中温区塑性强烈降低,故其热压力加工一般于 800～900℃进行。

铸态铜具有等轴或柱状晶粒。在变形过程中晶粒沿一定方向伸长。变形度很大时出现纤维组织,如图 5-2(c)所示。再结晶退火后,组织细化。退火温度过高则出现晶粒粗化,使金属强度降低。铜及铜合金变形退火组织的特点是出现许多退火孪晶,如图 5-2d 所示。

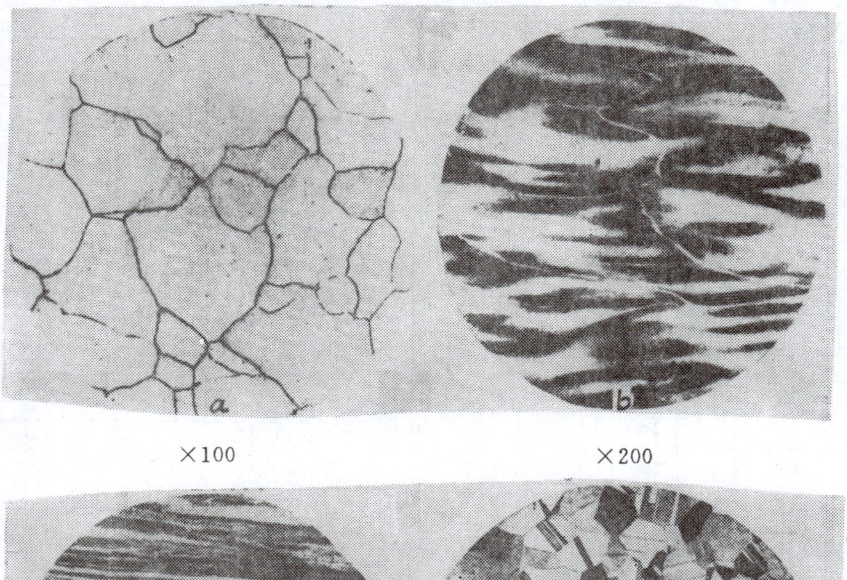

图 5-2　铜在不同状态的显微组织

(a)—铸造状态; (b)—变形 20%; (c)—变形 80%; (d)—变形+再结晶退火

二、杂质元素对纯铜塑性变形性能的影响

杂质元素对铜的塑性变形性能的影响，主要取决于铜与杂质元素的相互作用。当杂质元素固溶入铜时，影响一般不大。若杂质元素与铜形成低熔点共晶，则产生“热脆”，即金属在共晶体熔点以上温度变形时容易开裂；若杂质元素与铜形成脆性化合物并分布于晶界，则产生“冷脆”，即金属冷变形时容易破裂。

铋和铅对铜的热塑性变形能力有严重影响。这两个元素与铜均形成共晶系相图(图 5－3 及 5－4)，共晶温度很低，分别为 270℃及 326℃。共晶点的成分分别为 99.8%Bi 及 99.94%Pb。在铸锭冷凝过程中，这种低熔点共晶体最后结晶，在晶界上形成极薄的膜(最薄的铋膜只有几个原子层厚)。热加工时，这些薄膜熔化，使金属晶粒与晶粒之间的结合力降低，因而发生晶间断裂。铜材中杂质铋和铅的含量限制很严，铋的最大允许含量不得超过0.002%～0.003%，铅的最大允许含量为 0.005%～0.05%。

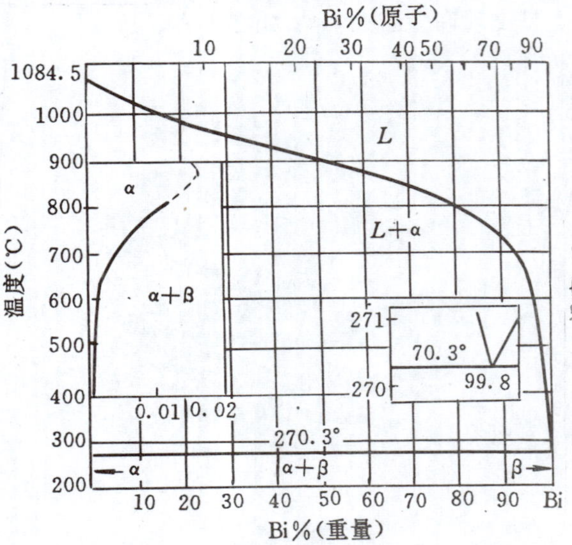

图 5－3　铜-铋相图

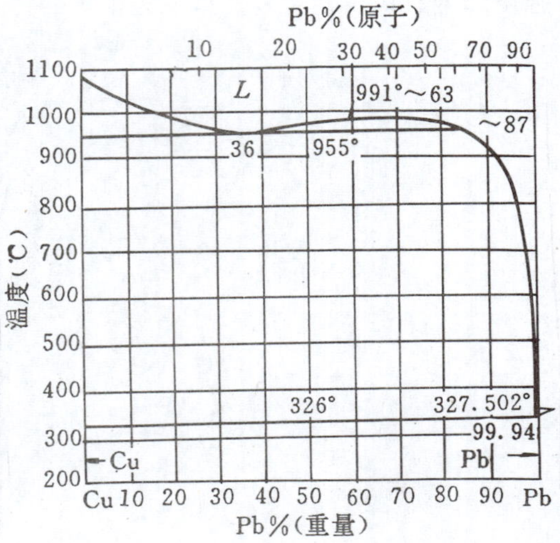

图 5－4　铜-铅相图

晶界上形成的铋的薄膜，在金相显微镜下呈亮色，如图 5－5 所示。铅的薄膜则呈暗色。

铜中含有较大量的铜或铋以致不能轧制时，可加入微量钙、铈或锆，使铋与铅与之形成难熔化合物，其有害影响即可消除。

杂质硫，氧等也与铜形成共晶系相图(图 5－6 及 5－7)。由于共晶温度很高，对热变形性能不产生影响。但共晶中的化合物硬而脆，致使金属发生“冷脆”，冷变形困难。因此，铜材中氧及硫的含量也要加以限制。纯铜中氧的最大允许含量为0.02%～0.1%，硫的最大允许含量为 0.05%～0.01%。铋也是脆性相，铜中含铋量高也会产生“冷脆”。

铜中含氧不超过共晶成分(0.39%O)时，其含量可用显微分析法求得。先在显微镜下估计出视域内共晶体($\alpha+Cu_2O$)所占的面积百分数。设此面积为 $S_{共}$，代入下式即可求出合金中的含氧量：

$$含氧量=\frac{0.39S_{共}}{100}\%$$

式中的 0.39 为共晶体中的氧含量。

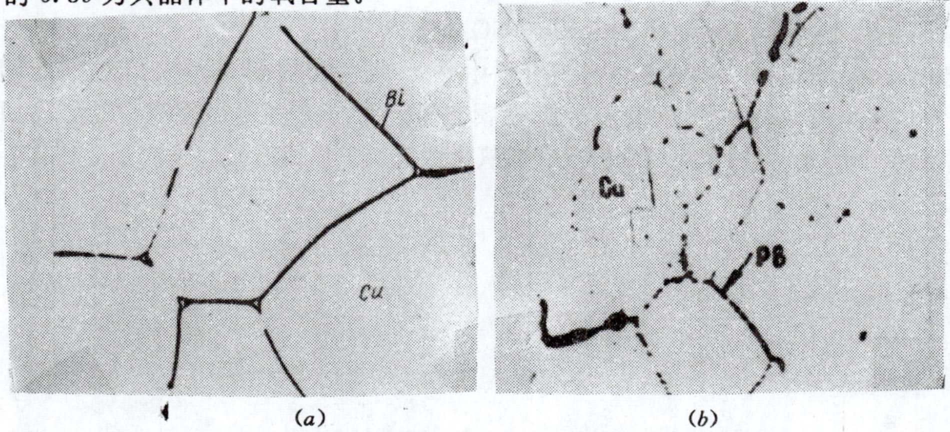

图 5-5　含 0.2%Bi 及 0.3%Pb 的铸态铜的显微组织

(a)—含 0.2%Bi，低熔点共晶体(含 99.8%Bi)分布于晶界上　×200；

(b)—含 0.3%Pb，低熔点共晶体(含 99.94%Pb)分布于晶界上　×200。

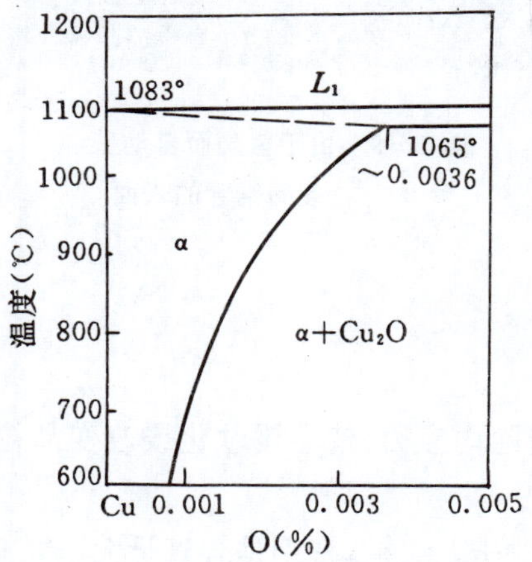

图 5-6　铜-氧相图

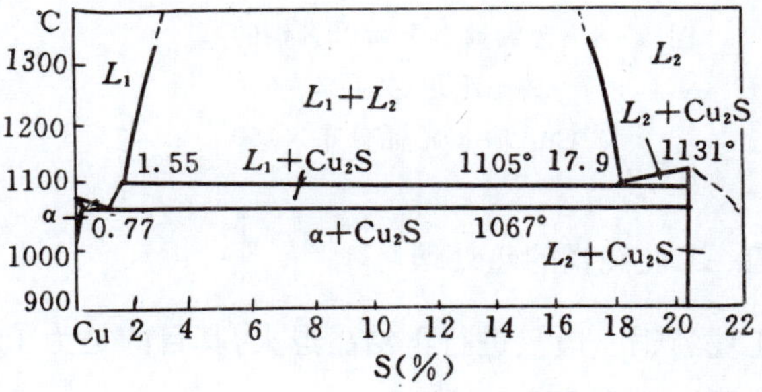

图 5-7　铜-硫相图

含微量氧紫铜的显微组织如图 5-8 所示，共晶体(α+Cu_2O)沿晶分布(黑点为 Cu_2O)。Cu_2O 及 Cu_2S 的外形相似，难于分辨，但在偏光下，未经腐蚀的 Cu_2O 呈现出鲜红色，而 Cu_2S 则不变色。如用 3%$FeCl_3$+10%HCl 水溶液腐蚀，则 Cu_2O 由淡青变为黑色，而 Cu_2S 仍为淡青色。

锑的性质很脆，象铋一样，对铜的塑性变形性能有害，其含量一般不得超过 0.05%。

钛能使铜的晶粒细化，加入 0.05%Ti 便能使纯铜的晶粒细化 3～4 倍。晶粒细化后，晶界总面积增大，单位晶界上分布的低熔点杂质的相对含量减少，从而使热轧成品率提高。

三、氢　病

纯铜含氧量严格限制的一个重要原因是氧能引起铜的“氢病”。所谓氢病就是含氧铜在还原性气氛(如 H_2、CO、CH_4 等气体介质)中退火时发生自动变脆或开裂的现象(如图 5-9 所示)。这种现象的产生是由于退火时氢及其它气体渗透到铜的内部，与铜中所含的氧作用，形成水蒸汽或 CO_2：

$$Cu_2O + H_2 = 2Cu + H_2O$$
$$Cu_2O + CO = 2Cu + CO_2$$

计算表明，100g 含 0.01%氧的铜在氢气介质中退火，能生成 14ml 的蒸汽。这些气体不溶于铜，也没有扩散能力，在铜中形成很大压强，使铜立即破裂，或产生显微裂纹，在压力加工或服役过程中破裂。因此，含氧铜热处理时应在弱氧化性气氛中加加热。

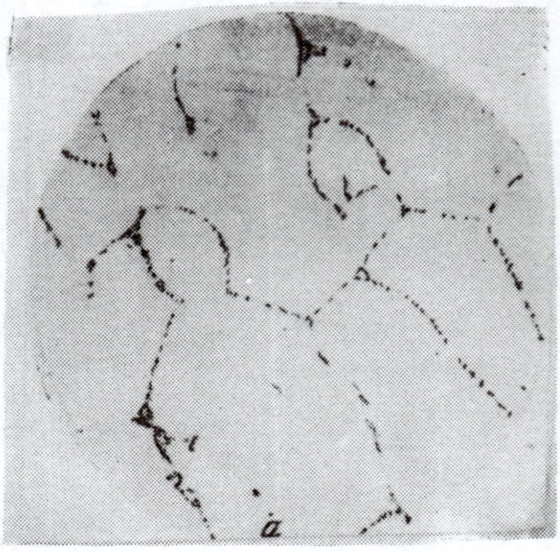

图 5-8 含氧量小于 0.05%铜的铸态组织(共晶体 $Cu_2O+\alpha$)沿晶分布×150

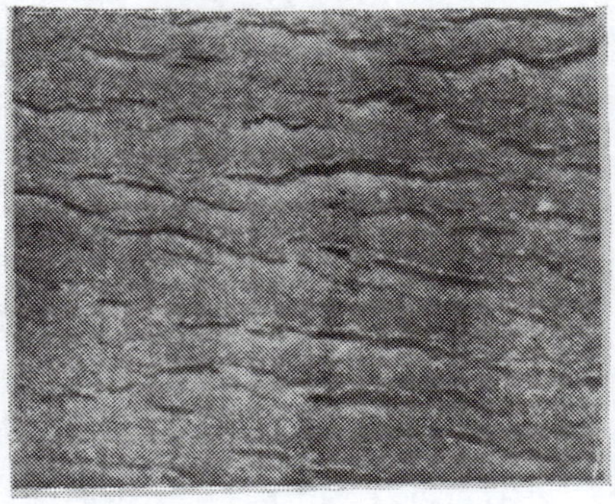

图 5-9 由于氢病而自动破裂的铜管的表面

四、工业纯铜的热处理

工业纯铜一般只进行再结晶退火，其目的是为了消除内应力，使金属软化或改变晶粒度。退火温度一般为 500～700℃。

为了防止氢病，退火前必须将工件认真清洗干净。对于含氧铜，特别是含氧量大于 0.02%的铜的退火，不能在木炭或其它还原性气氛保护下进行，只能在微氧化性气氛(如燃烧完全的煤气炉)中进行，或将退火温度降至 500℃以下。经验表明，在 500℃以下，由于氢、碳等元素在固态铜中扩散慢，与铜中氧的(还原)反应进行很慢，氢病不易发生。

退火完毕，应迅速将工件转入冷水中冷却，以减少氧化。

再结晶退火后铜的晶粒度取决于退火温度和保温时间。实验表明，退火温度低时(500℃以下)保温时间影响较小；若退火温度高则保温时间对晶粒度影响颇大。所以在高温下退火应尽量缩短保温时间，以避免晶粒长大。为了避免出现再结晶结构，退火前的冷变形度不应大于 40%～60%，退火温度不应超过 700℃。冷变形度越大，退火温度越高，再结晶织构越明显。

五、工业纯铜的牌号及应用

纯铜用汉语拼音字“Tong”(铜)的第一个字母 T 加序号数字表示，为 T1，T2，T3 等。数字增大表示纯度降低。含氧量低于 0.01%的称为无氧铜，以 TU1、TU2 表示。TUP 及 TUMn 分别表示以 P 及 Mn 脱氧而制得的无氧铜。

工业纯铜(即紫铜)的牌号、成分和用途见表 5-1。

表 5-1　工业纯铜的牌号、成分和用途

类别	合金牌号	代号	主要成分(%)			主要杂质(%)(不大于)							用途举例
			Cu(不小于)	P	Mn	Bi	Sb	Pb	As	S	P	O	
纯铜	一号铜	T1	99.95	—	—	0.002	0.002	0.005	0.002	0.005	0.001	0.02	导电及高纯合金
纯铜	二号铜	T2	99.90	—	—	0.002	0.002	0.005	0.002	0.005	—	0.06	导电和高质量合金
纯铜	三号铜	T3	99.70	—	—	0.002	0.005	0.01	0.01	0.01	—	0.1	压力加工用优质合金
纯铜	四号铜	T4	99.50	—	—	0.003	0.005	0.05	0.05	0.01	—	0.1	压力加工和铸造用一般合金
无氧铜	一号无氧铜	TU1	99.97	—	—	0.002	0.002	0.005	0.002	0.005	0.003	0.003	电真空器件
无氧铜	二号无氧铜	TU2	99.95	—	—	0.002	0.002	0.005	0.002	0.005	0.003	0.003	电真空器件
无氧铜	磷脱氧铜	TUP	99.5	0.01～0.04	—	0.003	0.05	0.01	0.05	0.01	—	0.01	焊接等用铜材
无氧铜	锰脱氧铜	TUMn	99.6	—	0.1～0.3	0.002	0.002	0.007	0.002	0.005	0.003	—	电真空器件

无氧铜 TU1 及 TU2 的含氧量极微，其它杂质也很少，无“氢病”，有更高的导电、导热性，耐蚀性、可焊性、塑性和用于电子管的封结性，可用于电真空器件。

六、铜的合金化

纯铜强度不高，抗拉强度仅为 230～240 MPa 布氏硬度为 40～50，伸长率为 50%。使用冷作硬化方法可将铜的抗拉强度提高到 400～500 MPa，布氏硬度提高到 100～200。但与此同时，伸长率急剧下降到 2%左右。因此要进一步提高合金的强度，并保持较高塑性，就必须在铜中加入适当的合金元素使其合金化。

进行合金化的重要依据是相图。从现有的二元相图可以查出，有 22 个元素在固态铜中的极限溶解度大于 0.2%，可用于固溶强化。但是常用的只有锌、铝、锡、锰、镍，它们在铜中的固溶度均大于 9.4%。有些元素，如铂、钯、铟、镓等在铜中的固溶度也很大，但因属稀贵元素，一般不用作铜的合金元素。有的元素，如锑、砷在铜中的固溶度也较大，但这些元素会使合金的塑性下降，故不用作固溶强化元素。通过固溶强化铜的强度可由 240 MPa 提高到 650 MPa。

二元相图表明，许多元素在固态铜中的溶解度随温度降低而剧烈减小，故可进行淬火时效强化。这方面最突出的是 Cu-Be 合金。含 2%Be 的铜合金热处理后强度可达 1 400 MPa，接近高强度合金钢的强度。此外，Cu-Ni-Al、Cu-Ni-Si 合金也具有良好的淬火时效强化效果。

过剩相强化在铜合金中也是常用的强化方法。

七、铜合金的分类及编号

按照化学成分，铜合金可分为黄铜、青铜及白铜三大类。以锌为主加元素的铜合金称为黄铜(Huang Tong)，以 H 表示。H 后边的数字表示合金的含铜量，如 H68 表示含铜量为 68%的黄铜。若还加入另一种合金元素，则在 H 后边添上所加元素的化学符号，并在表示含铜量的数字后面划一短横线，写上所加元素的近似的百分含量。例如，含 59%Cu、1%Pb 的铅黄铜写作 HPb59-1。若合金中还含有第三种合金元素则只在后面划一短横线，写上其近似的百分含量数字，如 HFe－59－1－1 为含 59%Cu、1%Fe 及 0.7%Mn 的铁锰黄铜。

除锌及镍以外的元素为主加合金元素的铜合金统称为青铜(Qing Tong)，以字母 Q 表示。Q 后面写主加元素的化学符号及百分含量数字，如 QSn7 为含 7%Sn 的锡青铜。若合金中还含有其它添加元素，则只写添加元素的百分含量数字。如 QSn6.4－0.4 表示含 6.4%Sn 及 0.4%P 的锡磷青铜，QAl10－3－1.5 表示含 10%Al，3%Fe 及 1.5%Mn 的铝、铁、锰青铜。

以镍为主加元素的铜合金称为白铜(Bai Tong)，其编号方法与青铜相似，如 BAl6－1.5 为含 6%Ni 及 1.5%铝的白铜。

§5－2 黄 铜

以铜为基的铜锌合金称为黄铜。黄铜具有良好的机械性能、耐蚀性能、导电和导热性能以及加工工艺性能。与紫铜和许多铜合金相比，黄铜还具有价格较低，色泽美丽的优点，是重有色金属中应用最广的金属材料。黄铜分二元黄铜及多元黄铜两类。前者又称为普通黄铜，后者又称为复杂黄铜或特殊黄铜。

一、二元黄铜

1. 二元黄铜的组织　铜-锌二元相图见图 5－10。其中包含五个包晶反应和 α、β、γ、δ、ε 和 η 六种相。

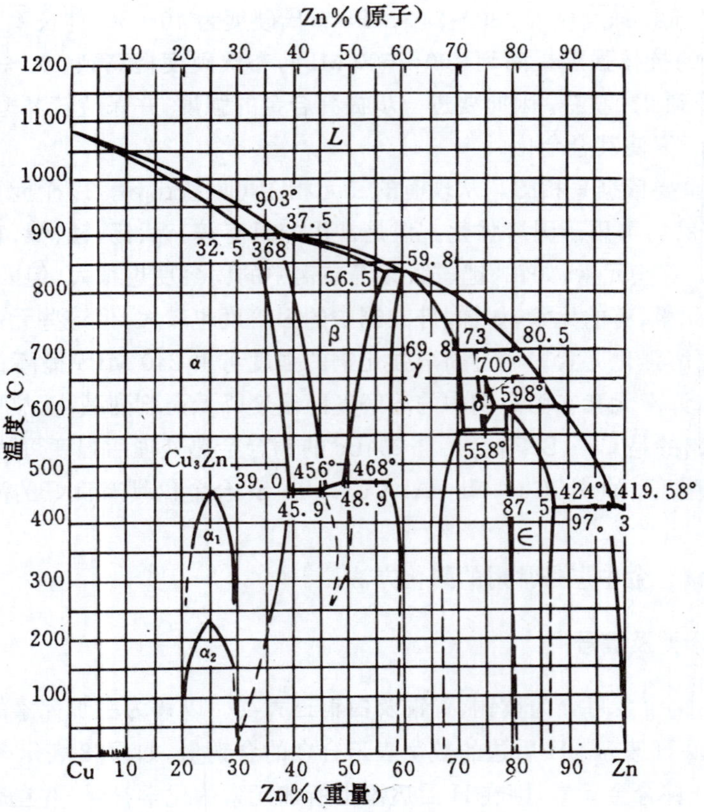

图 5－10　铜-锌相图

α 相是以铜为基的固溶体，其晶格常数随锌含量的增大而增大。锌在固态铜中的溶解度不像一般合金系那样随温度降低而减小。相反，是随温度降低而增大。当温度降至 456℃时，锌在铜中的固溶度增至 39%。进一步降低温度则锌在铜中的溶解度随温度降低而减小。

铜-锌合金的 α 相区内存在着两个有序化合金区，即 Cu_3Zn 及 Cu_9Zn 区，试验表明，Cu_3Zn 有两个变体，即 α_1 和 α_2，约在 420℃时 α 固溶体有序化为 α_1，在 217℃α_1 转变为 α_2。

α 固溶体塑性良好，适于冷热加工，但在上述有序化区有低温退火硬化现象。

β 相是以电子化合物 CuZn 为基的固溶体。具有体心立方晶格。456～468℃以下转变为有序相 β′（铜原子占据晶胞顶角，锌原子占据晶胞中心）。此有序化转变进行很快，自 β 相区淬火亦不能抑制其进行。有序化后，合金塑性降低，冷加工较困难。高温的无序固溶体 β 相，塑性较好，故对含 β′ 相的黄铜进行压力加工时，应加热至 β 相区进行。

γ 相是以电子化合物 Cu_5Zn_8 为基的固溶体，具有复杂立方晶格，硬而且脆，难以压力加工，故实际工业用黄铜的含锌量均在 46%以下，即不含 γ 相。

工业上应用的黄铜按退火组织分为 α、(α+β′)及 β′ 黄铜。

著名的三七黄铜 H70（含 30%Zn）在铸造时的结晶过程如下：当温度冷至液相线（950℃）时，开始由液体中结晶出 α 固溶体。冷至固相线（915℃）时，结晶终了，形成单相 α 溶体，即：

$$L_{30\%Zn} \xrightarrow{950 \sim 915℃} \alpha_{30\%Zn}$$

由于生产条件下铸造，冷速较快，原子扩散来不及充分进行，产生树枝状偏析，如图 5-11(*a*)所示。树枝晶的主轴先结晶，故含高熔点组元（Cu）较多，不易腐蚀，呈亮色；后结晶的枝间部分含低熔点组元（Zn）较多，易腐蚀，故呈暗色。经变形及再结晶退火后，合金组织呈多面体晶粒，而且出现很多退火孪晶（这是铜合金变形退火组织的特征），如图 5-11(*b*)所示。晶粒大小决定于变形程度和再结晶退火温度。各种不同成分的 α 黄铜的组织与图 5-11 相似。

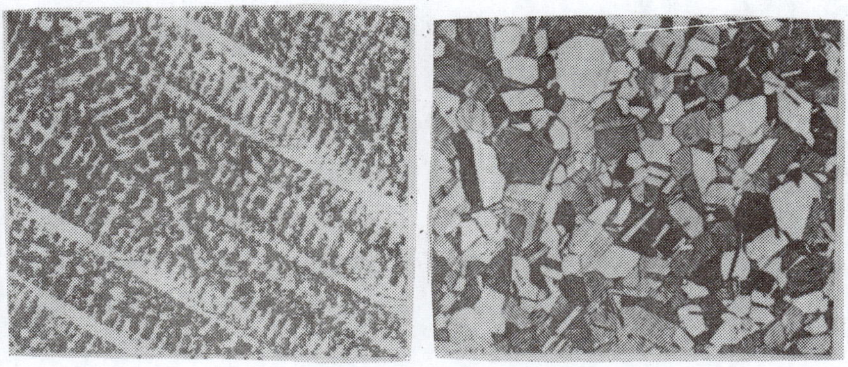

图 5-11　含 30%Zn 的二元黄铜（H70）铸态(*a*)及变形再结晶退火状态(*b*)的组织

(*a*)　×100，　(*b*)　×150

含 38%Zn 的黄铜（H62）铸造时，先从液体中析出 β 相，凝固完毕，合金为单相 β 组织。当温度降至(α+β)相区，则自 β 相析出 α。随着温度的降低，析出的 α 相逐渐增多，β 相则逐渐减少，浓度也不断改变。根据相图，在平衡状态下，此合金在 500℃即应全部转变为 α 相。但在生产条件下，冷速快，扩散来不及充分进行，整个 α 相区界线向左移动，故有一部分 β 相残留下来。残留的 β 相冷至 456℃时，进行有序化转变，变为有序固溶体 β′。最后合金(α+β′)的两相组织，如图 5-12 所示。图中 α 相呈亮色，β 相呈暗色。α 相除在原始 β 相的晶界上呈网状分布外，主要在晶内呈针状析出。冷速越快，α针越细。经变形退火后，其组织如图5-13所示。

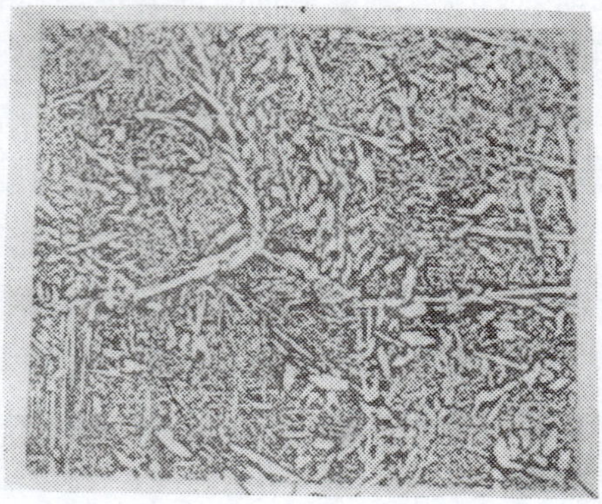

图5-12　含38%Zn的黄铜(H62)的铸态组织，α(亮色)+β(暗色)×100

将(α+β)两相黄铜加热至β相区后，β晶粒极易长大。图5-14表示粗大的β晶粒，其晶界上有少量α相析出。

2. 二元黄铜的性能和用途　低锌黄铜H96、H90、H80具有良好的导热性能和耐蚀性能，并有一定强度和良好塑性，大量用作冷凝器和散热器。由于此类黄铜表面呈鲜艳的金黄色，也常用于制造工艺品。

三七黄铜H70、H68强度较高，塑性特别好，适用于用冷冲压或深拉伸法制造各种形状复杂的零件，大量用作枪弹壳和炮弹筒，故有“弹壳黄铜”之称。

H62黄铜强度高，塑性也比较好，可用作水管、油管等，是应用最广的合金，有“商业黄铜”之称。

H59黄铜含锌量多，强度高，价格较便宜，但塑性低，可作一般零件和焊料。

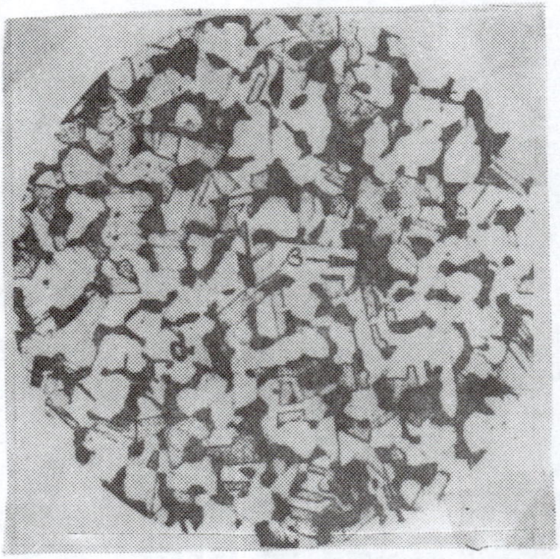

图5-13　含38%Zn的黄铜(H62)变形退火后的组织，α(亮色)+β(暗色)×100

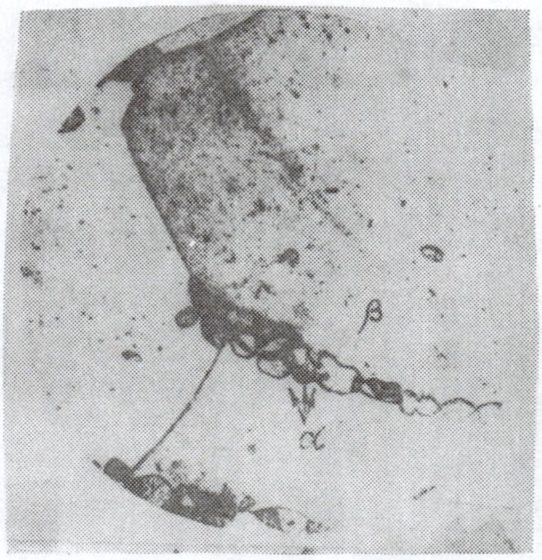

图5-14　含45～46%Zn的(α+β)黄铜，粗大β晶粒+沿晶界析出的α相(α相上有孪晶，表明此合金经过变形及退火)　×100

航空上H68、H62主要用作封严垫、封严环、波纹管、铆钉等零件。

二、多元黄铜

为了提高二元黄铜的耐蚀性能、机械性能或切削加工性能，在二元黄铜中加入少量Sn、Pb、Mn、Fe、Si、Ni、Al等元素，即得多元黄铜。

Pb在α黄铜中的溶解度小于0.03%，故在α黄铜中必须严格限制其含量(不得超过0.03%)，否则会发生热脆。但在(α+β)两相黄铜中，适当增加Pb的含量并不产生热脆。这是因为两相黄铜在铸造结晶完毕时，尽管 Pb 在晶间形成薄膜，但在冷却过程中 β 相转变为(α+β)，加热时 α+β 又转变为 β。经过这样的重结晶后，Pb 质点大部分转移到晶粒内部，其有害作用大大减弱。含 Zn 量越多的黄铜，允许的含 Pb 量越大，在含 40%Zn 的黄铜中加入 1%～2% Pb，不仅无害，还能使切削容易脱落，从而提高合金的切削加工性能。

铅黄铜 HPb59－1 切削性能良好，被称为"易切黄铜"。此合金耐磨、耐蚀、强度高，可作衬套、螺钉、螺帽、垫板、电器插座、龙头，钟表零件等，是机械制造中应用最广泛、最便宜的黄铜。

黄铜中加入少量 Al 能在合金表面生成坚固的氧化膜，提高合金对气体、液体、特别是对高速海水的耐蚀性，并能提高黄铜的强度、硬度。但 Al 使黄铜铸造组织粗化。含 Al 量超过 2% 时，塑性、韧性下降。含 2%Al，Zn 含量在 20%左右的铝黄铜，热塑性最好，故 HAl77－2 型黄铜应用较广。为了进一步提高铝黄铜的抗脱锌腐蚀能力，常加入约0.05%As及.01%Be或 0.4%Sb 及 0.01%Be。有的铝黄铜还含有微量的 Mn 及 Fe，以进一步提高其强度、硬度和耐蚀性。

少量 Mn 能提高黄铜的强度、硬度和在海水及过热蒸汽中的耐蚀性。锰黄铜具有良好的冷热加工性能。含 Al 和 Fe 的锰黄铜广泛用于造船等工业。

镍能提高黄铜的机械性能和耐蚀性能。镍黄铜的脱锌及应力腐蚀倾向较小。镍能扩大 α 相区，故在两相黄铜中添加适量镍后，可转变为单相黄铜。镍黄铜可作磷青铜及白铜的代用品，用作海船压力表及冷凝管等。

硅能提高黄铜在大气及海水中的耐蚀性及抗腐蚀破裂能力。硅黄铜具有良好的耐蚀性及冷热压力加工性，能与钢焊接，在低温(－180℃)下不丧失其韧性。铅和铁是硅黄铜的有害杂质，前者使铸锭疏松和结疤，后者剧烈降低合金的耐蚀性。

锡能抑制黄铜脱锌，提高黄铜在海水中的耐蚀性。锡黄铜有"海军黄铜"之称。少量锡还能固溶入 α 相中，提高合金的强度和硬度。

微量铁能细化黄铜的铸造组织，并抑制退火时晶粒长大，细化退火晶粒。铁还能提高黄铜的强度、硬度和抗震性能。含铁量一般小于 1%。过多的铁会剧烈提高合金液相点，增加初生富铁相的数量，从而降低合金的耐蚀性能。约 1%Fe 在高温能溶入 α 固溶体，并在降低温度时自固溶体中析出，使合金具有淬火时效强化效果。

三、黄铜的压力加工性能和耐蚀性问题

单相黄铜具有良好的塑性，能承受冷热加工，但在 200～700℃有一中温脆性区。添加微量 Ce 可使脆性区消失。

α+β 两相黄铜被加热到 β 相区后，晶粒极易长大，使压力加工性能降低。因此两相黄铜锻造时，加热温度应略低于 α+β/β 相区界线。

黄铜在大气中有良好的耐蚀性，但在某些介质中会发生脱锌及应力腐蚀破裂。

由于锌的电极电位远低于铜，所以黄铜在盐水中极易发生电化学腐蚀。合金中电位低的锌被溶解，铜则呈多孔薄膜残留在表面，并与表面下的黄铜组成微电池，使黄铜成为阳极而加速腐蚀，形成脱锌。为了防止脱锌可选用低锌黄铜(Zn 含量低于 15%)或加入 0.02%～0.06% As。

经冷变形的黄铜工件或半成品，有时在车间放置几天会发生自破裂。这种现象称为黄铜的"自裂"或"季裂"。这实际上是一种应力腐蚀破裂，是在残留张应力、腐蚀介质(主要是氨或

SO_2)，氧及潮湿空气的联合作用下发生的。黄铜含锌量越多，越易自裂。含锌量在25%以上的黄铜，如H70，H68，H59等对应力腐蚀很敏感。

实验表明，压应力不产生腐蚀破裂，而且还对腐蚀破裂有抑制作用。因此，对零件表面进行喷丸或滚压是防止黄铜自裂的一种方法。

张应力是产生黄铜自裂的根源。因此，黄铜制品必须及时进行去应力退火。退火后要避免撞伤或在零件装配过程中产生新的张应力。

在黄铜中加入少量(1%)Si或0.02%～0.06%As，或0.1%Mg，均能减小自裂倾向，黄铜制品的表面镀锌或镀镉也能防止自裂。

§5-3 锡青铜

铜和锡的合金称为锡青铜。锡青铜的应用，在我国已有两千多年的历史，是一种最古老的金属材料。锡青铜最主要的特点是耐蚀、耐磨、弹性好和铸件的体积收缩率很小。

一、二元锡青铜的组织

铜-锡二元相图如图5-15所示。图中α相是以铜为基的固溶体；γ相和δ相是以电子化合物 $Cu_{31}Sn_8$ 为基的固溶体；ε相是以电子化合物 Cu_3Sn 为基的固溶体。在这一部分相图中有下列包晶反应及共析反应：

$$L+\alpha \xrightleftharpoons{798^\circ} \beta$$

$$L+\beta \xrightleftharpoons{755^\circ} \gamma$$

$$\beta \xrightleftharpoons{586^\circ} \alpha+\gamma$$

$$\gamma \xrightleftharpoons{520^\circ} \alpha+\delta$$

$$\delta \xrightleftharpoons{350^\circ} \alpha+\varepsilon$$

由于Cu-Sn合金中原子扩散过程进行缓慢，在生产条件下这些共析反应常常不能进行到底，特别是最后一个共析反应(δ→α+ε)，只有在长时间保温下才能进行。因此，一般生产条件下，合金组织中不会出现(α+ε)组织。

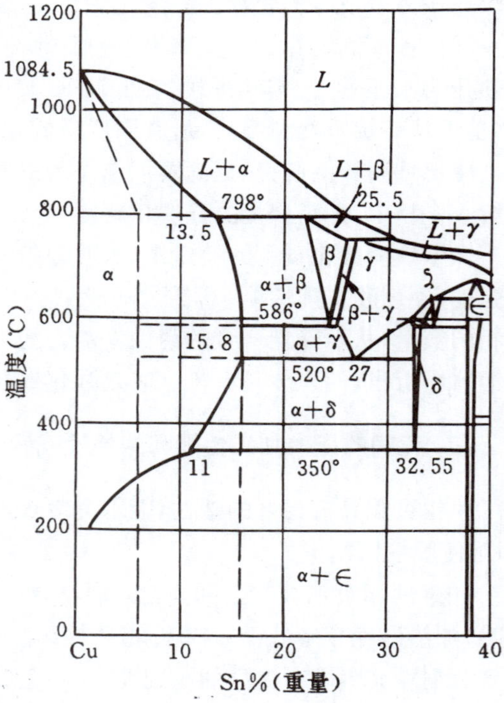

图5-15 铜-锡相图

此外，相图左方实线表示的α单相区界线，只有在相应的温度下进行很长时间退火保温才能得到。至于350℃以下的溶解度曲线，则需要近千小时以上的退火才能得到。在生产条件下(如金属模或砂模铸造)，由于结晶在不平衡状态下进行，α相区大大缩小，其相区界线如虚线所示。因此，合金的铸态组织应按虚线所示相区进行分析。铸造后经过均匀化退火的组织，520℃以上可按相图的实线部分进行分析；520℃以下一般仍达不到平衡状态，应由520℃引垂直线作为α相区界线来决定合金的组织。例如，含13%Sn的合金，铸造、均匀化退火后，得到单相α组织，而不是α+δ两相组织。图5-16为含10%Sn的锡青铜(ZQSn10)铸态组织，图中可以看到沿晶界分布的共析体($\alpha+Cu_{31}Sn_8$)。由于这种组织中初生α及共析体中的α(暗色)较软，而化合物$Cu_{31}Sn_8$(亮色)硬，故抗磨性好，常常作为轴承材料使用。

二、锡青铜的性能

Cu-Sn合金的结晶温度间隔大，流动性差，加之锡原子在铜中扩散慢，故容易形成树枝状偏析和分散的显微缩孔，因而铸件致密性差，在高水压下容易渗漏，不适于铸造密度和气密性要求高的零件。但锡青铜有一个很突出的优点，即线收缩率很小，热裂倾向小，能铸造形状复杂、由薄壁突然过渡到厚壁的零件。而且尺寸精确，纹络清晰，可用作艺术品的铸造。

锡青铜中容易出现有害夹杂SnO_2。SnO_2极其硬脆，其存在不仅使合金性能降低，更严重的是作轴承时，会损伤轴颈。因此，熔炼锡青铜时，一般需加入适量的磷进行脱氧。

Cu-Sn合金中出现大量硬脆相δ，使塑性很低，强度也急剧下降。因此，工业上所用的锡青铜含锡量大多在3～14%的范围以内。对于变形合金，要求具有更高的塑性，故含锡量一般低于7%～8%。

锡青铜表面生成由Cu_2O及$2CuCO_3 \cdot Cu(OH)_2$构成的致密薄膜，在大气、海水、碱性溶液和其他无机盐类溶液中有极高的抗蚀性。所以对那些暴露在海水、海风和其它盐类中的船舶和矿山机械零件，广泛用锡青铜铸造。但锡青铜在酸性溶液中会被剧烈腐蚀。

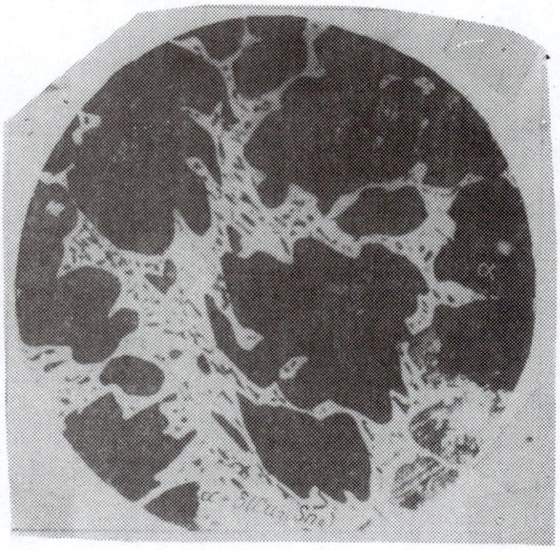

图5-16　Cu-10%Sn合金的铸态组织，α固溶体+共析体[$\alpha+\delta(Cu_{31}Sn_8)$]，α呈暗色，$Cu_{31}Sn_8$呈亮色　×1000

为了改善二元锡青铜的工艺性能和使用性能，几乎全部工业用锡青铜都分别含有锌、磷、铅、镍等元素，成为多元锡青铜。微量磷(0.3%以下)能有效地提高合金的机械性能，特别是提高弹性极限和疲劳极限，使合金具有良好的弹性性能。含0.4%～0.5%P(如QSn6.5-0.1及QSn6.5-0.4)的锡磷青铜广泛用作弹簧及其他弹性元件，是工业中应用最广的锡青铜。

三、低温退火强化

冷轧变形后，对锡磷青铜进行低温(200～250℃)退火是强化锡磷青铜的重要方法。它可使合金的弹性极限提高50～85 MPa。这种低温退火强化的原因是：在低温退火过程中位错重新分布，可动位错数目减少，溶质原子在层错面偏聚及有序化的结果。

许多铜合金，如含锌量大于10%的黄铜，含铝量大于4%的铝青铜，含锰量大于5%的锰青铜及含镍量大于30%的白铜都有这种低温退火硬化现象，可用以强化合金。

为了细化锡青铜的组织，改善铸造性能及机械性能，往往在变形锡青铜中加入0.02%～0.1%Zr或0.02%～0.1%B。在铸造锡青铜中加入0.02%～0.05%V和0.03%～0.05%B或0.05%Ti和0.05%B，细化效果显著。

§5-4 铝青铜

早期，青铜仅指锡青铜。现在这个名词已成为除黄铜和白铜之外的铜合金的总称，并以主添加元素置于“青铜”一词之前，以区别各种不同的青铜。例如，当主添加元素为铝时称为铝青铜，主添加元素为铍时称为铍青铜等。

锡青铜是最古老的青铜，由于锡的价格昂贵，很早以前，就产生了用其它合金来代替锡青铜的想法。目前，很多青铜的性能都已超过了锡青铜，铝青铜就是其中之一。铝青铜具有良好的机械性能、耐蚀性能和抗磨性能，是各种青铜中应用最广泛的一种。

一、二元铝青铜的组织

铜-铝相图富铝部分，如图5-17所示。这部分相图中有五个单相区。α相是以铜为基的固溶体；β相是以电子化合物Cu_3Al为基的固溶体，具有体心立方晶格；γ_1的γ_2是以电子化合物$Cu_{32}Al_{19}$为基的固溶体，具有复杂立方晶格。γ_2相硬度高，脆性大，其存在会使合金的塑性降低，但能提高合金的抗磨性能。铜-铝相图在565℃发生共析反应：

$$\beta \xrightleftharpoons{565℃} \underbrace{\alpha+\gamma_2}_{\text{共析体}}$$

这个共析反应只在缓慢冷却时才能进行。若冷却较快，则反应来不及进行，β相将以无扩散型相变转变为马氏体β′。实验表明，含铝量较高时马氏体转变要经过一个中间过渡阶段，即先形成有序固溶体β_1，而后才转变为马氏体β′(或γ′)，即

$$\beta \xrightarrow{(有序化)} \beta_1 \xrightarrow{(无扩散相变)} \beta'(或\gamma')$$

如图5-18所示。图中β为体心立方晶格的无序固溶体；β_1为体心立方晶格的有序固溶体；β′及γ′为含铝量不同的马氏体，二者均具有近似密排六方的晶格，呈针状组织，硬度、强度较高，但塑性较低。

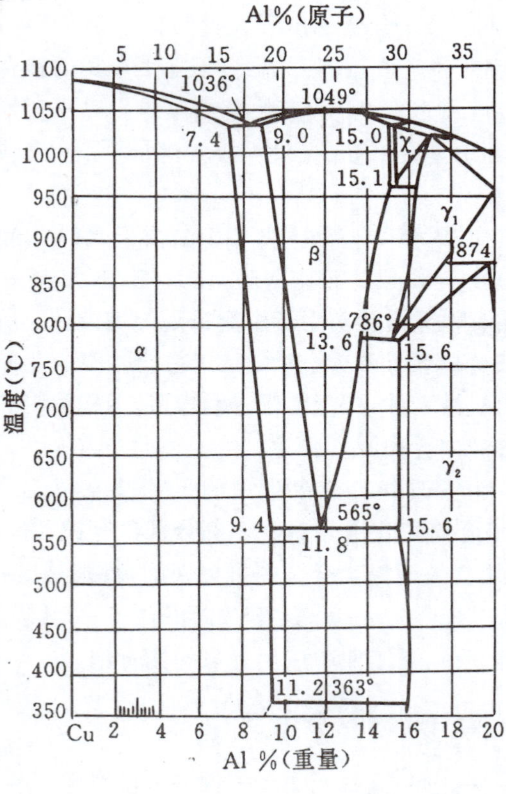

图5-17 铜-铝相图

按照Cu-Al相图，含铝量小于9.4%的合金冷至室温应得单相α组织。但在生产条件下，由于冷却速度较快，β→α的转变来不及完成，有一部分β相剩余下来，并在随后转变为共析体，使合金的硬度升高，塑性降低。

共析体(α+γ_2)很细，只在高倍放大条件下才能将共析体中的α相与γ_2相分辨出来(图5-19)；放大倍数较低时，由于分辨不清，很像黄铜中的β相。

一些研究工作表明，在 Cu - Al 二元系的 α 单相区中，从成分 3.98%Al 起，所有 α 固溶体内存在有序-无序转变。Cu - Al 单相 α 固溶体合金中的退火硬化现象与此有关。

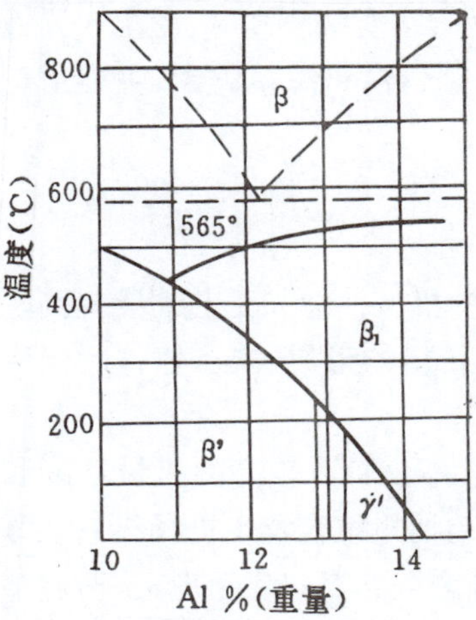

图 5 - 18　Cu - Al 合金快冷时 β 相的转变(亚稳相区界线)

图 5 - 19　铝-铁青铜(QAl9 - 4)的退火组织。α(亮色)+共析体($\alpha+\gamma_2$)(晶界暗色区)+$FeAl_3$ 相(晶内黑色小点)　×500

二、二元铝青铜的性能

1. 机械性能　铸态铝青铜的机械性能与含铝量有关。随着铝含量提高，合金的强度、硬度升高，塑性下降。当铝含量大于 8%时，塑性强烈降低，原因是合金中出现了含有脆性相 γ_2 的共析体。

含铝量为 5%～8%的铝青铜(QAl5 及 QAl7)为 α 单相合金，塑性良好，能进行冷热加工。含铝量为 9%～11%(QAl10)的合金在高温具有(α+β)组织，能承受热压力加工，但主要用挤压法获得制品；565℃以下发生共析分解后，合金塑性下降，不能进行冷变形。由于此合金流动性好，常用作铸造合金。

2. 工艺性能　Cu - Al 系合金液相线与固相线的结晶间隔很小(仅 10～30℃)，流动性很好，容易获得致密铸件；液、固两相的浓度差(即液相线与固相线之间的水平距离)也不大，故偏析不严重；但体积收缩率大，因而集中缩孔大，且易生成粗大的柱状晶。此外，氧化吸气倾向高，容易生成 Al_2O_3 夹杂，使铸件质量降低。

冷轧铝青铜时，如出现开裂，可能是共析体或 Al_2O_3 夹杂引起的，或是由晶粒粗大引起的。消除开裂的措施，除提高铸锭质量外，可将合金加热到 800～850℃，而后较快地冷却，以避免共析体形成。但应注意，两相 Cu - Al 合金加热到 β 相区后晶粒容易长大。故热加工或热处理时加热温度不宜过多地超过(α+β)/β 相区界线，而且保温时间也不宜过长。

3. 耐蚀性能　铝青铜表面能形成铝和铜的氧化物的致密薄膜，具有很高的耐蚀性。在大气、海水、碳酸及大多数有机酸溶液中，它们的抗蚀性比黄铜和锡青铜还高。铝青铜的表面保护膜一旦破裂，有“自医”的能力(即自动生成新的保护膜)。但若表面存在夹杂等缺陷，则“自修补”受阻，容易发生局部腐蚀。在过热蒸汽中，铝青铜耐蚀性差。

铝青铜有应力腐蚀破裂倾向，可用低温去应力退火或加入 0.35%Sn 的方法防止。

4. 工业用二元铝青铜　工业用二元铝青铜有QAl5、QAl7及QAl10。QAl5具有足够的机械性能；热冷压力加工性良好；耐蚀性高，广泛用于海洋条件下工作的零件。QAl7具有高的机械性能和耐蚀性能，能在冷态或热态下进行压力加工；弹性好，蠕变极限高，广泛用于弹簧及弹性零件。QAl10强度很高，耐磨性好，在海水中耐蚀性高于磷青铜和海军黄铜，主要用于造船工业和渔具制造。

三、多元铝青铜

在二元铝青铜的基础上添加铁、锰、镍等元素可使合金的机械性能和工艺性能提高。

铁的作用是细化晶粒，抑制重结晶相变，阻碍($\alpha+\gamma$)共析体的形成，减小铸件缓慢冷却时的“自发回火”脆性。

工业上用得较多的铝铁青铜是QAl9-4(含4%Fe)，它不仅具有较高的机械性能和耐蚀性能，还有良好的耐磨性，航空上用来制造小齿轮、配件、传动轴的衬套及飞机操纵系统零件。

锰的作用是强化α固溶体，改善合金铸造性能以及降低合金共析转变温度，从而避免自发回火脆性。常用的锰青铜有QAl10-3-1.5(含3%Fe，1.5%Mn)。

镍能大大提高Cu-Al合金的机械性能，还能提高合金的热强性和耐蚀性，QAl10-4-4(含4%Fe及4%Ni)，航空上用作受力大，转速高并要求耐热、耐磨的零件，如排气座，齿轮、涡杆等。

§5-5　铍青铜

含铍的铜合金称为铍青铜，简称铍铜。铍青铜经淬火时效处理后具有一系列优良性能，即：很高的强度、硬度、疲劳极限和弹性极限；弹性滞后小，弹性稳定；而且耐蚀、耐磨、无磁性；导电导热性好，冲击无火花等。因此，铍青铜常被用作高级精密的弹性元件(如弹簧、膜片、膜盒等)及特殊要求的耐磨元件(如罗盘及钟表的机动零件，高速高压高温下工作的轴承、衬套、齿轮等)；此外，还被用作各种换向开关、电接触器，矿山、炼油厂用的冲击不发生火花的工具等。在电子工业及仪表工业中铍青铜应用很广泛。

一、铍青铜的组织和微量元素的作用

铜-铍二元系相图富铜部分如图5-20所示。这一部分相图有α、β、γ三个单相区。α相是以铜为基的固溶体，具有面心立方晶格；β相是以电子化合物CuBe为基的无序固溶体；γ相也是以化合物CuBe为基，但原子排列有序化，为有序固溶体。β和γ均具有体心立方晶格，在605℃发生下列共析反应

$$\beta \xrightarrow{605℃} \underbrace{\alpha+\gamma}_{\text{共析体}}$$

铍在铜中的极限溶解度为2.7%(864℃)，但随温度下降而急剧降低，在300℃已下降为0.02%，故铍青铜具有很高的淬火时效强化效果。

工业用铍青铜中一般含0.2%～0.5%Ni，故它实际上是Cu-Be-Ni三元系合金。

镍强烈降低铍在固态铜中的溶解度，降低β相的百分含量，并提高合金的共析反应温度。例如，0.5%Ni使820℃以下铍在固态铜中的溶解度从2.3%降低至0.4%(见图5-21)，并使

其共析转变温度由 605℃升高至 642℃。

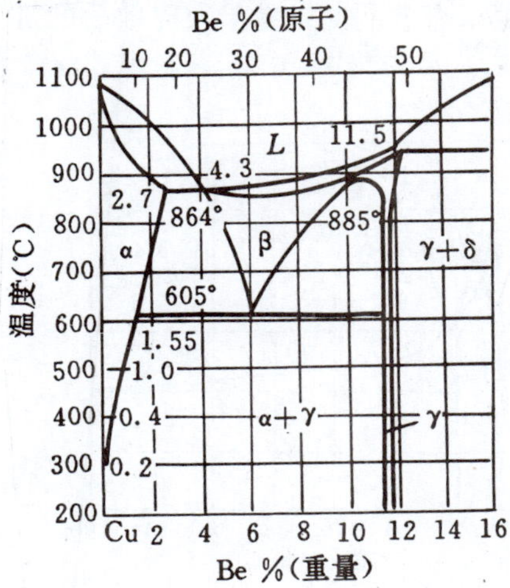

图 5-20 铜-铍相图

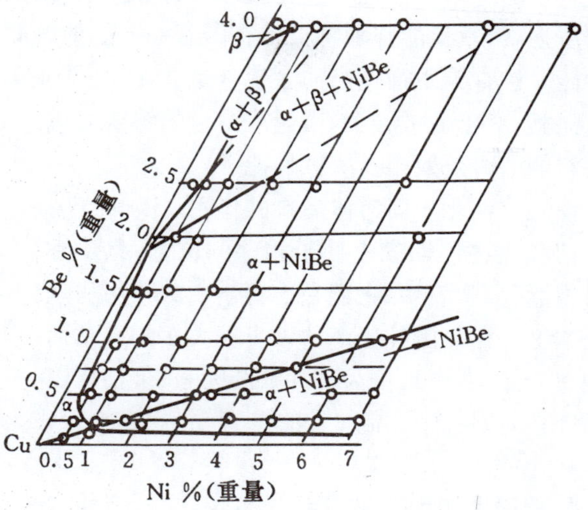

图 5-21 Cu-Be-Ni 三元系铜角 820℃等温截面

图 5-22 为含 2.5%Be,0.2%Ni 的 Cu-Be 合金(QBe2.5)自 700℃淬火的组织,在过饱和 α 固溶体基础上分布着 β 相(暗色),并有极少量 NiBe 化合物颗粒(亮色)。

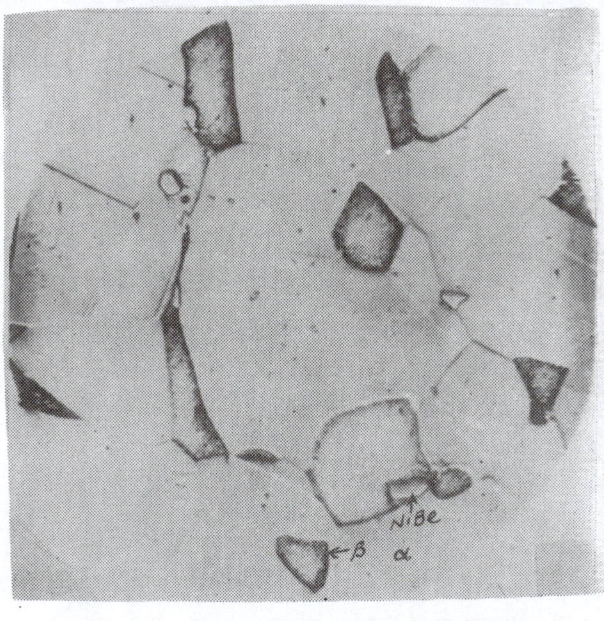

图 5-22 含 2.5%Be,0.2%Ni 的铍青铜(QBe2.5)自 700℃淬火组织:在过饱和 α 固溶体基体上分布着 β 相(暗色)及极少量 NiBe 化合物颗粒(亮色) ×450

二元铍青铜中,相变进行很快,往往由于淬火冷却速度不够快,使固溶体在淬火过程中即发生局部分解,以致时效后得不到最好的机械性能。微量镍的加入能抑制相变过程,延缓淬火及时效过程中过饱和固溶体的分解,使淬火及时效过程易于控制(如图 5-23 所示)。镍还能抑制铍青铜的再结晶过程，在某种程度上促进均匀组织的获得。但镍的含量必须严格控制，因为，如前所述，微量镍能强烈降低铍在因态铜中的溶解度，从而降低合金的时效效果及时效后的机械性能。铍青铜中最适当的含镍量是0.2%～0.4%。

但是，对于低铍合金，微量或少量的镍能大大提高它们的时效效果及机械性能。

镍还有细化α固溶体晶粒的作用。

钴和镍在周期表上处于相邻的位置，化学性质很相近。实验表明，它们在铍青铜中的作用和效果基本上一样。国外生产的铍青铜大多加入钴而不是加入镍，考虑到钴为较稀缺的元素，价格比镍约高3倍，故国内标准牌号的铍青铜，规定含镍，而不是含钴。

微量铁也能细化铍青铜的晶粒，并延缓相变过程，其作用与镍或钴相似。铁含量以0.15%左右效果最好，最多不应大于0.4%，否则会降低合金的时效强化效果。铁、钴、镍对铍青铜淬火加热温度和时效硬化的影响见图5－23。

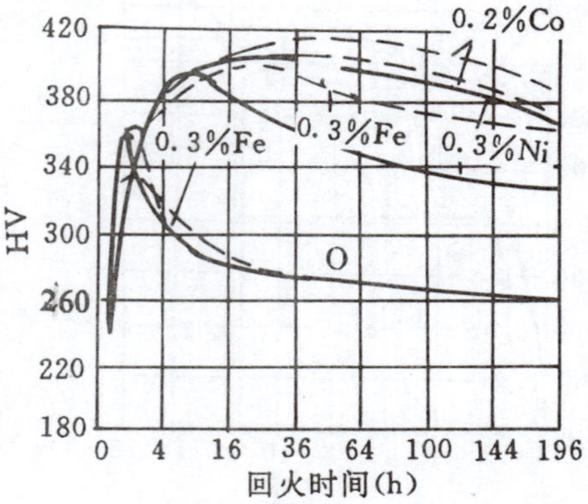

图5－23 铁、钴、镍对含2%Be的Cu－Be合金淬火加热温度和时效硬化的影响实线—750℃淬火；虚线—840℃淬火。

钛也能抑制二元铍青铜过饱和固溶体的分解，其抑制作用甚至比镍还强。微量钛还能强烈细化铍青铜的铸造组织，并使变形再结晶材料获得细而均匀的组织。

微量(0.1%)镁能强烈抑制铍青铜的晶界反应，提高时效效果。特别是能提高弹性极限及降低弹性后效，并强烈提高应力松驰稳定性。因此含镁的铍青铜具有很多优越性，但镁含量增至0.2%以上会使合金塑性降低。磷能促进固溶体的分解，使铍青铜在热处理过程中很快达到过时效阶段，故属有害元素。铅含量小于0.01%时对合金的热轧性能无显著影响，但含量超过0.01%，则降低合金的高温变形性能。铋与锑对合金的热轧性能危害很大。

二、工业用铍青铜

我国目前使用的铍青铜的成分及性能见表5－2。

含微量Mg的铍青铜QBeMg2－0.1及QBeMg1.7－0.1具有许多优越性已如前述。

QBe1.9和QBe1.7中含0.1%～0.25%Ti。微量钛的加入使铍含量得以降低，从而降低了成本，并改善了工艺性能，提高了循环强度，减少了弹性滞后，还保持了很高的硬度和强度。

合金淬火后冷轧(变形度30%～40%)再进行时效，能获得更高的强度、硬度、弹性极限和弹性模量，并减小合金的弹性滞后。

铍青铜半成品往往以淬火状态及淬火后冷轧状态供应。前者称为软态，后者称为硬态(硬态代号为Y，指淬火后冷变形33%，特硬态指淬火后冷变形55%，半硬态指1/2硬态)。

除高强度、高硬度、高弹性外，铍青铜的另一优点是导电性好。含铍量愈低，导电性愈高。例如，含2%Be的QBe2合金的导电性为纯铜导电率的25%，而含0.4%Be，1.5%Ni，0.05%Ti的低Be高硬度、耐磨电极合金的导电率则为纯铜导电率的45%。

铍青铜的耐蚀性能与铝青铜和锡青铜接近，在大气、淡水、海水中耐蚀性极好，在许多碱性溶液中也相当稳定;在湿的含硫气氛中表面会变黑,但不影响机械性能;在高温易受煤气及氯等卤族元素气氛的腐蚀;对汗液腐蚀也比较敏感。

表 5-2 铍青铜的成分及性能

牌 号	化 学 成 分					状态	σ_b (MPa)	δ (%)	Hv (MPa)
	Be	Ni	Ti	Mg	Cu				
QBe2	1.90~2.20	0.2~0.5	—	—	余量	CS CYS	>1 130 >1 175	>2.0 >1.5	>3 200 >3 600
QBe1.9	1.85~2.10	0.2~0.4	0.10~0.25	—	余量	CS CYS	>1 130 >1 175	>2.0 >1.5	>3 500 >3 700
QBe1.7	1.60~1.85	0.2~0.4	0.1~0.5	—	余量	CYS	>1 080	>2.0	>3 400
QBeMg2—0.1	1.80~2.00	0.2~0.5	—	0.05~0.15	余量	CS CYS	1 100~1 340 1 270~1 520	>3.0 —	3 250~4 000 3 800~4 500
QBeMg1.7—0.1	1.60~1.79	0.2~0.5	—	0.05~0.15	余量	CS CYS	1 030~1 240 1 230~1 450	>3.0 —	3 100~3 700 3 600~4 300

三、铍青铜的热处理

1. 淬火 铍青铜具有很高的热处理强化效果,其制品一般都要进行淬火时效处理。含铍量高于 1.7%的铍青铜,其最佳淬火温度为 780~790℃,保温时间一般为 8~15min(当零件较厚或装炉量较大时保温时间应适当增加)。加热温度、保温时间的冷却速度是决定淬火质量的主要因素。淬火加热温度和保温时间和选择原则是使强化相充分固溶,而且使晶粒度保持在 6~9 级的范围之内,过粗或过细都不好。淬火温度超过 800℃或保温时间过长,都会引起晶粒的急剧长大。

2. 时效 Cu-Be 合金的性能随时效温度和时效时间而变化。获得最高机械性能的时效温度与合金的熔点有关,约等于 0.5~0.6$T_{熔}$($T_{熔}$ 为熔点的绝对温度)。对于含铍高于 1.7%的合金,最佳时效温度是 300~330℃,保温 1~3h。含铍量低于 0.5%的高导电性电极合金,由于熔点升高,最佳时效温度为 450~480℃,保温 1~3h。图 5-24 为铍青铜 QBe2 的时效曲线。时效过程是一个过饱和固溶体的分解过程。铍青铜过饱和固溶体的分解过程已进行过许多研究,但由于过程比较复杂,至今尚无完全一致的结论。大多数意见认为,时效过程中铍青铜过饱和固溶体的分解按下列程序进行:

$$\alpha \text{过饱和固溶体} \rightarrow \text{G.P.区(或} \gamma''\text{)} \rightarrow \gamma' \rightarrow \gamma$$

对于上述分解过程的解释及 γ'' 和 γ' 的结构则有不同的观点。一般认为,铍青铜过饱和固溶体的分解以连续析出及不连续析出两种方式同时进行。连续析出按上述分解过程进行,但这里所说的 G.P. 区与铝合金中的 G.P. 区在概念上有所不同。铝合金中的 G.P. 区是指溶质原子在基体金属中的偏聚区;此处 G.P. 区是指一种片状沉淀物,其原子呈有序排列,并已形成了中间过渡的晶体结构，且与母相的{100}面共格，亦可称为γ″。这种G.P.区(γ″)的密度极高，大于$10^{18}/cm^3$。时效过程中，G.P.区(γ″)尺寸增大，同时共格应力场增加，最后转变为另一种与母相半共格的中间过渡相γ′。在315℃时效3h后，即有γ′沉淀析出物，直径约10毫微米。315℃时效100h后，直径长大到约100毫微米。

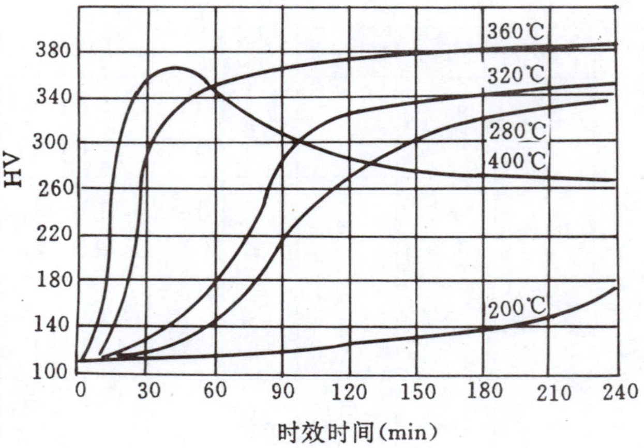

图 5-24　QBe2 时效曲线

不连续析出一般在晶界上非均匀地形核，然后长入相邻的晶体中，脱溶区逐渐扩大。不连续析出的产物为中间过渡相γⅠ，其形态、晶体结构、晶格常数及位向与连续析出的产物γ′相同。在425℃时效800h后，γⅠ转变为稳定的γ相。实验表明，在380℃以下时效时，不连续脱溶只在晶界周围相当小的晶界区域内发生，而连续脱溶是过饱和固溶体α的主要分解方式。在380℃以上时效则主要是不连续析出占优势。

铍青铜的最高机械性能出现在G.P.区(γ″)向中间相γ′转变的阶段。铍青铜时效过程中形成的G.P.区高度弥散，加之G.P.区(γ″)与母相的比容差别大，在其周围引起较大的应力场，因而对位错运动的阻力增大，造成很好的时效强化效果。

铍青铜过时效后，在晶界上出现如图5-25所示的网状及瘤状暗色区域。这是因为晶界地区时效过程进行快，析出相粗化，组织不均匀性增大，使合金耐蚀性能降低造成的结果。暗色区域不是一个单独的相。这种现象称为晶界反应，是铍青铜过时效的特征组织。过时效越严重，暗色区域大，机械性能也降低得越多。微量镍、钴、铁、钛、镁的加入，延缓了过饱和固溶体的分解，也减弱了晶界反应。经验表明，暗色区域的体积分量为2%～5%可视为峰值时效的正常组织。为了保证弹性滞后最小，最好是光学显微镜下看不到明显的暗色区。

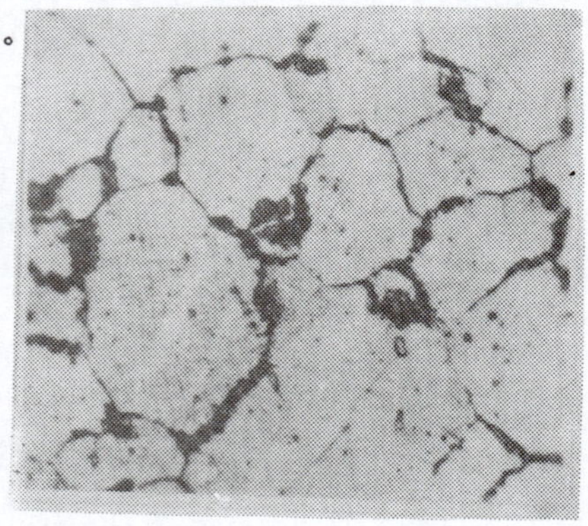

图 5-25　铍青铜(QBe1.9)的过时效组织，晶界出现大量瘤状暗色区(晶界反应)　×500

铍青铜淬火组织中除过饱和α固溶体外，往往还含有过冷的β相。在时效过程中，过冷β相也要分解(β→α+γ)。过冷β相的分解机制与过饱和α相的分解机制相似。但β相的分解温度比α相的分解温度低。例如含2%Be的Cu-Be合金中α相的最大硬度是在320℃时效4h后达到的，而β相的最大硬度则在250℃时效4h后即已达到，320℃时效4h，β相分解已进入软化阶段。

3. 退火　铍青铜的退火最好在β共析转变温度以下进行，一般为550～570℃，保温2～3h。退火温度过高，超过共析转变温度，会导致β相的聚集粗化；低于550℃则不能有效软化合金。去应力退火工艺是：150～200℃保温15～20min。

铍青铜工件在热处理中遇到的问题主要是变形和尺寸超差。

发生变形或尺寸超差的根本原因是铍青铜在时效过程中，随着过饱和固溶体的分解发生长度和体积的收缩。实验表明，1.8%～2.1%Be的合金时效时，长度收缩可达0.2%，体积收缩最大可达0.6%。因此，当合金中存在成分和组织不均匀(如晶粒大小不均匀，β相分布不均匀等)，以及应力或温度不均匀时，固溶体分解的速度亦不均匀，因而零件各部位不是同时收缩(即收缩不均匀)，结果便引起了变形。解决的办法，除提高冶金质量及淬火质量外，可采用合理设计夹具的方法；或时效前施加一定的预变形量，以便时效中零件回缩到所需的尺寸；或采取分级时效等措施。

4. 分级时效　铍青铜的分级时效制度是：180～200℃时效1h，再于315℃±10℃时效1.5h，或150～240进行低温时效，再于320～340℃进行峰值时效。采用分级时效，不仅能减小工件在时效过程中发生的变形及尺寸超差，还能提高合金的弹性极限，疲劳寿命和抗应力松驰能力，对于要求高弹性的零件经常采用分级时效制度。

复习思考题

1. 如何提高铜导线的强度？
2. Bi和Pb为什么危害铜及铜合金的塑性变形性能？如何消除？
3. 某铜材组织中所含($\alpha+Cu_2O$)共晶体的面积为6%，试计算铜中的含氧量？
4. 如何鉴别铜材中的Cu_2O夹杂？
5. 某工厂对一批紫铜线进行退火后，一碰就碎裂，试分析其原因。
6. 画出黄铜H62退火状态的组织示意图。
7. 何谓“季裂”，试述其产生的原因及消除办法。
8. 锡青铜有何优点？
9. 略述铝青铜中的相变。
10. 某QBe2合金制作的零件，热处理后机械性能不合格，试分析其可能的原因。

本章主要参考文献

[1]　有色金属及其热处理编写组，《有色金属及其热处理》，国防工业出版社，1981。
[2]　林肇琦，《有色金属材料学》，东北工学院出版社，1986。
[3]　张宝昌，《铍青铜的相图、组织及热处理》，机械工程材料，1984年第1期。
[4]　Мальцев М. В.，Металлография промышленных цветных Металлов и сплавов，Металлургиздат，1970.
[5]　Смирягин А. П.，Смирягина Н. А.　Белва А. В. Промышленные цветные металлы и силавы，Металлургиздат，1974.

第六章　形状记忆合金

形状记忆合金具有神奇的记忆自己形状的功能。将这种合金在其马氏体逆转变点 A_f 以上温度做成一定形状后，作记忆处理（形状记忆退火）而后冷却至马氏体转变终结温度 M_f 以下，将其形状改变，接着将其加热至 A_f 点以上，合金会自动回复其原来的形状，如图 6－1(*a*) 所示。这种现象称为合金的单程形状记忆效应。

如果合金在加热至 A_f 点以上回复原来形状后，再冷至 M_f 点以下，它又会自动回复到原来在低温做成的形状，即合金不仅能记住高温状态的形状，还能记住在低温马氏体状态下被改变了的形状，如图 6－1(*b*) 所示，则称为合金的双程记忆效应。

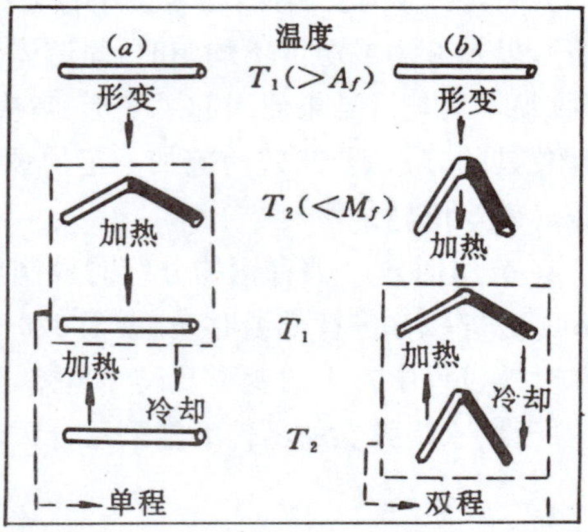

图 6－1　单程及双程形状记忆效应示意图

合金的形状记忆效应，早在 1938 年就在 Cu－Zn 合金中被发现，但直到 1962 年发明 Ni、Ti 各占 50%（原子百分数）的 Ti－Ni 形状记忆合金后，才受到人们的重视，并积极开展研究。70 年代初即已被应用于工业生产。

目前已发现数十种合金系具有形状记忆效应，如 cu－Zn，Cu－Zn－Al，Cu－Zn－Sn，Cu－Zn－Si，Cu－Zn－Ga，Cu－Al－Ni，Cu－Sn－Zn，Cu－Sn，Au－Cd，Ni－Ti，Ni－Ti－X(Fe，Cu 等)，Ni－Al，Fe－Pt，Fe－Mn－Si，Fe－Ni－Co 等。

形状记忆合金被誉为“能自动作功的活材料”，“未来的能源材料”，并已在宇航、能源、机械、家电、医学等许多行业获得应用。目前对这类合金的研究十分活跃。

§6－1　形状记忆合金的理论基础

一、热弹性马氏体

形状记忆合金的理论基础是热弹性马氏体转变。一般的马氏体不随温度变化而长大和缩小，称为非热弹性马氏体。热弹性马氏体是在冷却转变和加热转变过程中呈现弹性似的长大和缩小的马氏体，如图 6－2 所示。

图 6－3 为热弹性马氏体转变和逆转变过程中各转变点示意图，合金由高温冷至 M_s 温度时，开始发生马氏体转变。温度降至 M_f 点时，马氏体转变终结。当从低温加热至 A_s 点时，逆转变开始，到达 A_f 点时，逆转变完成，全部转变为高温相（即母相）。试验表明，只有热滞面积（即图 6－3 中加热及冷却曲线所包围的面积 $A_fM_sM_fA_sA_f$）小的热弹性马氏体才具有形状记忆效应。图 6－4 为无形状记忆效应的 Fe－Ni 合金与热弹性马氏体 Au－Cd 合金相变热滞的比

较，可见具有形状记忆效应的 Au－Cd 合金的热滞面积很小。

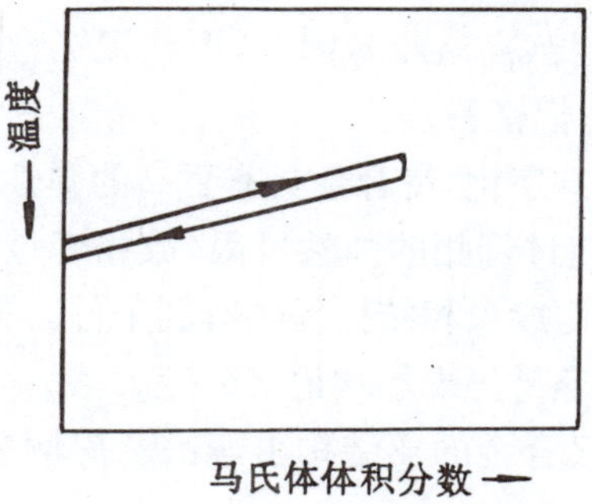

图 6－2　热弹性马氏体在加热和冷却过程中的体积变化示意图

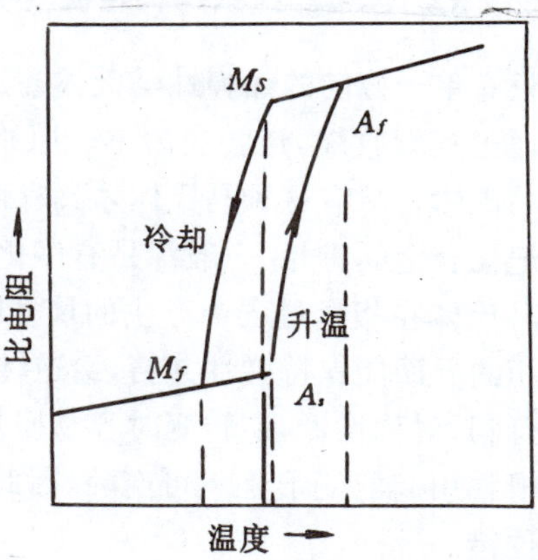

图 6－3　热弹性马氏体转变和逆转变过程示意图

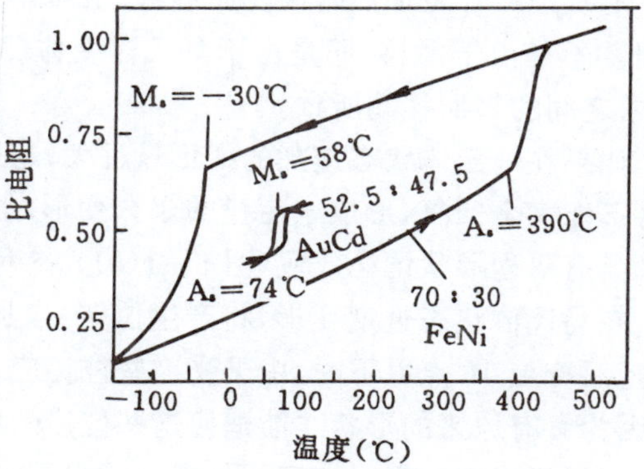

图 6－4　Fe－Ni 合金与热弹性马氏体合金（Au－Cd）相变滞后的比较

钢的马氏体很硬，不能进行塑性变形。与此相反，形状记忆合金的热弹性马氏体却不硬，在其 M_f 点以下很容易变形。但是为了保证合金加热时形状能完全复原，应变量不能过大，应限制在 3％～9％（具体数值取决于不同的合金）。

二、形状记忆效应与伪弹性

形状记忆效应是指合金的母相（即高温相）转变为马氏体后，加以塑性变形改变形状，但加热时又能自动回复其原形状的效应。

弹性的形状记忆效应，是指母相在应力作用下诱发形成马氏体，应力去除后马氏体即自行消失，应变亦自动回复的效应。这种效应又称为伪弹性或超弹性。

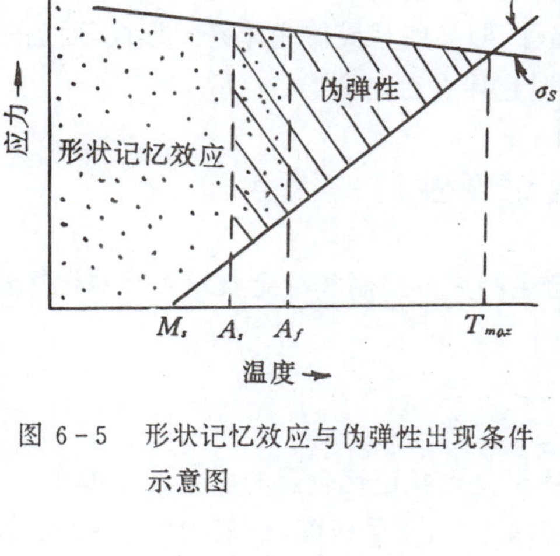

图 6－5　形状记忆效应与伪弹性出现条件示意图

合金显示形状记忆效应及伪弹性的应力与温度条件的关系见图 6－5。图中 σ_M 为外力诱发马氏体相变的临界应力。σ_s 为发生滑移引起永久变形的临界应力。此图表明，在相应温度下诱发马氏体相变的应力必须在 σ_s 与 σ_M 之间。A_f 点以上相应的应力产生的变形，在外力去除后即自动回复，称为伪弹性区。M_s 点以下为马氏体相，经变形后需加热才能回复其原形状，称为形状记忆效应区。在 A_s－A_f 之间相应的应力下为形状记忆效应与伪弹性共有区。形状记忆合金的伪弹性可回复的应变量达 10％～20％，比一般材料约高两个数量级。

三、形状记忆合金的组织结构特征

由于只有单一位向的热弹性马氏体在加热过程中才能通过连续收缩，逆转变为单一原始位向的母相（高温相），因此，形状记忆合金必须具有热弹性马氏体。只有这种马氏体才具有微观组织的记忆特性。

形状记忆合金的母相，一般都是有序化的。由于有序化，使合金具有更高的弹性极限。因而热弹性马氏体在相变过程中产生的尺寸畸变不会超过母相的弹性极限，故相变过程中母相与马氏体相的界面能保持弹性共格，给逆转变时重新构成母相结构提供有利条件。另外，高度有序化的母相，对称性低，逆转变时容易回复原形，即容易出现形状记忆效应。

由于滑移引起的变形是不可逆的，因此，形状记忆合金的亚结构由孪晶及周期层错组成，不含可动位错。

四、双程记忆效应

形状记忆合金加热时回复原形状，是热弹性马氏体逆转变的结果。发生这种转变时，形状的回复不是由于滑移，而是由于马氏体变体（Variant，即晶体结构相同，但取向不同的单个马氏体）之间的界面移动所致。

如果在马氏体状态施加的变形量过大，超过极限值，则加热至 A_f 以上温度后，母相的原形状将不能完全回复，形成一定量的永久变形，但合金却获得了记忆马氏体形态形状的能力，即合金具有双程形状记忆效应（图 6－1(*b*)）。这种现象可作如下解释：

在马氏体状态过度变形，将产生位错。当加热至 A_f 温度时，马氏体消失，但位错被保留下来。随后冷至 M_s 点以下时，由于受这些位错应力场的影响，所形成的马氏体就具有了原来的形状，因为只有原来的形状才能适应这些位错的应力场。

双程记忆效应需经一定的处理才能得到，主要方法有：

(1) 在马氏体形态给予严重变形。

(2) 在马氏体状态变形，随后将该变形状态夹持，加热至 A_f 点以上。

(3) 合金淬成马氏体后，施加外力变形，再加热至 A_f 点以上，使马氏体逆转变，回复原形状。如此反复多次，残存在合金中的应力使以后的马氏体转变按熟路进行。

(4) 合金在 M_s 点以上反复变形，即反复形成应力诱导马氏体。除去外力之后，合金内部形成的应力状态使 M_s 点以下的马氏体相变具有选择性，即某些马氏体变体易于形成，而另一些马氏体变体则不易形成，因而在母相转变为马氏体时也伴有定向变形。

§6－2　影响合金形状记忆性能的因素

合金在马氏体状态的预变形量，热处理，以及合金的成分控制和冶金质量等都对记忆性能有重要影响。

一、预变形量的影响

合金的应变回复率 ε_R，回复应力 σ_R 和应变极限 ε_L 是形状记忆合金的重要性能参数。

应变极限是指保证合金形状完全回复所允许的最大应变量极限，一般为 5%～9%，视合金成分而定。合金在马氏体状态的预应变量超过此极限值则应变回复程度和回复应力降低，形状记忆性能变差。

预应变量对合金性能的影响可从图 6-6 和 6-7 看出。图 6-6 为 Ni-Ti-Co 合金的回复力 σ_R 及应变回复率与预应变量 ε_i 的关系。由图可见，当预应变量小于 8%时，应变几乎可 100%回复，但回复应力低，合金在形状记忆过程中的输出功小。当预应变大于 8%时，应变回复率及回复应力均急剧降低。

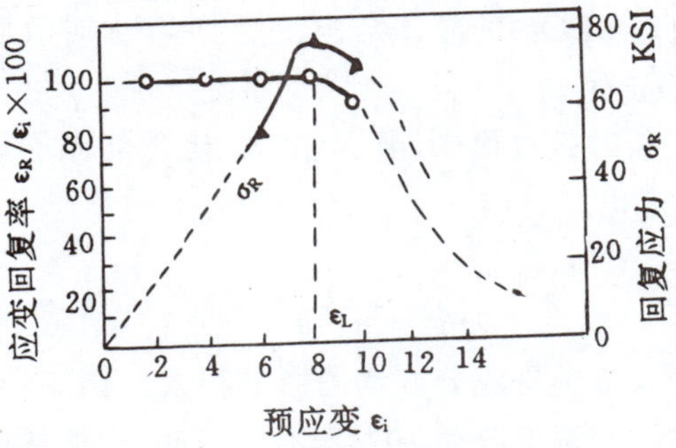

图 6-6 Ni-Ti-Co 合金回复应力 σ_R（▲），应变回复率（$\varepsilon_R/\varepsilon_i$）×100%（○）

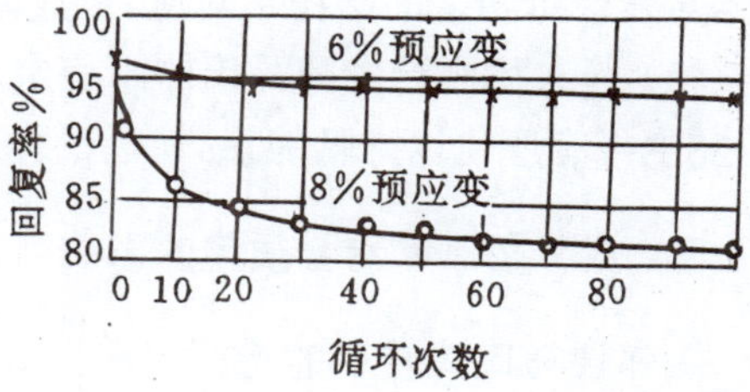

图 6-7 应变回复率与记忆循环次数的关系（低于 M_f 变形，加热至 A_f 以上）与预应变量 ε_i 的关系

图 6-7 表明，双程记忆合金预应变量对循环记忆次数有明显影响；循环次数增大，合金的形状回复率降低。预应变量越大，这种趋势越大。对要求循环记忆 10 万次的 Ti-Ni 合金，最大应变量应低于 2%，而要求循环记忆 1 000 万次时，预应变量须小于 0.5%。

二、热处理的影响

形状记忆合金的热处理对相变特征温度及记忆性能有显著影响。例如，成分为 50.12%Ti-49.86%Ni(原子百分数)的合金，经不同程度变形后于不同温度退火（保温 30min 空冷），然后测定它们的形状回复温度 T_f，所得结果见图 6-8。由图可见，450～500℃退火的试样，形状回复温度 T_f 最低，而 550℃左右退火的试样，形状回复温度最高，而且预变形度越大时，回复温度越高。

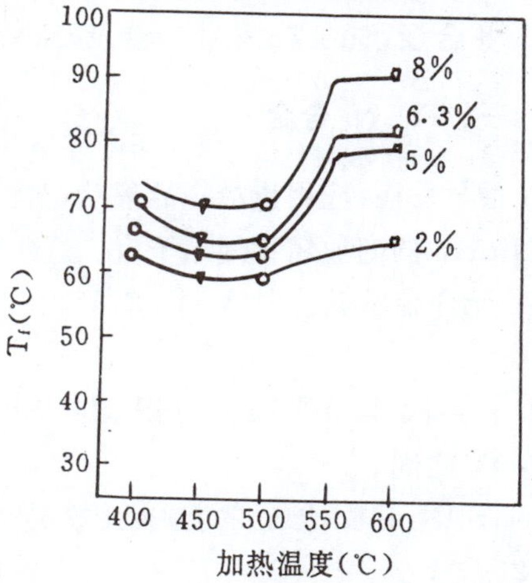

图 6-8 预变形度及变形后退火温度对 Ti-Ni 合金形状回复温度 T_f 的影响

对 Cu-Zn-Al-Ni 合金形状回复温度与回复率的测试表明，合金的最大回复率随淬火冷却介质温度的降低而减小。空冷和轧制状态回复离最高。

对于实际使用的形状记忆合金，要求它们的特性参数，如热弹性马氏体转变温度，诱发马氏体相变的临界应力等，在温度变化或应力变化时，不受时间的影响。任何这种变化都会引起形状记忆效应及伪弹性回复特性的变化。但是，时效对这些特性参数有显著影响。例如，成分为 Cu-14～20%Zn-5～9%

Al 的合金淬火至低于 M_f 温度，并在该温度停留，或在 A_s 以下温度进行时效，会使合金的热弹性马氏体发生稳定化，甚至使热弹性马氏体的热弹性质完全消失，从而严重影响合金的逆转变特征温度。

时效对热弹性马氏体稳定化的影响可作如下解释：

(1) 淬火所保留的过饱和空位迁移至马氏体界面，对界面移动起钉扎作用。

(2) 时效使母相中形成原子偏聚或析出脱溶相，从而改变了界面结构，使马氏体被钉扎。

(3) 由于淬火抑制了 Cu－Zn 合金高温相($\beta_2 \rightarrow DO_3$)的晶体结构转变，使淬火时效后的马氏体与残余母相之间结构不对应，造成马氏体稳定化。

(4) 淬火后刚产生的马氏体不稳定，在随后的时效过程中，最近邻和次近邻的原子重新排列，发生再有序化以降低能量，使马氏体发生稳定化。

三、成分控制和冶金质量的影响

热弹性马氏体转变的特征温度，受冶金质量，特别是成分波动的影响很大。例如，Ti－Ni 合金中发生 0.1%的成分偏差，即可造成马氏体相变温度波动 10℃左右。因此，在形状记忆合金的生产中，对成分和化学分析误差应严格控制。

材料的冶金质量，如晶粒度、组织均匀性等对合金性能也有很大影响。Ti－Ni 合金在熔炼过程中受碳原子污染时，疲劳性能下降。

作为双程记忆合金使用的元件，要求其形状记忆效应严格在给定条件下发生。这就要求合金的马氏体转变及逆转变相变点十分稳定。然而影响相变点的因素多，因此，双程记忆效应元件的生产工艺要求很严格。

§6－3　工业用形状记忆合金

如前所述，目前已发现数十种形状记忆合金系，但获得工业实际应用的主要有三种，即 Ti－Ni 合金，Cu－Zn－Al 合金及 Cu－Al－Ni 合金。现简要介绍如下：

一、Ti－Ni 合金

最早发明，应用也最广的形状记忆合金是含 49%～51%Ni(原子百分数)的 Ti－Ni 合金，以 Nitinol 的商业名称闻名于世。近年来又发展了一系列改良型的 Ni－Ti－x 合金，即在 Ti－Ni 二元合金基础上加入铜、钒、铝、铬、铌、锆等第三组元，使合金的加工、切削等性能获得改善，并扩大了马氏体相变温度范围。Ti-Ni合金的相变点M_s视具体成分不同，变化于－50～＋100℃之间。

Ti－Ni记忆合金的抗拉强度达1000MPa以上，其物理性能和记忆特性见表6-1及6－2。

Ti－Ni 合金属金属化合物型合金，但其热加工性能良好，最佳成型温度为 800℃，可进行冷拉、冷轧等冷加工。合金易于点焊、钎焊或缝焊，但与其他材料的构件接合时，宜使用机械连接。

为了更好地发挥合金的记忆效应，热处理是十分重要的工序。热处理分中温处理、低温处理和时效。中温处理是把经过适当冷变形的合金加热至400～500℃保温数分钟至数小时。低温处理是将合金加热至800℃以上退火，而后加工成型，再于200～300℃进行最终处理。时效处理是将合金加热至800～1 000℃左右固溶处理后，于400℃时效1h。

表6-1 Nitinol记忆合金的物理性能

名 称	数 据
密度	6.4～6.5 g/cm^3
熔点	1 200～1 310℃
比热	0.06×4.186 8 J/(g·k)
线膨胀系数	10^{-5}/℃
热传导率	0.05×4.186 8 J/(cm·K·s)
比电阻	50～100(M相) 80～100(A相) μΩ·cm

表6-2 Nitinol合金的记忆特性

相变温度	数 据
M_s,℃	－50～＋100
A_s,℃	－10～＋110
滞后,℃	20～50
记忆前变形量	<6%(循环次数多时) <10%(循环次数少时)

经中温处理的合金，记忆特性好，而且工序简单，被广泛应用。由于这种热处理前，进行了适当冷变形，产生冷作硬化，提高了位错滑移的临界应力，因而改善了记忆特性。

采用时效处理时，因时效硬化，提高了位错滑移的临界应力，故提高了合金的记忆性能。

低温时效处理，由于不能提高合金的位错滑移临界应力，故记忆特性不如前两种处理好。

二、Cu-Zn-Al合金

Cu-Zn-Al合金是铜基记忆合金中获得实际应用最多的合金。在Cu-Zn合金中添加Al能改善合金的加工性和性能稳定性、Cu-Zn-Al合金的性能及其与Ti-Ni合金性能的对比见表6-3。

铜基形状记忆合金具有导热性好，相变点M_s变化范围大(－100～＋100℃)，相变滞后小等优点。特别是价格便宜(仅为Ti-Ni合金价格的十分之一)因而也很受重视。

Ti-Ni合金性能虽有很多优点，它是目前最优质的记忆合金，但有些方面还必须使用Cu-Zn-Al合金。例如，Ti-Ni合金相变点范围窄，难于制作某些低温下动作的记忆元件，而铜基合金则可以。又如，铜基合金，由于其导热性好，对周围温度很敏感，更有利于制作热敏元件。

Cu-Zn-Al合金为β型黄铜，具有良好的热变形性能，但冷变形性能差。由于合金中的α

相具有良好的冷变形性能，其含量越多，冷变形性越好，故制作 Cu－Al－Zn 合金元件时，宜将合金在 α+β 相区退火，使合金中有较多的 α 相，然后进行冷轧、拨丝，并绕制螺旋或制成其它所需形状的元件，最后再进行记忆热处理。

表 6－3　Cu－Zn－Al 及 Ti－Ni 形状记忆合金性能对比

项 目	Cu－Zn－Al 合金	Ti－Ni 合金
回复应变	最大 4%	最大 8%
回复应力	最大 200 MPa	最在 400 MPa
反复次数寿命	$10^2(\varepsilon=0.02)$；$10^5(\varepsilon=0.005)$	$10^5(\varepsilon=0.02)$；$10^7(\varepsilon=0.005)$
相变点 M_s 范围	－100～＋100℃	－50～＋100℃
动作温度精度	±5℃	±5℃
相变滞后温度	5～10℃	20～30℃
耐蚀性	相当于黄铜	相当于不锈钢
延伸率 δ	～15%	～54%
热变形性	好	好
冷变形性	不好	相当好
形状记忆处理	相当难	较易

由于合金中含有 α 相时将降低元件的记忆性能，故元件加工成型后应加热至 β 相区淬火。淬火冷速要快，以防止 α 相在冷却过程中析出。

所有铜基记忆合金极易出现 β 晶粒长大问题。β 晶粒粗大会使合金在工作过程中发生晶间断裂。因此，细化晶粒是提高铜基合金性能的重要条件。细化晶粒的方法，一般是添加微量 Ti、B、V、Zr 等晶粒细化剂，并快速凝固，或采用微晶粉末热压方法成型。此外，热处理时也要注意防止 β 晶粒长大。为此，加热温度不应超过 α+β/β 转变温度过多；保温时间也应力求其短。

热处理，特别是淬火时效，对铜基合金的马氏体相变点影响很大。如成分为 Cu－25.9Zn－4.09Al 的合金，自 850℃水冷时，其 M_s 点比空冷时高(水冷试样的 M_s 点为 0℃，而空冷试样为 40℃)。又如 M_s 点为 19℃的 Cu－Zn－Al 合金，在 12℃水中淬火，并在该温度时效时，随时效时间的延长，M_s 点升高，同时马氏体逆转变量减少，即热弹性马氏体趋于稳定化。

为了消除 Cu－Zn－Al 合金在时效过程中发生热弹性马氏体的稳定化，可采取下列措施：

(1) 淬火后立即加热到 100℃进行稳定化时效，使合金中过饱和空位减少，并使母相 $B_2 \rightarrow DO_3$ 的结构转变得以充分进行，达到平衡的有序度。这样，再冷却时得到的马氏体，已继承母相的平衡有序度，不再发生有序化，从而避免马氏体的稳定化。

(2) 采用在 M_s 点以上若干度停留一下的分级淬火，使空位浓度减小，并使 $B_2 \rightarrow DO_3$ 的结构转变得以充分进行，从而避免马氏体的稳定化。

(3) 淬火后立即在低于 M_f 及高于 A_f 的温度区间进行热循环 10～15 次，可使马氏体转变特征温度和逆转变量趋于稳定。通过上述处理，即使在室温长时间停留也不再发生马氏体稳定化。

除上述钛基及铜基合金外，Fe－Mn－Si 等铁基记忆合金也很有开发研究价值。与 Ti－Ni，Cu－Zn－Al 合金相比，这类合金的形状记忆效果只是单向性的；形状回复温度也较高；回复应力较小。但这类合金成分简单，极易制造，可使用现有工艺冶炼和加工，特别是价格低廉，适于作管接头、夹具、紧固件，铆钉等。

§6－4　形状记忆合金的应用

根据记忆元件功能的不同，可分为不可逆型应用及可逆型应用两类：

一、不可逆型应用

它主要用作管接头和各种紧固件。方法是将记忆合金加工成内径比被连接件外径略小（约 4%）的圆柱状管接头，而后在合金的 M_f 点以下将管子内径扩大并装配连接。当温度回升至室温后，接头收缩，回复原尺寸，紧紧卡住被连接的管子，而且接触紧密，能防渗漏，且装配时间短，远远胜于焊接。美国已大量用于某些飞机、核潜艇等油压配管的连接。这类合金还可制成夹具、衬套、铆钉等紧固件，特别适用于像核反应堆之类危险场合作紧固及密封结构的铆接之用。

一般作管接头使用的 Ti－Ni 合金，需在液氮中扩径并在液氮中保存。安装时从液氮中取出，迅速装配。近年来研制出一种宽滞后的 Ni－Ti－Nb[$Ni_{47}Ti_{14}Nb_9$（原子百分比）]形状记忆合金。这种合金的马氏体逆转变显著滞后，其制件无需放置在液氮中，而是可在室温下贮存，故工程应用极为方便。

宇宙飞船用自动展开天线的制成是形状记忆合金巧妙应用的例子。它是用 Ti－Ni 合金线在其 A_f 点以上温度加工成半球网状天线，然后冷至 M_f 点以下温度折叠成小件（所占体积很小），送上天空后，在日光作用下升温，形状复原，自动展开为网状。

在医学上形状记忆合金被用于人造关节、牙床、骨折固定锔子或夹板，牙齿整形用弓形箍等。

二、可逆型应用

形状记忆合金加热至 A_s 点以上温度，形状发生回复时能产生很大的回复力。把这一回复力作为驱动力可实现热——机械转换，制成各种类型的热发动机。

图 6－9 示意地表示用一种形状记忆合金做成的玩具。它是在二弯曲的记忆合金线 A 之间连接一重棒 W。A 用弹簧与不锈钢轴 D 相接。当左边的记忆线 A 被热水加热产生形状回复时，W 便向右边移动，使右边的记忆线落入热水中，带动 D 轴转动。左右交替同样的动作，使 D 棒连续转动。各种热发动机就是利用类似原理制成的。这种形状记忆热发动机的制成，使工厂废热、太阳热、地热、海湖水温差热的利用成为可能，有广阔的发展

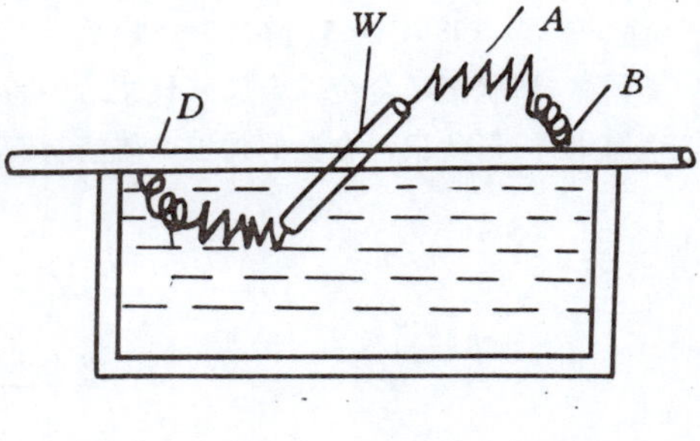

图 6－9　形状记忆合金自动机构原理示意图

前途。

利用形状记忆合金的感温与驱动功能，元件自身就能构成一个完整的控温体系，实现传感及控温，这对自动调节装置的小型化，轻量化、无声化、高效、节能、成本低等都很有利。已用记忆合金作成温室天窗自动开闭装置、电冰箱自动开关、汽车气化器自动喷油嘴，火灾报警器、液化器泄漏探测器等许多自动调节、自动控制和自动报警的装置。

Ti－Ni 形状记忆合金还被用作机器人的关节驱动机构。记忆合金驱动机构与常用的电动或气压驱动机构相比，具有许多优点。如结构简单；可获得相当于自重几千倍的力；通电加热回复原形时在几毫秒内即可迅速动作；吸收冲击能力强；不产生电力噪音和磁场；不受温度以外的外界条件影响，不会因常温环境引起误动等。

在医学方面，形状记忆合金被用作各种巧妙的医疗器械及人体心脏瓣膜等。

形状记忆合金有着广阔的发展前途，但需要深入研究的问题还很多。例如，如何克服使用过程中马氏体相变温度发生变化的问题，如何控制合金时效分解问题，如何提高合金(特别是铜基合金)的耐蚀性及疲劳寿命问题，如何克服长期使用过程中记忆功能衰减问题，如何改善制造、加工及热处理的工艺问题，以及研究开发使用温度范围更宽、疲劳寿命更高、变形回复量及回复应力更大、记忆效果更好的新型记忆合金问题等。

复习思考题

1. 合金需要满足什么条件才能具有形状记忆效应？
2. 形状记忆合金在组织结构上有何特征？
3. 欲获得双重记忆效应须对合金进行什么处理？
4. 哪些因素影响合金的形状记忆性能？
5. 对比 Ti－Ni 及 Cu－Zn－Al 形状记忆合金的优缺点。
6. 形状记忆合金在哪些方面还需要深入研究？

本章主要参考文献

[1] 官达高，形状记忆合金的研究进展，《上海金属(有色分册)》，1984，第 3 期及第 4 期。

[2] 徐祖耀，刘和，形状记忆效应，《上海金属(有色分册)》，1984，第 4 期。

[3] 王凤庭，杨大智，形状记忆合金及其应用，《仪表材料》1988，19(4)。

[4] 刘锦文　曹明盛，铜基形状记忆合金问题，《上海金属(有色分册)》，1985，第 6 期。

[5] K. Otsuka，K. Shimizu，Pseudoelasticity and shape memory effects in alloys，《International Mefals Reviews》，1986，No3，pp. 93～114.

[6] 高冈慧，形状记忆合金，《金属》(日文)，1989，1 月号，P19.

[7] 程海梅译，形状记忆合金的加工，《航空制造工程》，1988，No1. P. 1

附　录

附录 1　铸造铝合金、镁合金各国牌号对照表

航 标 (HB)	冶 标 (YB)	苏 (ГОСТ)	英 (BS)	美 (ASTM)	美 商 业	日 (JIS)	德 (DIN1725/2)
ZL - 101	ZL11	АЛ9				AC4C	
ZL - 102	ZL17	АЛ2	LM6	S12C		AC3A	G - AlSi12
ZL - 103	ZL14	АЛ3					
ZL - 104	ZL10	АЛ4	LM9	SG100A	A360	AC4A	G - A1Si10Mg
ZL - 105	ZL13	АЛ5				AC4D	
	ZL16	АЛ7	LM24	SC84A	A380	AC2B	G - A1Si8Cu3
	ZL8						
	ZL3	АЛ10В					
	ZL9	АЛ30	LM13	SN122A	A132	AC8A	
	ZL12	АЛ6	LM4	SC64D	319	AC2C	
ZL - 201		АЛ19					
ZL - 202		高纯 АЛ19					
ZL - 203	ZL2	АЛ7	LM11			AC1A	
	ZL1	АЛ12	LM12	CG100A	122		
	ZL4	АЛ1				AC5A	
ZL - 301	ZL5	АЛ8	LM10	G10A	220	AC7B	G - A1Mg10
ZL - 302		АЛ22					
ZL - 303	ZL6	АЛ13	LM5	G4A	213	AC7A	G - AlMg5
ZL - 401		АЦр1					
ZL - 501		АЛ11					
ZM - 1		МЛ12	2L127	ZK51A			
ZM - 2			2L128	ZE41A			
ZM - 3		МЛ11					
ZM - 5		МЛ5	3L122	AZ81A			G - MgAl8Zn1

附录 2　变形铝合金、镁合金各国牌号对照表

中 国	苏 联	美 国	英 国	法 国	西 德	日 本
GB(YB)	ГОСТ	AA,ASTM	BS	NF	DIN	JIS
L1	А00	1080	1A			A1080
L2	А0	1070、1060			(A199.6)	A1070
L3	А1	Ec1050	1B	A5	A199.5	A1050
L4	АД 1	1030				
L5	А2	1100	1C	A4	A199	A1100
L6	АД	1200				A1200

续表

中国	苏联	美国	英国	法国	西德	日本
GB(YB)	ГОСТ	AA,ASTM	BS	NF	DIN	JIS
LF1						
LF2	Д 12	5040				
LF3	АМг	5052	N4	A - G2	A1Mg2	A - 5052
LF4	АМг3	5154	N5	A - G3	A1Mg3	A - 5154
LF5	АМг5	5056	N6	A - G5	A1Mg5	A - 5056
LF6	АМг6					
LF7	АМг7		N7			
LF10	АМг5П	5056	N6	A - G5	A1Mg5	A - 5056
LF11	АМг5В	5356				
LF21	АМц	3003	N3	A - M1	A1Mn	A - 3003
LY1	Д 18П	2117	L86	A - U2G	A1CuMg0. 5	A2117
LY2	ВД 17					
LY3	Д 3П					
LY4	Д 19П					
LY6	Д 19					
LY7	Д 2					
LY8	Д 1П	2017		A - U4G	A1CuMg1	A2017
LY9	Д 16П	2024	H14	A - U4G1	A1CuMg2	A2024
LY10	В65					
LY11	Д 1	2017	DTD	A - U4G	AlCuMg1	A2017
LY12	Д 16	2024		A - U4G1	AlCuMg2	A2024
LY13	АМ4					
LY16	Д 20	2219		A - U6MT		
LY17	Д 21	2021				
LD1	АЛД	6063	H9	A - GS	AlMgSi0. 5	A6063
LD2	АВ	6061	H20		AlMgSiCu	A6061
LD5	АК6					
LD6	АК6 - 1		H11			
LD7	АК4 - 1	2618	H16	A - U2GN (RR59)		
LD8	АК4			A - U2N (RR56)		
LD9	АК2	2018		A - U4N (RR58)		A2018
LD10	АК8	2014	H15	A - U4SG	AlCuSiMg	A2014
LC3	В94					
LC4	В95	7075		A - Z5GU	AlZnMg1. 5	A7075
LC5	В95 - 1	7076				
LC6	В96	7049		A - Z8GU		
LC9(807)		7075		A - Z5GU	AlZnMg1. 5	A7075
LT1	АК	4043	N21		SAlSi5	A4043

续表

中 国	苏 联	美 国	英 国	法 国	西 德	日 本
GB(YB)	ГОСТ	AA,ASTM	BS	NF	DIN	JIS
MB1	MA1	A1M1A	DTD737 DTD142 DTD118			
MB2	MA2	AZ31C	AM503 MAG111		MgAl3Zn	M1
MB3	MA2-1					
MB5	MA3	AZ61A	MAG121		MgAl6Zn	M2
MB6	MA4					
MB7	MA5	AZ80X	88B		MgAl7Zn	AZ61A
MB8	MA8					AZ80A
MB15	BM65-1	AK60A	DTD5031 DTD5041			AK60A

附录 3 钛合金各国牌号对照表

合金类 \ 标准	中 国	苏 联	美 国	英 国	西 德	法 国	日 本
	GB(YB)	ГОСТ	ASTM	IMI	BWB	NF	JIS
工业纯钛	TA1	BT1-0	Ti-35A	IMI115	LW3.7024	T-35	KS50
	TA2	BT1-1	Ti-50A	IMI125	LW3.7034	T-40	KS60
	TA3	BT1-2	Ti-65A	IMI135			KS85
α钛合金	TA4	48-T2					
	TA5	48-OT3					
	TA6	BT5					
	TA7	BT5-1	Ti-5Al-2.5Sn	IMI317		TA5E	KS115AS
	TA8	BT10					
β钛合金	TB1	BT15					
	TB2						
(α+β)钛合金	TC1	OT4-1		IMI315			ST-A90
	TC2	OT4					
	TC3	BT6C					
	TC4	BT6	Ti-6Al-4V	IMI318	LW3.7164	T-A6V	
	TC5	BT3					
	TC6	BT3-1					
	TC7	AT6					
	TC8	BT8					
	TC9						
	TC10		Ti-6Al-6V-2Sn			T-A6V6Sn2	

附录 4　铜合金各国牌号对照表

中　国	苏　联	美　国	英　国	西　德	日　本
GB(YB)	ГОСТ	ASTM	BS	DIN	JIS
T1	M0				
T2	M1				
T3	M2				
T4	M3				
TU1	MБ1	101			EOFCuP
TU2	MБ2	102	C103		OF－CuP
H96	Л96	210			RBs1
H90	Л90	220	CZ101	Ms90	RBs2
H85	Л85	230	CZ102	Ms85	RBsT3
H80	Л80	240	CZ103	Ms80	RBs4
H70	Л70	260	CZ106	Ms70	BsP1
H68	Л68	268		Ms67	
H65	Л65		CZ107		Bs2A
H63		272,274	CZ108	Ms63	BsP_2B
HSi80－3	ЛК80－3				
HSi65－1.5－3	ЛКС65－1.5－3				
HNi	ЛН65－5				

附录 5　美国变形铝合金牌号及状态标记法

美国变形铝合金牌号有几种表示方法，其中主要有美国铝业协会 AA(Aluminium Association)和美国材料试验学会 ASTM(American Society of Testing Meterials)牌号，特别是 AA 牌号用的更为普遍，其标记方法见下表：

AA 牌号和合金系

AA　牌　号	合　金　系	AA　牌　号	合　金　系
1×××	纯铝(≥99.00%)	5×××	Al－Mg 系合金
2×××	Al－Cu 系合金	6×××	Al－Mg－Si 系合金
3×××	Al－Mn 系合金	7×××	Al－Zn 系合金
4×××	Al－Si 系合金	8×××	其他合金系

例如，Al－Cu 系合金 2024，相当我国的 LY12；Al－Zn 系合金 7075，相当我国的 LC4。

在合金牌号后面还附有材料加工和热处理状态代号，如 6061－T62；5083－H343 等，其表示方法如下：

F——原加工状态。指变形合金而言，是对机械性能不作严格要求的最初加工状态，如热轧、挤压状态。

O——退火再结晶状态，变形合金的最软状态。

W——固溶处理后在自然时效状态中，制品的性能随时效时间而变化，因此是不稳定的。

H——冷作硬化状态。

T ——固溶处理后时效。在T字后面的第1位数字表示热处理基本类型(从1～10),其后各位数字表示在热处理细节方面有所变化。

T1 ——从成形温度冷却并自然时效至大体稳定状态。

T2 ——退火状态(只用于铸件)。

T3 ——固溶处理后自然时效。

T31 ——固溶处理冷作(1%)后自然时效。

T36 ——固溶处理冷作(6%)后自然时效。

T37 ——固溶处理冷作(7%)后自然时效,用于2219合金。

T4 ——固溶处理后自然时效。

T41 ——固溶处理后沸水淬火。

T411 ——固溶处理后空冷至室温,硬度在O及T6之间,残余应力低。

T42 ——固溶处理后自然时效。由用户进行处理,适于2024合金,强度比T4稍低。

T5 ——从成形温度冷却后人工时效。

T6 ——固溶处理后人工时效。

T6 ——T41＋人工时效。

T611 ——固溶处理,沸水淬火。

T62 ——固溶处理后人工时效。

T7 ——固溶处理后稳定化。提高尺寸稳定性,减小残余应力,提高抗蚀性。

T72 ——固溶处理后过时效。

T73 ——固溶处理后进行分级时效,强度比T6低,抗蚀性显著提高。

T76 ——固溶处理后进行分级时效。

T8 ——固溶处理冷作后人工时效。

T81 ——固溶处理后冷作,人工时效。为改善固溶处理后的变形及改善强度。

T86 ——固溶处理后冷作(6%),人工时效。

T87 ——T37＋人工时效。

T9 ——固溶处理后人工时效再冷作。

T10 ——从成形温度冷却,人工时效后冷作。

Tx51 ——为消除固溶处理后的残余应力进行拉伸处理。

板材0.5～3%的永久变形,棒、型材1～3%的永久变形。

x代表3、4、6或8,例如T351、T451、T651、T851,适用于板、拉制棒、线材,拉伸消除应力后不作任何矫正而时效。T3510、T4510、T8510,适用于挤压型材,拉伸消除应力后为使平直度符合公差进行矫正,并时效。

Tx52 ——为消除固溶处理后的残余应力进行压缩变形。固溶处理后进行2.5%的塑性变形,然后时效,例如T352、T652。

Tx53 ——消除热应力。

Tx54 ——为消除精密锻件固溶处理后的残余应力进行压缩变形。

附录6　国际单位制、英制及公制的换算

1. 力　国际制单位为牛顿,符号为牛或N

1 公斤力＝9.806 6 牛

1 牛＝0.101 97 公斤力＝0.224 8 磅力

2. 应力　国际制单位为牛/米^2，即帕斯卡，符号为帕或 Pa

1 公斤力/毫米^2＝9.806 6×10^6 牛/米^2

＝9.806 6 兆牛/米^2＝9.806 6 兆帕(MPa)

1MPa＝0.101 97 公斤力/毫米^2

1 千磅力/英寸^2(即 1ksi)＝6.894 8 兆帕(MPa)

＝0.703 1 公斤力/毫米^2＝0.446 4 吨力/英寸^2

1 吨力/英寸^2＝2.240 千磅力/英寸^2

＝15.44 兆帕(MN/m^2 或 MPa)

3. 断裂韧性　国际制单位为牛顿/米$^{3/2}$(N/m$^{3/2}$)

1 公斤力/毫米$^{3/2}$＝0.310 115 7 兆牛/米$^{3/2}$

＝0.310 115 7MPa $\sqrt{m}$

1MPa $\sqrt{m}$＝1MN/m$^{3/2}$＝3.224 6kgf/mm$^{3/2}$

1 千磅力/英寸$^{3/2}$(即 1ksi $\sqrt{in}$)＝1.098 85 兆牛/米$^{3/2}$

＝1.098 85MPa $\sqrt{m}$＝3.543 79 公斤力/毫米$^{1/2}$

4. 冲击值　国际制单位为焦耳/米^2(符号为 J/m^2)

1 公斤力·米＝9.806 6 焦耳(符号为 J)

1 英尺磅力＝1.355 8 焦耳

1 公斤力·米/厘米^2＝9.806 6×10^4 焦耳/米^2

1 英尺磅力/英寸^2＝0.210 152 5×10^4 焦耳/米^2

5. 密度　国际制单位为公斤/米^3

1 克/厘米^3＝10^3 公斤/米^3

1 磅/英尺^3＝1.601 85×10 公斤/米^3

6. 导热系数　国际制单位为瓦特/(米·开)　(W/(m·K))

1 卡/(厘米·秒·℃)＝4.186 8×10^2 瓦特/(米·开)

1 英热单位/(英尺·小时·℉)＝1.730 73 瓦特/(米·开)